建筑动画揭秘——
3ds Max大制作

彭超 张国华 齐羽◎编著

清华大学出版社
北京

内 容 简 介

本书分为两部分，共 10 章。第一部分为基础知识，包括第 1 章建筑动画应用与前景，第 2 章建筑动画软件应用。第二部分为实际范例，包括第 3 章道路规划制作案例，第 4 章绿化装饰制作案例，第 5 章室内房间制作案例，第 6 章楼体建筑制作案例，第 7 章交通配饰制作案例，第 8 章生物角色制作案例，第 9 章居住社区制作案例，第 10 章城市规划与演示制作案例。整个学习流程联系紧密，范例环环相扣，一气呵成。配合配套资源包的多媒体视频教学，让读者在掌握建筑动画创作技巧的同时，享受无比的学习乐趣。

本书具有很强的实用性和指导性，不仅适合初、中级建筑动画和效果图设计者使用，还可作为各类艺术院校及社会建筑动画与三维动画设计培训班的教材或参考书。

本书封面贴有清华大学出版社防伪标签，无标签者不得销售。
版权所有，侵权必究。举报：010-62782989，beiqinquan@tup.tsinghua.edu.cn。

图书在版编目（CIP）数据

建筑动画揭秘——3ds Max 大制作/彭超，张国华，齐羽编著．—北京：清华大学出版社，2011.9（2024.2重印）

ISBN 978-7-302-26427-9

Ⅰ. ①建… Ⅱ. ①彭… ②张… ③齐… Ⅲ. ①建筑设计：计算机辅助设计—三维动画软件，3ds Max Ⅳ. ①TU201.4

中国版本图书馆 CIP 数据核字（2011）第 162948 号

责任编辑：杜长清
封面设计：刘　超
版式设计：文森时代
责任校对：张彩凤
责任印制：杨　艳

出版发行：清华大学出版社
　　网　　址：https://www.tup.com.cn，https://www.wqxuetang.com
　　地　　址：北京清华大学学研大厦 A 座　　邮　　编：100084
　　社　总　机：010-83470000　　邮　　购：010-62786544
　　投稿与读者服务：010-62776969，c-service@tup.tsinghua.edu.cn
　　质　量　反　馈：010-62772015，zhiliang@tup.tsinghua.edu.cn
印 装 者：涿州汇美亿浓印刷有限公司
经　　销：全国新华书店
开　　本：185mm×260mm　　印　张：22.25　　插　页：2　　字　数：511 千字
版　　次：2011 年 9 月第 1 版　　印　次：2024 年 2 月第 11 次印刷
定　　价：89.80 元

产品编号：042481-03

本书范例效果欣赏

▲ 范例——道路与立交桥规划（3.4 节）

▲ 范例——公园绿化景观（4.4 节）

▲ 范例——欧式餐厅（5.6 节）

▲ 范例——现代客厅（5.7节）

▲ 范例——室外楼体建筑（6.4节）

▲ 范例——街道上运行的汽车（7.4节）

本书范例效果欣赏

▲ 范例——三维生物角色（8.5 节）

▲ 范例——贴图生物角色（8.6 节）

建筑动画揭秘 —— 3ds Max 大制作

▲ 范例——小区楼盘设计（9.4 节）

▲ 范例——城市主干道规划（10.4 节）

本书编委会

主　编：彭　超

编　委：张国华　齐　羽　王永强　侯　力
　　　　车广宇　赵云鹏　周　旭　黄永哲
　　　　荆　涛　张天麒　解嘉祥　李　刚
　　　　左铁慧　李　鹏　姚　丹　孙鸿翔

策　划：哈尔滨子午视觉文化传播有限公司
　　　　黑龙江动漫产业（平房）发展基地

前 言
Preface

创作软件

从最开始的 3D Studio 到过渡期的 3D Studio MAX，再到现在的 3ds Max 2011，该软件已有 10 多年的历史，在装饰设计领域得到了广泛应用。3ds Max 可以与 AutoCAD 紧密结合，拥有对 VRay 等渲染器的强大支持，同时还有光影跟踪、光能传递和全息渲染功能，使建筑动画设计师从繁重的设置中解脱出来，从而快捷、精确地表现建筑动画设计，它无疑是建筑动画设计领域的霸主。

本书内容

全书分为两部分，共 10 章。第一部分为基础知识，包括第 1 章建筑动画应用与前景，第 2 章建筑动画软件应用。第二部分为实际范例，包括第 3 章道路规划制作案例，第 4 章绿化装饰制作案例，第 5 章室内房间制作案例，第 6 章楼体建筑制作案例，第 7 章交通配饰制作案例，第 8 章生物角色制作案例，第 9 章居住社区制作案例，第 10 章城市规划与演示制作案例。整个学习流程联系紧密，范例环环相扣，一气呵成。配合配套资源包的多媒体视频教学，让读者在掌握建筑动画创作技巧的同时，享受无比的学习乐趣。

编写团队

本书由哈尔滨子午视觉文化传播有限公司、哈尔滨子午装饰工程有限公司和哈尔滨子午影视动画培训基地强势联合编写，汇集了编者长期从事设计教学、项目开发所积累的经验。本书主要由彭超老师执笔编写，齐羽、侯力、王永强、车广宇、黄永哲、张国华、解嘉祥、荆涛、张天麒和赵云鹏等老师也参与了本书的编著工作。

子午视觉参编设计师合影

欢迎广大读者就本书提出宝贵意见与建议，我们将竭诚为您服务，并努力改进今后的工作，为读者奉献品质更高的图书。

目录
Contents

Chapter 01 建筑动画的应用与前景

- 1.1 建筑动画的基本分类 2
  - 1.1.1 按项目种类划分 2
  - 1.1.2 按形式题材划分 4
- 1.2 建筑动画的优势 4
  - 1.2.1 直观的交流方式 4
  - 1.2.2 快捷的审批平台 5
  - 1.2.3 方便的设计工具 5
  - 1.2.4 先进的营销手段 5
- 1.3 制作流程 5
  - 1.3.1 前期策划 5
  - 1.3.2 模型制作 6
  - 1.3.3 动画制作 7
- 1.3.4 材质灯光 7
- 1.3.5 环境道具 8
- 1.3.6 渲染输出 8
- 1.3.7 后期剪辑 9
- 1.4 镜头表现手法及技巧 9
  - 1.4.1 表现手法 9
  - 1.4.2 镜头技巧 10
- 1.5 建筑动画的时间掌握 11
  - 1.5.1 动画时间的单位 11
  - 1.5.2 设计表的时间 12
- 1.6 本章小结 12

Chapter 02 建筑动画软件应用

- 2.1 3ds Max三维软件 14
  - 2.1.1 3ds Max 的 发展 14
  - 2.1.2 3ds Max 的实际应用 15
  - 2.1.3 3ds Max 的界面风格 16
  - 2.1.4 第三方程序插件 17
  - 2.1.5 3ds Max 软件界面分布 18
- 2.2 VRay渲染 21
  - 2.2.1 VRay 版本特点 22
  - 2.2.2 VRay 材质设置 23
  - 2.2.3 VRay 标准材质 24
- 2.2.4 VRay 材质类型 27
- 2.2.5 VRay 灯光设置 31
- 2.2.6 VRay 物体 34
- 2.2.7 VRay 渲染设置 36
- 2.3 After Effects合成软件 50
  - 2.3.1 界面布局 50
  - 2.3.2 工作流程 55
  - 2.3.3 支持文件格式 59
  - 2.3.4 输出设置 62
- 2.4 本章小结 66

Chapter 03 道路规划制作案例

- 3.1 道路模型的建立 68
- 3.2 周边模型的建立 68

3.3	道路重复贴图设置 69		3.4.4	添加广场配饰 86
3.4	范例——道路与立交桥规划 69		3.4.5	摄影机与灯光设置 89
	3.4.1 道路场景模型制作 70		3.4.6	道路场景渲染设置 91
	3.4.2 道路基础材质设置 75	3.5	本章小结	 92
	3.4.3 场景绿化设置 80			

Chapter 04 绿化装饰制作案例

4.1	实体绿化模型 94		4.4.2	添加场景地面 99
	4.1.1 创建植物的方法 94		4.4.3	基础绿化制作 101
	4.1.2 视图显示方法 94		4.4.4	景观绿化制作 106
4.2	透明贴图绿化模型 95		4.4.5	水系与设施制作 110
4.3	插件绿化模型 95		4.4.6	场景渲染设置 113
4.4	范例——公园绿化景观 96	4.5	本章小结	 116
	4.4.1 街道与草坪制作 97			

Chapter 05 室内房间制作案例

5.1	室内设计发展趋势 118		5.5.1	室内色彩的表现 126
5.2	当今流行装饰风格 119		5.5.2	色彩与空间特性的对比 126
	5.2.1 现代风格 119		5.5.3	室内色彩的文化内涵 127
	5.2.2 中式风格 120		5.5.4	室内环境色彩的个性 127
	5.2.3 仿古风格 120	5.6	范例——欧式餐厅 128
	5.2.4 欧式风格 120		5.6.1	餐厅场景模型制作 129
	5.2.5 田园风格 121		5.6.2	餐厅场景材质设置 132
	5.2.6 混搭风格 121		5.6.3	餐厅场景灯光设置 141
5.3	室内设计与施工流程 122		5.6.4	窗帘开启动画设置 145
5.4	设计师的人体工程学 122		5.6.5	摄影机镜头设置 147
	5.4.1 墙面尺寸 123		5.6.6	餐厅场景渲染设置 148
	5.4.2 餐厅 123	5.7	范例——现代客厅 153
	5.4.3 商场营业厅 123		5.7.1	客厅场景模型制作 154
	5.4.4 卧室客房 123		5.7.2	客厅场景材质设置 156
	5.4.5 卫生间 124		5.7.3	客厅场景灯光设置 166
	5.4.6 会议室 124		5.7.4	客厅场景渲染设置 170
	5.4.7 交通空间 124		5.7.5	添加家具动画设置 171
	5.4.8 灯具 124		5.7.6	场景渲染输出设置 174
	5.4.9 办公家具 125	5.8	本章小结	 176
5.5	空间与色彩关系 125			

Chapter 06 楼体建筑制作案例

- 6.1 建筑设计的科学范畴 178
- 6.2 建筑设计工作的核心 178
- 6.3 建筑设计工作指南 179
- 6.4 范例——室外楼体建筑 181
  - 6.4.1 场景基座模型制作 182
  - 6.4.2 高层楼体模型制作 186
- 6.4.3 多层楼体模型制作 192
- 6.4.4 场景材质设置 197
- 6.4.5 灯光与渲染设置 208
- 6.4.6 场景路径动画设置 211
- 6.5 本章小结 214

Chapter 07 交通配饰制作案例

- 7.1 2D平面交通模型 216
- 7.2 简体交通模型 216
- 7.3 精细交通模型 218
- 7.4 范例——街道上运行的汽车 218
  - 7.4.1 场景地面制作 219
  - 7.4.2 添加楼体与绿化 222
- 7.4.3 添加道路设施 225
- 7.4.4 设置手动车线 227
- 7.4.5 设置路径车线 229
- 7.4.6 场景渲染设置 232
- 7.5 本章小结 236

Chapter 08 生物角色制作案例

- 8.1 生物角色的种类 238
- 8.2 不透明贴图方式生物角色 239
  - 8.2.1 透明贴图的设置 239
  - 8.2.2 三维场景设置 239
  - 8.2.3 三维灯光设置 240
- 8.3 RPC模型库方式生物角色 241
  - 8.3.1 RPC模型库的配置 242
  - 8.3.2 RPC模型库的建立 242
  - 8.3.3 RPC模型库的设置 243
- 8.4 三维模型方式生物角色 243
  - 8.4.1 多边形角色模型 244
  - 8.4.2 Poser软件模型 245
  - 8.4.3 ZBrush软件模型 246
  - 8.4.4 Biped两足角色骨骼 246
  - 8.4.5 CAT骨骼系统 249
  - 8.4.6 IK骨骼系统 250
  - 8.4.7 Skin蒙皮绑定 251
- 8.4.8 Physique体格蒙皮 251
- 8.5 范例——三维生物角色 252
  - 8.5.1 场景模型整理 253
  - 8.5.2 自动步迹骨骼设置 255
  - 8.5.3 手动骨骼动画设置 260
  - 8.5.4 角色局部骨骼设置 264
  - 8.5.5 运动流骨骼动画设置 269
  - 8.5.6 场景渲染输出设置 271
- 8.6 范例——贴图生物角色 272
  - 8.6.1 平面不透明贴图绘制 273
  - 8.6.2 三维不透明贴图设置 275
  - 8.6.3 平面贴图路径输出 277
  - 8.6.4 三维贴图路径设置 278
  - 8.6.5 丰富其他贴图角色 280
  - 8.6.6 摄影机与渲染输出 280
- 8.7 本章小结 282

Chapter 09 居住社区制作案例

- 9.1 居住社区概述 284
- 9.2 居住社区的基本特征和内容 284
- 9.3 居住社区的规划与设计 285
  - 9.3.1 道路规划设计 285
  - 9.3.2 居住规划设计 285
  - 9.3.3 空间规划设计 286
- 9.4 范例——小区楼盘设计 286
  - 9.4.1 场景地面制作 287
  - 9.4.2 添加场景楼体 295
  - 9.4.3 添加公园与绿化 302
  - 9.4.4 添加场景配饰 308
  - 9.4.5 渲染与镜头设置 312
  - 9.4.6 影片合成与剪辑 314
- 9.5 本章小结 317

Chapter 10 城市规划与演示制作案例

- 10.1 包裹天空贴图设置 320
- 10.2 简体建筑贴图设置 321
  - 10.2.1 单面贴图设置 321
  - 10.2.2 多面贴图设置 322
- 10.3 场景大气效果设置 322
- 10.4 范例——城市干道规划 323
  - 10.4.1 平面参考图绘制 324
  - 10.4.2 搭建城市主体模型 325
  - 10.4.3 添加城市辅助模型 329
  - 10.4.4 添加辅助楼体模型 335
  - 10.4.5 城市场景渲染设置 338
  - 10.4.6 城市场景动画设置 339
- 10.5 本章小结 344

Chapter 01

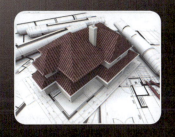

建筑动画的应用与前景

 重点提要

建筑动画是指为表现建筑及其相关活动所产生的动画影片，通常利用计算机软件来表现设计师的意图，让观众体验建筑的空间感受，可以根据建筑设计图纸在计算机上制作出虚拟的建筑环境，包括地理位置、建筑物外观、内部装修、配套设施、人物和景观等，以从任意角度主观地浏览。房地产业的兴起带动了建筑动画的发展，建筑动画还在建设项目审批、环境介绍、城市规划、古建筑保护和古建筑复原等领域大量地应用。

本章索引

※ 建筑动画的基本分类
※ 建筑动画的优势
※ 制作流程
※ 镜头表现手法及技巧
※ 建筑动画的时间掌握

在建筑动画中,利用计算机制作可随意调节镜头与视觉变化,进行鸟瞰、俯视、穿梭和长距离等任意游览,提升建筑物自身的气势。三维技术在楼盘环境中利用场景变化,了解楼盘周边的环境,可在动画中加入一些精心设计的飞鸟和其他动物穿梭于建筑物间,云层中的太阳等也可以用来烘托气氛,虚构各种美景气氛。制作建筑动画对计算机设备的软硬件性能要求较高,对创作人员的要求更高,一部建筑动画演示涉及计算机、建筑、美术、电影和音乐等专业,制作出的影片越来越具有真实感,如图1-1所示。

图1-1　建筑动画影片

1.1　建筑动画的基本分类

建筑动画的应用是无所不在的,如果要把建筑动画硬性地进行种类划分,主要可按项目种类和形式题材划分。

1.1.1　按项目种类划分

按项目种类划分,建筑动画有建筑设计投标、建筑工程施工、房地产销售、项目招商引资、城市规划和旧城复原几大类。

建筑设计投标类建筑动画的特点是建筑味浓,以表现建筑的空间感为主,包括建筑形态、建筑设计思路和构成手法等,重点是使用多媒体方式脱离枯燥的图纸与数据,更加具有新意和展示目的。在制作时要把握好设计的总体思路,提炼出一些有特色的空间并进行重点表现,即用凝炼简洁的镜头语言表现,说明性较强,如图1-2所示。

建筑工程施工类建筑动画的特点是针对性强,以表现工程施工的整个流程为主,具有很强的说明性和精准操作流程的演示。其制作要点是对整个流程把握清晰,在保证动画设计正确的基础上,注意整个气氛的烘托。在一些细节工艺的处理上,一定要注意交待清楚,如图1-3所示。

图1-2 建筑设计投标类建筑动画

图1-3 建筑工程施工类建筑动画

房地产销售类建筑动画主要面对大众或某个消费人群,需要具备很浓的商业气氛或文化特征,在场景的制作中也多以写实为主,在影片的处理手法上较有煽动性和相当的广告效应。其制作要点是把握好整个项目的基调和氛围,要较好地运用镜头速率来表现小区的安逸舒适。在手法上更多地抓住人们的心理,用一些有亲和力的景致来表现整个影片,如图1-4所示。

项目招商引资类建筑动画主要用来吸引投资商来作投资,其手法运用比较商业化,更要突出整个环境的商机所在,动画风格也更接近于广告宣传。制作时要选择一个比较有吸引力的主题,尽可能说明项目占据的天时、地利、人和等,构思以在整个影片中体现出整个设计的人文环境、商业价值等为主,如图1-5所示。

图1-4 房地产销售类建筑动画

图1-5 项目招商引资类建筑动画

城市规划类建筑动画也是经常遇到的一类项目,需要准确地说明方案意图,有时也用一些比较概念的手法来表现影片。制作时要深入了解整个项目的设计意图,选择几个比较有特点的设计节点或中心进行重点表现,在镜头的运用上也要注意变化,如图1-6所示。

旧城复原类项目相对较少,但却是非常有特点的一类建筑动画影片,以仿古的手法再现民族特色,能带给人一种历史的震撼力。其制作要点是整个影片要注意对古代历史文化的一种承继,能够真实表现出其特有的文化韵味。在模型、贴图的处理上要比较精细,如图1-7所示。

图 1-6　城市规划类建筑动画　　　　　　　图 1-7　旧城复原类建筑动画

1.1.2　按形式题材划分

按形式题材划分，建筑动画有说明、广告和专题 3 种类型，不同的类型适用于不同的场合。

说明类建筑动画的项目需求较大，较多的建筑动画都属于这类，也就是我们经常说的建筑浏览。它更多的是通过一些简单的镜头对建筑空间、方案设计思路的一些表现。这类动画要求比较简单，但需要能够比较清晰地说明建筑空间的一些关系，渲染也需要比较到位等。

广告类建筑动画是把动画提升到了接近电影的高度，它需要经过精心的策划和后期的特效处理，以及最终的一些剪辑处理等，使动画成为一部更有内涵、更有视觉冲击力的影片。其中加入了诸多影视知识，使整个动画显得更加富有活力，也提升了观众的观赏兴趣，属于比较高级的建筑动画，同样也需要更多的团队来相互配合。

专题类建筑动画则是针对某个专题进行说明的影片，其说明性和宣传性都比较强，比较适合用于企业汇报和专题汇报等领域。

1.2　建筑动画的优势

建筑动画的大量应用，显现出了其许多区别于其他设计种类的优势，主要有直观的交流方式、快捷的审批平台、方便的设计工具和先进的营销手段。

1.2.1　直观的交流方式

建筑动画的优势之一即是使用了最直观的交流方式。传统的效果图等表现手段容易被人为修饰而误导用户，而把楼盘做成三维动画，开发商可通过亲身感受，评估各方案的特点与优劣，以便做出最佳的方案决策，不但可以避免决策失误，而且可以大大提高该建筑的潜在市场价值，从而提高土地资源利用效率和项目开发成功率，以便保护投资。将三维动画技术作为大型项目的展示工具，构筑逼真的三维动态建筑场景，全方位展示建筑物内外部空间及功能，在申报、审批、宣传、交流和销售时使目标受众产生强烈的兴趣，项目策划者的诉求更易为他人所认同。

1.2.2 快捷的审批平台

建筑动画是最快捷的审批平台。三维动画技术提供了一个直观的审批平台，让审批者可以身临其境地感受建成后的景观，沟通的加强加快了项目的报批速度，从而为项目开工争取宝贵的时间。

1.2.3 方便的设计工具

建筑动画也是最方便的设计工具。三维动画技术不仅仅是一个演示媒体，而且还是一个设计工具，它以视觉形式反映了设计者的思想，比如在修建一座现代化的大厦之前，首先要对这座大厦的结构、外形做细致的构思，为了使之定量化，还需设计许多图纸。当然，这些图纸只有内行人能读懂。三维动画技术可以把这种构思变成看得见的虚拟物体和环境，使以往只能借助传统沙盘的设计模式提升到数字化的所见即所得的完美境界，大大提高了设计和规划的质量与效率。运用三维动画技术，设计者可以完全按照自己的构思去构建装饰出虚拟的建筑，并可以任意变换自己在建筑物中的位置，去观察设计效果直到满意为止，既节约了设计时间，又节省了做模型的费用。

1.2.4 先进的营销手段

建筑动画还是最先进的营销手段。在房地产销售中，传统的做法是制作实体沙盘模型。由于沙盘要经过比例的缩小，因此只能获得建筑物的鸟瞰形象，无法以正常人的视角来感受小区的建筑空间。应用三维动画技术，可给目标客户带来难以比拟的真实感与现场感，从而更快、更准地做出定购决定，大大加快商品销售的速度。同时，三维动画技术还可以应用在网络和多媒体中，更方便、快捷地传播产品信息。

当前，建筑动画较成熟的应用领域有：①在销售中心专辟一块场地，设立"数字化演播区"，购房者可在此观看未来建成的楼盘，让客户感到自己未来家园的新颖和时代的科技信息与自己有直接的关系，使客户对未来楼盘的了解更加直观和深刻；②将建筑动画用于视频媒体或电视台，还可以在楼宇电视、电梯电视、公交电视和网络上进行播放；③将建筑动画用于项目申报等。总而言之，建筑动画可以在实体建筑开发前进行全方位的宣传，为地产商、开发商以及政府形象推广提供一种全新的数字化营销模式，给建筑动画带来巨大的发展空间与市场动力。

1.3 制作流程

团队的分工配合是建筑动画制作的重要契机，要成为高效的制作团队，一套完善的制作流程是不可或缺的，应拥有一个合理的基础结构。当然，也可以根据团队人员的组织结构适当调整制作流程。

1.3.1 前期策划

在实际制作建筑动画之前，要充分做好脚本规划和设计方向的定位，如主体要表现什么和整体效果、哪一部分需要细致地表现、摄影机镜头的运动设计及每段镜头片段时间控制、整体视觉效果与音乐的呼应、解说词与镜头画面间的结合等。除了要确定制作思路和方向以外，还要对工作量进行量化，明确哪些需要在三维软件中制作，哪部分在后期软件中处理。最好配合前期策划的文字稿绘制出影片画面的分镜头，便于后面流程中的工作人员加深理解制作需求，如图1-8所示。

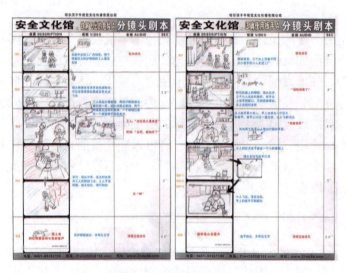

图1-8　动画分镜头

1.3.2　模型制作

建立模型是建筑动画中工作量较大的一个重要环节，先要建立精细的主体模型，然后再建立次要的辅助与配饰模型，模型要尽量精简段数与网格的划分。例如环境规划的动画，要先建立起整体的地形布局，再按照图纸逐一添加制作，先使用地标性的建筑物作为定位参考，然后再围绕其建筑丰富周围的其他建筑物，如图1-9所示。

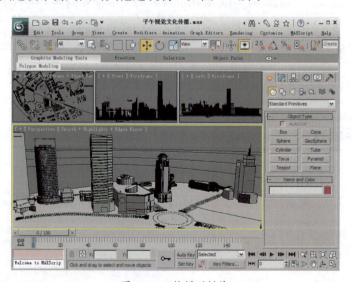

图1-9　三维模型制作

1.3.3 动画制作

基本的模型制作完成后，先将摄影机的动画按照脚本的设计和表现方向调整好，当场景中只有主题建筑物时，就要先设定好摄影机的动画，这对计算机的显卡刷新有很大帮助，然后再设定其他物体动画，也就是动画行业中常说的 layout，将制作好的模型进行动画镜头预览，如图 1-10 所示。

图 1-10　三维动画制作

1.3.4 材质灯光

当场景中模型的动画制作完成后，将为三维模型赋材质与贴图。材质即材料的质地，是把模型赋予生动的表面特性，体现在物体的颜色、透明度、反光度、折射度、自发光及粗糙程度等特性上；贴图则把二维图片通过软件的计算贴到三维模型上，形成表面细节和结构。材质与贴图设置后，再建立灯光系统控制光影的分布，目的是最大限度地模拟自然界的光线类型和人工光线类型，然后再根据摄影机动画设定好的方向进行细部调节，如图 1-11 所示。

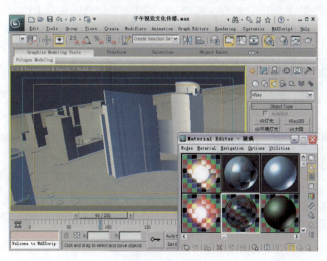

图 1-11　材质灯光制作

1.3.5　环境道具

调整好贴图和灯光以后,再加入环境与道具系统,主要包括树木、绿化、喷泉、人物、汽车和飞鸟等,目的是为冰冷的建筑物增添几分生气,如图 1-12 所示。

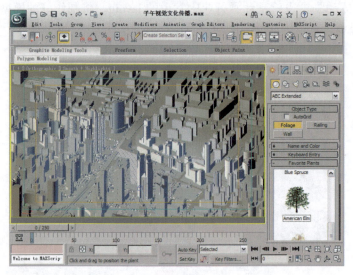

图 1-12　环境道具制作

1.3.6　渲染输出

设置 MentalRay、Brazil、VRay 或 Radiosity 渲染器的自身参数。以目前业界最受欢迎的渲染引擎 VRay 渲染器为例,设置全局照明、图像采样、天光环境和间接照明等,从而模拟出更加贴近真实感和艺术感的建筑场景。渲染器的参数设置完成后,再依制作需要渲染出不同尺寸和分辨率的动画,主要有 720×576 分辨率的标清、1280×720 分辨率的小高清和 1920×1080 分辨率的大高清 3 种格式,如图 1-13 所示。

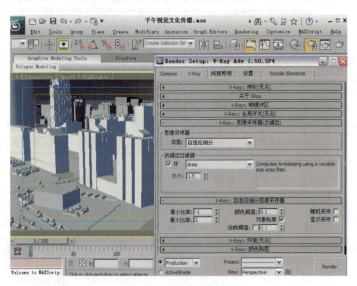

图 1-13　渲染输出制作

1.3.7 后期剪辑

后期合成的处理即是在渲染完成后，使用后期合成软件 After Effects 或 Combustion 修改和调整渲染的 TGA 或 RPF 格式素材，如加入景深、雾效和校正颜色等。最后将分镜头的动画按顺序加入到非线剪辑软件中，有需要还可以加入镜头间的转场和字幕，主要将之前所做的动画片段、声音等素材按照分镜头剧本的设计进行组合，剪辑后输出最终所需的格式，如图 1-14 所示。

图 1-14　后期剪辑制作

1.4 镜头表现手法及技巧

建筑动画常用的表现手法有以下几个方面：第一方面是推拉镜头，所谓推拉的远和近是指摄影机角度，无论是人视角度还是鸟瞰的角度，都可以由远推近刻画一个主要建筑或重点表达物；第二方面是由模糊转变为清晰，例如近景模糊、远景清晰或近景清晰、远景模糊，这主要用于人视角度，特意刻画对背景建筑或背景主体的表达，通过有视觉感染力的方式做主镜头转换；第三方面是镜头软切换，所谓镜头软切换就是指用后期合成软件制作镜头柔和过渡的特效，以达到连贯切换的目的。制作建筑动画就像拍电影一样，很多手法以及形式都可以从电影里借鉴，一个好的建筑动画就像一部好电影一样百看不厌，要在制作中多总结经验，把建筑动画制作得更加完美。

1.4.1 表现手法

建筑动画就是采用动画虚拟数码技术结合电影的表现手法，根据建筑、园林、室内等规划设计图纸，将建筑外观、室内结构、环境、生活配套等未来建成的生活场景进行提前演绎展示，让人们直观地了解建筑设计构想。建筑动画的镜头无限自由，可全面逼真地演绎楼盘整体的未来形象；可以虚拟出实拍都无法表现的镜头，把楼盘设计大师的思想完美无误的演绎，让人们感受未来家园的美丽和真实。

房地产业的竞争越来越激烈，地理位置、社区规模、环境营造以及户型设计的比拼也异常火爆。楼盘在规划设计和空间创意方面，已经难有革命性的突破。很多开发商还局限在楼书、条幅等相对传统的宣传手法上。但由于楼盘建筑尚在建造之中，准业主无法得知实物在装饰设计和外形外观及建筑质量方面的情况，开发商会找来与此楼盘相似的实物进行拍摄，或制作设计平面外观图形来向客户宣传。

数码科技的诞生与发展，为房地产业解决了一道难题，建筑动画的推广应用于各个营销阶段，深圳、广州、上海、北京成为领导这场科技革命的时代先锋，在加拿大、美国、日本等经济和科技发达的国家也都非常热门，是当今房地产行业一个楼盘档次、规模和实力的象征和标志，其最主要的核心是房地产销售。同时，在房地产开发中的其他重要环节（包括申报、审批、设计、宣传等方面）也有着非常迫切的需求。建筑动画在房地产业中的应用，可以大大提高项目规划设计的质量，降低成本与风险，加快项目实施进度，加强各相关部门对于项目的认知、了解和管理，极大地提升房地产开发商的品位和档次，也必然会带来最终的效益。

1.4.2 镜头技巧

直接展示法。这是一种最常见的运用十分广泛的表现手法，它将某建筑室内外空间如实地展现出来，充分运用了渲染技巧的写实表现能力。这种手法由于直接将建筑空间展示出来，所以要十分注意画面上的协调性和感染力，应着力突出建筑的品位和建筑本身最容易打动人心的空间，运用光和背景进行烘托，使镜头能表现出具有感染力的空间，这样才能增强其视觉冲击力。

突出特征法。运用各种方式抓住和强调所表现建筑本身与众不同的特征，并把它鲜明地表现出来，将这些特征置于画面的主要视觉部位或加以烘托处理，使观众在接触画面的瞬间即很快感受到，并对其产生注意和发生视觉兴趣。在建筑动画表现中，突出特征法也是运用十分普遍的表现手法，是突出主题的重要手法之一，有着不可忽略的表现价值。

对比衬托法。对比是一种趋向于对立冲突的艺术美中最突出的表现手法，它把作品中所描绘的事物的性质和特点放在鲜明的对照和直接对比中来表现，借彼显此并互比互衬，从对比所呈现的差别中，达到集中、简洁、曲折变化的表现。这种手法更鲜明地强调或提示建筑空间的特点，给观者以深刻的视觉感受。作为一种常见的、行之有效的表现手法，可以说一切艺术都受惠于对比表现手法。对比手法的运用，不仅使整个主题加强了表现力度，而且饱含情趣，增强了作品的感染力。对比手法运用的成功，能使貌似平凡的画面处理隐含着丰富的意味，展示出动画影片的不同层次和深度。

合理夸张法。借助想象，对所表现建筑空间的某些方面进行一定程度上的夸大，以加深或扩大这些特征的认识。通过这种手法能更鲜明地强调或揭示该空间的震撼力，加强作品的艺术效果。夸张是一般中求新奇变化，可通过一些夸张的镜头表现出建筑空间的一些特点，从而赋予观众一种新奇与变化的情趣。

以小见大法。在表现中有时也对建筑的形象进行强调、取舍、浓缩，以独到的想象抓住一点或一个局部加以集中描写或延伸放大，以更充分地表达主题思想。这种艺术处理以一点观全面、以小见大，给设计者带来了很大的灵活性和无限的表现力，同时为接受者提供了广阔的想象空间，获得生动的情趣和丰富的联想。以小见大中的"小"，是画面描写的焦点和视觉兴趣中心,它既是影片创意的浓缩和升华,也是设计者匠心独具的安排,因而它已不是一般意义的"小",而是小中寓大、以小胜大的高度提炼的产物,是简洁的刻意追求。

运用联想法。在审美的过程中通过丰富的联想,能突破时空的界限,扩大艺术形象的容量,加深画面的意境。通过联想,人们在审美对象上看到自己或与自己有关的经验,美感往往显得特别强烈,在产生联想过程中引发了美感共鸣,其感情的强度总是激烈并丰富的。

借用比喻法。比喻法是指在设计过程中选择两个在表面各不相同,而在某些方面又有些相似性的事物,比喻的事物与主题没有直接的关系,但是某一点上与主题的某些特征有相似之处,因而可以借题发挥,进行延伸转化,获得婉转曲达的艺术效果。与其他表现手法相比,比喻手法比较含蓄隐伏,有时难以一目了然,但一旦领会其意,便能给人以意味无尽的感受。

连续系列法。连续系列法通过连续画面,形成一个完整的视觉印象,使通过画面和文字传达的广告信息十分清晰、突出、有力。作为设计构成的基础,对形式心理的把握是十分重要的,从视觉心理来说,人们厌弃单调划一的形式,追求多样的变化,连续系列的表现手法符合形式美的基本法则,使人们于"同"中见"异",于统一中求变化,形成既多样又统一,既对比又和谐的艺术效果,加强了艺术感染力。

1.5 建筑动画的时间掌握

时间的掌握在动画创作中是一个非常关键但很难把握的内容,因为时间对建筑动画设计师而言是可塑的,既可压缩也可扩张,极度的自由也就意味着难以把握。时间的掌握是动画工作中的重要组成部分,它赋予动作以"意义"或者"内容"。动作不难完成,只要为同一物象画出两个不同的位置并在两者之间插入若干中间画即可生成。

1.5.1 动画时间的单位

掌握动画时间的基础是固定的放映速度,即电影每秒24格,在电视中则是每秒25帧。不过,这种区别是难以觉察的。如果银幕中一个动作要一秒钟,它占据影片24格,半秒钟占12格,依此类推。银幕上的动作无论是在什么情绪或节奏下,不管它是一个疯狂的追赶场景,还是一个浪漫的爱情场景,都必须根据放映机每秒钟连续走24格来计算时间。所以,动画师掌握时间的基本单位就是1/24秒,用于电视的片头则是1/25秒。把握好这1/24(或1/25)秒在银幕上的感觉,需要在实践中学会掌握这个单位的倍数和3格、8格、12格等在银幕上的时间感觉,如图1-15所示。

图1-15 动画时间的单位

1.5.2 设计表的时间

导演或艺术总监在确定整个片子的长度后，还将继续确定细节的时间，同时将它们记录在特别印制的设计表或分镜剧本上。这很像音乐的乐谱纸，有几条平行线，上面记录对话、音响效果、音乐和动作。动画师记录动作时用的是独特的标记方式。设计表的横线上记有格数，并用粗线按 16 格一英尺标出英尺数，把表示动作的线划在表上，可以据此计算出片子的长度。如果音乐和对白是先期录制的，应事前根据声带规定好的动作标明在设计表的相应位置上，如图 1-16 所示。

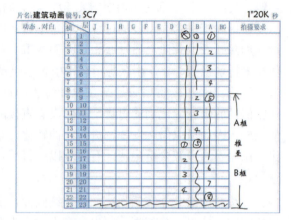

图 1-16　设计表的时间

建筑动画设计师会有自己特有的标记，一般来说，一条水平线表示停止，一根曲线表示某种动作，一个环状线表示一个动作前的准备，一个波形线表示一个重要的循环等。如果某一个动作必须发生在某一格，可在这一格上划一个十字记号，在动作设计的同时应用文字记录场景指示、重复动作指示以及其他有关指示。

在设计表上规定动画时间是一个高技术含量的工作，需要导演或艺术总监有丰富的经验，在实际绘制未开始前，通过深入思考将整个片子的时间确定下来。当他将想法写在设计表或分镜剧本上时，就已经是用电影语言来表示故事了。那就是切换镜头来规定动作、时间和节奏。同时，必须不断地判断，这对于初次看并只看一次影片的观众来说，会产生什么效果。在开始放映影片时，创作者需要知道下面将发生什么情节，而观众并不知道。

因此，在一部建筑动画影片的开始，节奏要定得慢一点，直到观众已经了解到影片的场合、角色和基调。如果是短片，在这之后将走向高潮；如果是长片，则将形成几个高潮。设计表规定了片子的全部镜头顺序，有长度和其他说明指示，其用处很多，可作为配音作曲的基本依据，又可供后期和剪辑人员参考。

1.6　本章小结

由于建筑动画属于新兴设计行业，一切都是从零开始，没有专门的学校开设这样的专业，没有专门的高水平师资力量，也没有传统的势力范围和垄断，所以这个行业对于那些学历不高，但是自学能力很强的爱好者来说，大家是在一样的起跑线上的。

建筑动画是三维动画中从业人员最多、市场最大的一个。其入行门槛低，而收入档次却相差较大。由于国内建筑市场火爆，这样的状况估计还可以长久发展。现在这个行业，不管是做效果图或者建筑动画，都是对三维的认识随着市场的需求而产生新的商机，很多领域对三维的需求我们都没有认识到，不要总想着到一些传统三维行业寻找工作，而是在传统行业中寻求三维的应用商机。建筑动画之路一定可以越走越宽，并可以在其中感受到工作的乐趣，获得满意的回报。

Chapter 02

建筑动画软件应用

重点提要

　　设计软件和计算机硬件性能的提升，将大大带动建筑动画行业的发展。在众多设计软件中，制作建筑动画时使用频率最高的几款软件有3ds Max、VRay和After Effects，它们分别在三维、渲染和合成3大模块拥有众多的忠实用户，不是因为其自身的功能性技压群雄，而是在拥有丰富功能的前提下具有友好的操作界面和利于用户自身学习提高的优势，称得上是简单易学的主流专业软件。

本章索引

※ 3ds Max三维软件
※ VRay渲染
※ After Effects合成软件

在制作建筑动画时会涉及到许多软件,如进行平面施工图纸设计的 Auto CAD,进行三维场景制作的 3ds Max,提升渲染效果的 VRay、Brazil、Mental ray 等渲染器插件,进行后期合成的 After Effects 和 Combustion 等,进行非线剪辑的 Premiere 和 EDIUS 等,除此之外,还会用到 Photoshop 修饰三维贴图和辅助的第三方插件。

不要被名目繁多的软件名称所吓倒,毕竟制作建筑动画需要团队配合,主要了解和掌握 3ds Max、VRay 和 After Effects 三大软件即可。

2.1 3ds Max三维软件

Autodesk 3ds Max 2011 软件(如图 2-1 所示)是一个功能强大,集成 3D 建模、动画和渲染解决方案,方便使用的工具,可使艺术家迅速展开制作工作。3ds Max 能让设计建筑设计人员、游戏开发人员、电影与视频艺术家、多媒体设计师及三维爱好者在更短的时间内制作出令人难以置信的作品。

2.1.1 3ds Max 的发展

从最开始的 3D Studio 到过渡期的 3D Studio MAX,再到现在的 3ds Max 2011,该三维动画软件的发展历史已有 10 多年,如图 2-2 所示。

图 2-1　3ds Max 2011

图 2-2　3ds Max 的发展

3ds Max 是目前 PC 平台上最流行、使用最广泛的三维动画软件,其前身是运行在 PC 机器 DOS 平台上的 3D Studio。3D Studio 曾是昔日 DOS 平台上风光无限的三维动画软件,可使 PC 平台用户方便地制作三维动画。

20 世纪 90 年代初,3D Studio 在国内得到了很好地推广,其版本一直升级到 4.0 版。此后随着 DOS 系统向 Window 系统的过渡,3D Studio 也发生了质的变化,几乎全新改写了代码。1996 年,3D Studio MAX 1.0 诞生,与其说它是 3D Studio 版本的升级换代,倒不如说是一个全新软件的诞生,它只保留了 3D Studio 的一些功能,加入了全新的历史堆积栈功能。1997 年 Autodesk 公司推出 3D Studio MAX 2.0,在原有基础上进行了上千处的改进,加入了逼真的光线跟踪材质、NURBS 曲面建模等先进功能。此后的 2.5 版又对 2.0 版做了 500 多处改进，使得 3D Studio MAX 2.5 成为十分稳定和流行的版本。3D Studio 原本是 Autodesk 公司的产品，到了 3D Studio MAX 时代，它成为 Autodesk 公司子公司 Kinetix 的专属产品，并一直持续到 3D Studio MAX 3.1 版，使得原有的软件在功能上得到了很多改进和增强，并且非常稳定。

面对同类三维动画软件的竞争，3D Studio MAX 以广大的中级用户为主要销售对象，不断完善其自身的功能，逐步向高端软件领域发展。在这段时间里，面对 SGI 工作站在销售方面日益萎缩的局面，一些原来 SGI 工作站上的高端软件开始抢占 PC 平台市场，Power Animator 演变出了 PC 版的 Maya，Softimage|3D 演变出了 PC 版的 Softimage|XSI，还有同为工作站软件转变来的 Houdini 等，再加上 PC 平台优秀的 LightWave 和 Cinema 4D 等同类软件，使得 PC 平台三维动画软件的竞争异常激烈。在电影特技制作的市场中，Maya、Softimage|XSI、Houdini 有着坚实的基础，但在游戏开发、动画电影、电视制作和建筑装饰设计领域中，3D Studio MAX 却占据着主流、坚实的地位，远远超过了同类软件，数百个插件的开发使 3D Studio MAX 更是如虎添翼、接近完美，也使 3D Studio MAX 成为 PC 平台广泛应用的三维动画软件。

从 4.0 版开始，3D Studio MAX 更名为 3ds Max，开发公司也变为 Discreet，该公司在 SGI 平台的影响力是不言而喻的。2002 年，3ds Max 5.0 发布，2003 年末，3ds Max 6.0 发布，2004 年末，3ds Max 7.0 发布，预示着 3ds Max 在朝更高的目标前进，定位的领域也更加明确。Discreet 公司的 combustion 等软件对 3ds Max 的支持，使 3ds Max 在影视领域达到了一个崭新的高度。

2005 年，3ds Max 7.5 和 3ds Max 8 相继推出，2006 年开发了 3ds Max 9，2007 年开发了 3ds Max 2008，2008 年 2 月 12 日发布了 3ds Max 2009 和 3ds Max Design 2009，2009 年，在旧金山举行的游戏开发者大会上，Autodesk 公司推出了旗下著名的 3ds Max 2010 新版本。

Autodesk 公司在 2010 年 4 月份正式发布其 3ds Max 软件的最新版本 3ds Max 2011，新版软件的售价定为 3495 美元，软件的升级价则为 1745 美元，如图 2-3 所示。

3ds Max 2011 显示出强大的软件互操作性和卓越的产品线整合性，可以帮助艺术家和视觉特效师们更加轻松地管理复杂的场景。特别是该版本强大的创新型创作工具功能，可支持渲染效果视窗显示功能以及上百种新的 Graphite 建模工具。据了解，本次发布的新版本 3ds Max 将增加近 300 项的新功能，这无疑让这款传奇性的三维软件如虎添翼。

图 2-3　3ds Max 2011

2.1.2　3ds Max 的实际应用

3ds Max 是 Autodesk 公司旗下最著名的三维产品之一，它能够在较短的时间内打造令人难以置信的三维特效，快速、高效地打造逼真的角色、无缝的 CG 特效或令人惊叹的游戏场景，广泛应用于游戏开发、电影特效、建筑设计和广告片三维制作中。由于 3ds Max 可面向艺术家和视觉特效师提供功能齐全的 3D 建模、动画、渲染和特效解决方案，因此在 CG 界被冠以"无所不能的神兵利器"称号，3ds Max 的作品如图 2-4 所示。

目前，3ds Max 与 Autodesk 旗下另一款著名的三维产品 Maya 已经成为视觉特效师在行业立足的必修课。从好莱坞的科幻大片到卖座的国产大片，从风靡全球的交互式游戏到耳熟能详的日本动漫作品，这些让人过目不忘，同时创造了巨大财富的视觉作品都离不开三维技术的支持。曾使用 3ds Max 制作的作品包括《X 战警》、《谍中谍 2》、《黑客帝国》、《最后的武士》、《后天》、《钢铁侠》、《变形金刚》和《2012》等好莱坞大片；《功夫》、《十面埋伏》、《赤壁》和《海角七号》等华语大片；《攻壳机动队 2》和《蒸汽男孩》等著名日本动画片；

图 2-4　3ds Max 部分作品

《辐射 3》、《波斯王子》、《古墓丽影》、《法老王》和《战争机器 2》等著名游戏作品。

3ds Max 软件的未来是美好的，原始开发商 Autodesk 是软件设计的"巨人"，Discreet 公司是 SGI 平台上影视和后期的"老大"，有这两个实力雄厚的团队做后盾，3ds Max 的发展潜力是可想而知的。不要在选择软件上存在困惑了，因为每一款三维软件都是很全面的，相互之间的差距已经非常小，无论学好哪一款三维软件都足可满足工作的需要，别让软件束缚住自己。

2.1.3　3ds Max 的界面风格

正确安装 3ds Max 并成功激活产品后，系统会自动弹出启动进度界面，然后可以在弹出的学习影片对话框中观看 3ds Max 2011 的教学影片，如图 2-5 所示。

启动后的 3ds Max 2011 标准工作界面默认为深色 UI 风格，会随着用户所需要的工作而调整 UI 选项，如需还原浅色 UI 风格可以在菜单栏中选择 Customize（自定义）→ Custom UI and Defaults Switcher（自定义 UI 与默认设置切换）命令，在弹出的对话框中选择所需的 UI 风格，如图 2-6 所示。

图 2-5　知识教学影片

图 2-6　界面 UI 风格切换

2.1.4 第三方程序插件

3ds Max 的插件就是指另外一个程序可以在 3ds Max 中应用的软件，可以提升原软件的功能，帮助设计者提高工作效能。3ds Max 拥有大量的插件，而且许多优秀的外部插件（如 Lens Effect 系列、mental ray 渲染器、Character studio 和树木等）已经被 3ds Max 收购，在新版本中嵌入软件中一同发布。

3ds Max 的外部插件存在版本问题，如为 3ds Max 5.0 编写的插件不能被 3ds Max 6.0 使用，这是因为 3ds Max 5 和 3ds Max 6 使用了不同的编程语言，而为 3ds Max 6 编写的部分插件可以被 3ds Max 7、3ds Max 8、3ds Max 9 使用。另外，大多数为 3ds Max 编写的外部插件都能在 3ds VIZ 中正常使用。

3ds Max 对外部插件的管理已经相当规范，打开 3ds Max 2011 所在的文件夹可以看到 Plugcfg 和 Plugins 两个文件夹，如图 2-7 所示。

图 2-7　插件存放位置

3ds Max 的插件有许多类型，不同类型插件的扩展名和在 3ds Max 中出现的位置不同，所以可以根据扩展名知道插件的位置。

- DLO 格式位于"创建"面板中，将被用来创建物体。
- DLM 格式位于"修改"面板中，属于新的编辑修改器。
- DLT 格式位于"材质编辑器"中，是特殊的材质或者贴图。
- DLR 格式代表渲染插件，一般在 Rendering（渲染）菜单中，也可能位于"环境编辑器"中，属于特殊大气效果。
- DLE 格式位于菜单 File（文件）→ Export（导出）中，可以定义新的输出格式。
- DLI 格式位于菜单 File（文件）→ Import（导入）中，可以定义新的输入文件格式。
- DLU 格式在"程序"命令面板中，作特殊用途。
- FLT 格式位于 Video Post 视频合成器中，属特技滤镜，被用来做后期处理。

如果安装插件比较多，将会占用一部分系统资源，因此可以在 Customize（自定义）→ Plug-in Manager（插件管理器）菜单中对安装的插件进行加载控制，如图 2-8 所示。

图 2-8　插件管理器

2.1.5　3ds Max 软件界面分布

运行 3ds Max 2011 后，其主界面初始布局与以往版本最大的变化就是不再是灰色 UI 风格了，而为黑色的 UI 风格，并且图示也变大了。界面左上角的 3ds Max 图标即是以往的 File（文件）菜单，新增的快速存取工具栏可以让用户快速执行指令及自行增加按钮。3ds Max 2011 的主界面初始布局如图 2-9 所示。

（1）标题栏

3ds Max 2011 窗口的标题栏包含常用的控件，用于管理文件和查找信息。其中的 应用程序按钮可显示文件处理命令的应用程序菜单，快速访问工具栏提供用于管理场景文件的常用命令按钮，信息中心可用于访问有关 3ds Max 和 Autodesk 其他产品的信息，最右侧的窗口控件与所有 Windows 应用程序一样，有 3 个用于控制窗口的最小化、最大化和关闭的按钮，如图 2-10 所示。

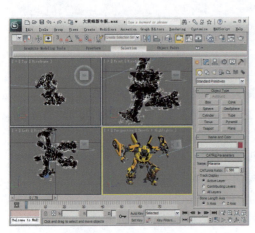

图 2-9　主界面初始布局

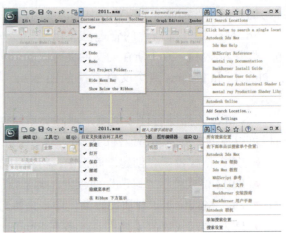

图 2-10　标题栏

（2）菜单栏

3ds Max 2011 的标准菜单栏中包括 Edit（编辑）、Tools（工具）、Group（组）、Views（视图）、Create（创建）、Modifiers（修改器）、Animation（动画）、Graph Editors（图形编辑器）、Rendering（渲染）、Customize（自定义）、MAXScript（脚本）和 Help（帮助）菜单，如图 2-11 所示。

图 2-11　菜单栏

（3）主工具栏

3ds Max 中的很多命令可由工具栏中的按钮来实现。通过主工具栏可以快速访问 3ds Max 中很多常见任务的工具和对话框，其中包括 选择并链接、 取消链接选择、 绑定到空间扭曲、选择过滤器、选择对象、从场景选择、选择区域、窗口/交叉、移动、旋转、缩放、参考坐标系、使用中心、选择并操纵、快捷键覆盖切换、对象捕捉、角度捕捉、百分比捕捉、微调器捕捉、编辑命名选择、命名选择集、镜像、对齐、层管理器、石墨建模、曲线编辑器、图解视图、材质编辑器、渲染场景、渲染帧窗口和快速渲染，如图 2-12 所示。

图 2-12　主工具栏

（4）命令面板

命令面板由 6 个用户界面面板组成，其中包括创建面板、修改面板、层次面板、运动面板、显示面板和工具面板。使用这些面板可以访问 3ds Max 的大多数建模功能及一些动画功能、显示选择和其他工具，如图 2-13 所示。

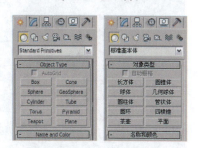

图 2-13　命令面板

创建面板提供用于创建对象的控制，这是在 3ds Max 中构建新场景的第一步。创建面板将所创建的对象分为 7 个类别，包括几何体、图形、灯光、摄影机、辅助对象、空间扭曲对象和系统。每一个类别都有对应的按钮，单击该按钮即可开始创建。每一个类别内都包含几个不同的对象子类别，使用下拉列表可以选择对象子类别。

通过 3ds Max 的修改面板，可以在场景中放置一些基本对象，包括 3D 几何体、2D 形状、灯光和摄影机、空间扭曲以及辅助对象。这时，可以为每个对象指定一组自己的创建参数，该参数根据对象类型定义其几何和其他特性。放到场景中之后，对象将携带其创建参数。

通过层次面板可以访问用来调整对象间层次链接的工具。通过将一个对象与另一个对象相链接，可以创建父子关系。应用到父对象的变换同时将传递给子对象。通过将多个对象同时链接到父对象和子对象，可以创建复杂的层次。层次面板分为轴、IK 和链接信息。

运动面板提供用于调整选定对象运动的工具，还提供了轨迹视图的替代选项，用来指定动画控制器。如果指定的动画控制器具有参数，则在运动面板中显示其他卷展栏。如果路径约束指定给对象的位置轨迹，则路径参数卷展栏将添加到运动面板中。另外，链接约束显示链接参数卷展栏、位置 XYZ 控制器显示位置 XYZ 参数卷展栏等。

通过显示面板可以访问场景中控制对象显示方式的工具，可以隐藏和取消隐藏、冻结和解冻对象、改变其显示特性、加速视图显示以及简化建模步骤。

工具面板可用于访问各种工具程序。3ds Max 工具作为插件提供，因为一些工具由第三方开发商提供，所以 3ds Max 的设置中包含某些未加以说明的工具，可通过帮助功能，查找描述这些附加插件的文档。

（5）视图

启动 3ds Max 2011 之后，主屏幕包含 4 个同样大小的视图，如图 2-14 所示。左上位置的为"顶视图"、右上位置的为"前视图"、左下位置的为"左视图"、右下位置的为"前视图"。默认情况下，透视图平滑并高亮显示。用户可以选择在这 4 个视图中显示不同的视图，也可以在视图右键快捷菜单中选择不同的布局。

（6）视图导航器

View Cube（视图导航器）（如图 2-15 所示）是 3ds Max 增加的视图功能，可以快速、直观地切换标准工作视图，还可以控制工作视图的旋转操作。如果想控制导航器的大小和显示信息，可以在导航器上右击，选择"配置"命令进行导航器设置。

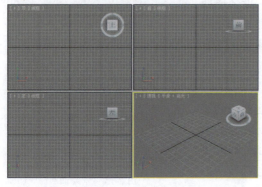

图2-14　标准视图布局

图2-15　视图导航器

（7）提示状态栏

3ds Max 2011 窗口底部包含一个区域，提供有关场景和活动命令的提示及状态信息。这是一个坐标显示区域，可以在相应文本框输入变换值，其左边有一个到 MAXScript 侦听器的两行接口，如图 2-16 所示。

（8）时间和动画控制

位于状态栏和视图导航控制之间的是动画控制，以及用于在视图中进行动画播放的时间控制，如图 2-17 所示。

图 2-16　提示状态栏

图 2-17　时间和动画控制

在制作动画的过程中必须设置时间配置。在时间控制区域右击，在弹出的"时间配置"对话框中提供了帧速率、时间显示、播放和动画的设置。可以使用此对话框来更改动画的长度、设置活动时间段及动画的开始帧和结束帧等，如图 2-18 所示。

（9）视图控制

状态栏右侧的按钮用来控制视图显示和导航，还有一些按钮针对摄影机和灯光视图进行更改，如图 2-19 所示。

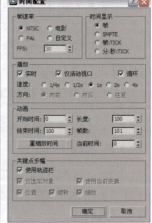

图 2-18　"时间配置"对话框

（10）四元菜单

当在活动视图中右击时，将在鼠标光标所在的位置上显示一个四元菜单（视图标签除外）。四元菜单最多可以显示 4 个带有各种命令的四元区域。使用四元菜单可以查找和激活大多数命令，而不必在视图和命令面板上的卷展栏之间相互移动。

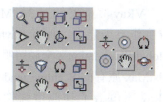

图 2-19　视图控制

如果一个区域的所有命令都被隐藏，则不显示该区域。在展开时，包含子菜单的菜单项将高亮显示，当在子菜单上移动鼠标光标时，子菜单将高亮显示。在四元菜单中的一些命令旁边有一个小图标，单击此图标即可打开一个对话框，可以在此设置该命令的参数。要关闭菜单，右击屏幕上的任意位置或将鼠标光标移离菜单，然后单击；要重新选择最后选中的命令，单击最后菜单项的区域标题即可，如图 2-20 所示。

当以某些模式（如 Active Shade、编辑 UVW、轨迹视图）执行操作或按 Shift、Ctrl 或 Alt 的任意组合键，同时右击任何标准视图时，可以使用一些专门的四元菜单。用户可以在自定义用户界面对话框上的四元菜单面板中，创建或编辑四元菜单设置列表中的任何菜单，但是无法将其删除。

（11）浮动工具栏

3ds Max 2011 中，除了主工具栏外，其他一些工具栏可从固定位置分离，重新定位在桌面的其他位置，并处于浮动状态，这些工具栏就是浮动工具栏，包括轴约束工具栏、层工具栏、reactor 工具栏、附加工具栏、渲染快捷工具栏和捕捉工具栏，如图 2-21 所示。

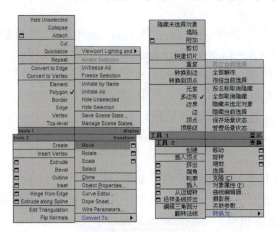

图 2-20　标准四元菜单

图 2-21　浮动工具栏

2.2　VRay 渲染

VRay 渲染器是由 Chaos Software 公司设计的一款高质量渲染软件，是目前业界最受欢迎的渲染引擎。基于 VRay 内核开发的有 3ds Max、Maya、Sketchup、Rhino 等诸多版本，为不同领域的优秀 3D 建模软件提供了高质量的图片和动画渲染。除此之外，VRay 也可以提供单独的渲染程序，方便使用者渲染各种图片，如图 2-22 所示。

VRay 渲染器针对 3ds Max 具有良好的兼容性与协作渲染能力，拥有 Raytracing（光线跟踪）和 Global Illumination（全局照明）渲染功能，用来代替 3ds Max 原有的 Scanline render（线性扫描渲染器），VRay 还包括了其他增强性能的特性，包括真实的 3d Motion Blur（三维运动模糊）、Micro Triangle Displacement（级细三角面置换）、Caustic（焦散）、Sub surface scattering（次表面散射）和 Network Distributed Rendering（网络分布式渲染）等。

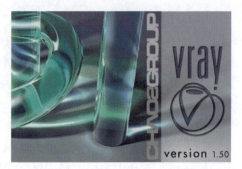

图 2-22　VRay 渲染器

VRay 渲染器有 Basic Package 和 Advanced Package 两种版本的包装形式。Basic Package 具有适当的功能和较低的价格，适合学生和业余艺术家使用；Advanced Package 包含几种特殊功能，适用于专业人员使用。

2.2.1　VRay 版本特点

Basic Package 版本特点有真正的光影追踪反射和折射（See:VRay Map）；平滑的反射和折射（See:VRay Map）；半透明材质用于创建石蜡、大理石、磨砂玻璃（See:VRay Map）；面阴影和包括方体和球体发射器（See:VRay Shadow）；间接照明系统可采取直接光照和光照贴图方式（See:Indirect illumination）；运动模糊采样方法（See:Motion blur）；摄影机景深效果（See:DOF）；抗锯齿功能的采样方法（See:Image sampler）；散焦功能（See:Caustics）；G-缓冲（See:G-Buffer）。

Advanced Package 版本除包含所有基本功能外，还包括基于 G-缓冲的抗锯齿功能（See:Image sampler）；可重复使用光照贴图（See:Indirect illumination）；可重复使用光子贴图（See:Caustics）；带有分析采样的运动模糊（See:Motion blur）；真正支持 HDRI 贴图，可处理立方体贴图和角贴图贴图坐标，也可直接贴图而不会产生变形或切片；可产生正确物理照明的自然面光源（See:VRay Light）；能够更准确并更快计算的自然材质（See:VRay material）；基于 TCP/IP 协议的分布式渲染（See:Distributed rendering）；提供了不同的摄影机镜头（See:Camera）。

由于 VRay 渲染器具有快速的渲染速度与良好的图像质量，渐渐被广泛应用到各个图形图像表现的行业中，其中尤为突出的是建筑艺术表现，但是此款渲染器往往被误认为只可以进行建筑艺术表现的制作，其实 VRay 渲染器也参与动画与电影特效的渲染与制作，并得到非常高的评价。在个人艺术设计师手中，VRay 渲染器也适合搭配 3ds Max 与 ZBrush 等其他各类软件制作出优秀的静帧作品。

VRay 渲染器是第三方开发的插件系统，需要独立安装并开启后才会有 VRay 的相应材质、灯光、附件和渲染设置。在渲染菜单中打开渲染场景对话框，然后在 Assign Renderer（指定渲染器）卷展栏中添加产品级别的 VRay 渲染器，如图 2-23 所示。

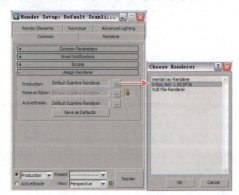

图 2-23　添加 VRay 渲染器

2.2.2　VRay 材质设置

VRay 渲染器提供了多种材质类型，可以完成真实世界中几乎所有的效果。在主工具栏中单击材质编辑按钮，在弹出的对话框中单击 Standard（标准）按钮就可增加材质类型，如图 2-24 所示。

在弹出的 Material/Map Browser（材质/贴图浏览器）对话框中可以增加 VRay 的材质类型，其中提供了 VRay2SidedMtl（双面材质）、VRayBlendMtl（混合材质）、VRayFastSSS（快速曲面散射）、VRayLightMtl（灯光材质）、VRayMtl（VR 材质）、VRayMtlWrapper（材质包裹器）、VRayOverride Mtl（替代材质）、VRaySimbiontMtl（直接显示材质）和 VRay Vector Displ Bake（矢量烘焙替换），这些材质类型可以直观地设定模型表面，如图 2-25 所示。

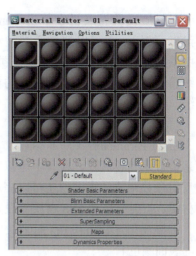

图 2-24　单击 Standard 标准（按钮）

在使用 VRay 渲染器制作的过程当中，还可以使用 VRay 渲染器专属材质搭配 3ds Max 材质进行制作，从而得到优异的渲染效果。但是在选择 3ds Max 材质使用的过程当中需要注意 VRay 渲染器不接受光线追踪材质类型与贴图的应用。

VRay 渲染器的程序贴图是非常多的，每种贴图都有各自的特点，在三维制作中经常综合运用它们以达到最好的材质效果。其中使用频率较高的是 VRayHDRI 类型贴图。利用 VRayHDRI 贴图可以帮助得到真实的环境光照效果、模拟整体渲染环境的反射信息等。在对作品展示的过程中还可以使用 VRay Edges Tex 贴图渲染具有线框轮廓的模型图像，在户外与自然环境光照的渲染过程中也可以使用 VRay Sky 搭配灯光进行模拟环境自然的天空光照效果，如图 2-26 所示。

图 2-25　VRay 材质类型

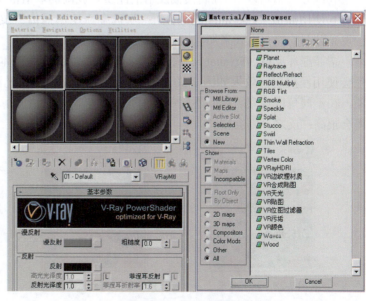

图 2-26　VRay 程序贴图

2.2.3 VRay 标准材质

在材质设置卷展栏中单击 Standard（标准）按钮，在弹出的材质类型对话框中添加 VRay Mtl（VRay 材质）类型，系统将自动切换至 VRay 渲染器的材质系统，如图 2-27 所示。

（1）基本参数卷展栏

Basic Parameters（基本参数）卷展栏是最常用的卷展栏，在其中可以完成漫反射参数调节和指定，还可以完成反射材质、折射材质和 SSS 材质等设置。

①漫反射（Diffuse）：用来决定物体的表面颜色 t。

②反射（Reflect）：调节"反射"色块的灰度颜色即可得到当前材质的反射效果，如图 2-28 所示。

③高光光泽度（Hilight glossiness）：主要控制材质高光的效果。默认状态为不可用，单击旁边的 L 按钮可解除锁定，调节高光的光泽度效果，如图 2-29 所示。

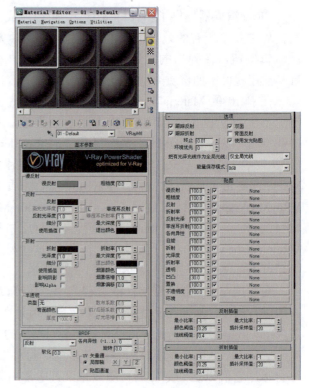

图 2-27　VRay 材质类型

④反射光泽度（Refl glossiness）：用于控制反射的光泽程度，数值越小，光泽效果越为强烈。

⑤细分（Ubdivs）：控制模糊反射的品质，较高的取值范围可以得到较平滑的效果。

⑥使用插值（Use interpolation）：当选中"使用插值"复选框时，VRay 能够使用类似于发光贴图的缓存方式来加速模糊反射的计算。

⑦菲涅耳反射（Fresnel reflections）：反射强度会考虑物体表面的入射角度，而反射的颜色会使用漫反射，效果如图 2-30 所示。在自然界的大部分光洁的物体都具有菲涅耳反射现象，在不同角度观察可得到不同的反射强度效果，一般情况下入射角度越小得到的反射强度就会很高；反之，则会很弱。

　图 2-28　反射效果　　　　图 2-29　高光光泽度效果　　　图 2-30　菲涅耳反射效果

⑧菲涅耳反射率（Fresnel IOR）：控制使用菲涅耳反射后的反射强度。

⑨最大深度（Max depth）：定义反射的最多次数，通常保持默认参数即可。

⑩退出颜色（Exit color）：当物体在反射材质中达到指定的最大深度后，将停止反射的计算，这时颜色将以退出定义的颜色进行返回。

⑪折射（Refract）：在制作过程中折射功能起到很关键的作用，用于模拟玻璃等透明物体的折射现象。调节"折射"色块的灰度颜色，即可得到当前材质的折射效果，如图 2-31 所示。

图 2-31　折射效果

⑫光泽度（Glossiness）：控制折射光泽的程度。

⑬影响阴影（Affect shadows）：控制物体产生透明的阴影效果，透明阴影的颜色取决于折射颜色和雾倍增器。在渲染玻璃或其他半透明与透明物体的时候得到的阴影总是黑的，而不是具有色彩以及半透明的阴影效果，利用影响阴影功能搭配折射色彩可以模拟出教堂多彩图案的玻璃投影效果。

⑭影响 Alpha（Affect Alpha）：选中该复选框会影响 alpha 的通道效果。

图 2-32　烟雾颜色效果

⑮烟雾颜色（Fog color）：控制产生次表面散射效果和物体内部物质的颜色，可以主导性质地控制物体内部充斥的色彩信息，模拟厚度的材质效果，如图 2-32 所示。

⑯烟雾倍增（Fog multiplier）：控制烟雾颜色的倍增，得到雾的密度效果。

⑰烟雾偏移（Fog bias）：控制雾的倾斜方向。

⑱半透明（Translucency）：设置次表面散射的效果。

⑲类型（Type）：其中提供了 Hard 和 Soft 的叠加效果。

⑳背面颜色（Back side color）：控制光线在物体后部分的颜色效果。

㉑厚度（Thickness）：控制光线在物体内部被追踪的深度，也就是光线穿透的最大厚度。

㉒散布系数（Scatter coeff）：控制光线在物体内部靠近弯曲表面的散射方向。

㉓前 / 后驱系数（Fwd/bck coeff）：控制光线在物体内部的散射方向。

㉔灯光倍增（Light multiplier）：控制光线在次表面散射物体内部的衰减程度。较低的取值范围会使光线在物体内部急剧衰减；较高的取值范围会使物体产生类似自然发光的效果。

（2）双向反射分布卷展栏

BRDF 是 Bidirectional Reflection Distribution Function（双向反射分布）的缩写，主要控制物体表面的反射特性。

① Blinn：创建带有一些发光度的平滑曲面，是一种通用的明暗器，效果如图 2-33 所示。

② Phong：与 Blinn 类似，同样不处理高光（特别是掠射高光），最明显的区别是高光显示弧形，效果如图 2-34 所示。

③ Ward（沃德）：用于控制对金属表面的细腻过渡，效果如图 2-35 所示。

图 2-33　Blinn 效果

④ Anisotropy（各向异性）：各向异性高光效果可以使用椭圆形或竖条状，主要对于建立头发、玻璃或磨砂金属等模型很有效，如图 2-36 所示。

图 2-34　Phong 效果

图 2-35　Ward 效果

图 2-36　各向异性效果

⑤ Rotation（旋转）：用于控制高光的旋转角度，效果如图 2-37 所示。

⑥ UV vectors derivation（UV 矢量源）：主要控制物体高光点的轴向，还可以通过贴图通道来设置，效果如图 2-38 所示。

图 2-37　旋转效果

图 2-38　向量来源效果

（3）选项卷展栏

选项（Options）卷展栏主要控制材质的一般属性，其中主要有跟踪反射（Trace reflections）、跟踪折射（Trace refractions）、终止（Cutoff）、双面（Double sided）、背面反射（Reflect on back side）、使用发光贴图（Use irradiance map）、把有光泽光线作为全局光线（Treat glossy rays as GI rays）、能量保持模式（Energy preservation mode）等选项。

（4）贴图卷展栏

贴图（Maps）卷展栏中的每一种贴图类型都能够帮助用户完成特殊的效果，而且一部分贴图类型对应基础参数中的一些贴图类型。贴图卷展栏中主要有漫反射（Diffuse）、粗糙度（HGlossiness）、反射（Reflect）、反射率（RGlossiness）、菲涅耳折射（Fresnel IOR）、折射（Refract）、光泽度（Glossiness）、折射率（IOR）、透明（Translucent）、凹凸（Bump）、置换（Displace）、不透明度（Opacity）、环境（Environment）等选项，具体选项参数如图 2-39 所示。

（5）反射插值和折射插值卷展栏

反射插值（Reflect interpolation）卷展栏主要用来优化计算反射材质，折射插值（Refract interpolation）卷展栏主要用来优化计算折射材质，只要在基础参数卷展栏中选中使用插值

（Use interpolation）复选框后，插补选项中的参数才会被激活使用，如图 2-40 所示。

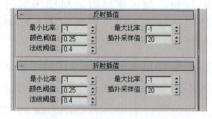

图 2-39　贴图卷展栏　　　　　　　　图 2-40　使用反射插补和折射插补

反射插值和折射插值卷展栏中主要有最小比率（Min rate）、最大比率（Max rate）、颜色阈值（Clr thresh）、插补采样值（Interp samples）和法线阈值（Nrmthresh）参数。一般情况下，在进行反射与折射插补计划时，可以更具体地控制材质在渲染时运算速度的问题，但是在使用时需要了解不同环境的光照信息等，否则可能在经过漫长的渲染时间后得到的图像具有很多噪点，影响整体场景图像效果。

2.2.4　VRay 材质类型

VRay 的材质有多种类型，主要有灯光材质、材质包裹器、优先装置材质、双面材质、混合材质、快速曲面散射、直接显示材质和程序贴图。

（1）灯光材质类型

VRay 灯光材质类型是一种特殊的自发光材质，其中拥有倍增功能，可以通过调节自发光的明暗来产生强弱不同的光效，如图 2-41 所示。

灯光材质在制作当中是比较重要的材质类型，可以模拟自发光的光源以及不同环境中的反光板等。当作为反光板对场景进行影像照明的时候，往往是在对产品表现的应用中比较广泛，但是在室外与大型场景的制作当中利用灯光材质可以模拟远距离的发光与照明效果，在视觉上制作一些假象并得到比较理想的效果，应用效果如图 2-42 所示。

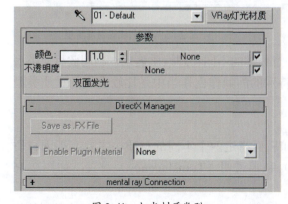

图 2-41　灯光材质类型　　　　　　　　图 2-42　灯光材质应用效果

（2）材质包裹器类型

VRay 材质包裹器类型主要控制材质的全局光照、焦散和不可见等特殊内容。包裹材质实际上是系统卷展栏中物体属性的演变材质，不同的是物体属性中是单独对某物体的全局光照、焦散和不可见的控制，而包裹材质是对使用这种材质的所有物体进行全局光照、焦散和不可见控制，如图 2-43 所示。

材质包裹器是比较特殊的材质，在 VRay 渲染器中并不具备像 3ds Max 中的遮蔽阴影材质类型，但是在包裹材质中具有遮蔽表面的功能，也可以得到与遮蔽阴影材质相同的效果，并且在包裹材质中还可以利用全局的影响强度有效地控制物体表面色彩。在全局光渲染情况下的色彩溢出问题，使用此材质类型是比较简单而且实用的方法，应用效果如图 2-44 所示。

图 2-43　材质包裹器类型

（3）优先装置材质类型

VRayOverrideMtl（优先装置材质）类型中主要控制 Base material（基础材质）、GI（光子材质）、Reflect mtl（反射材质）、Refract mtl（折射材质）和 Shodow mtl（阴影材质），如图 2-45 所示。

图 2-44　材质包裹器应用效果

图 2-45　优先装置材质类型

优先装置材质类型主要用于分别控制同一意物体的不同物理性质表现，利用此材质类型可以制作出比较诡异的反真实渲染效果，在特殊的静帧作创作当中是比较有用的材质类型之一。

（4）双面材质类型

VRay 双面材质类型可以向对象的前面和后面指定两个不同的材质，主要有正面材质（Front material）、背面材质（Back material）和半透明（Translucency）设置，如图 2-46 所示。

双面材质是比较普通的材质效果，利用好此材质类型可以模拟很多特殊光照情况下的物体半透明效果。在模拟绿色植物叶子的时候，使用此类材质可以得到比较真实的植物表面与反面不同性质的效果，如图 2-47 所示。

图 2-46　双面材质类型

图 2-47　双面材质效果

（5）混合材质类型

VR 混合材质类型可以在独立面上将两种以上材质进行混合显示处理，按照在卷展栏中列出的顺序，从上到下叠加材质。使用增加和减少透明度来组合材质，或使用数量值来混合材质，如图 2-48 所示。

混合材质在 VRay 专属材质类型中比较特殊，可以模拟更多的复杂质感表现，特别是对金属质感的车漆与其他烤漆效果的表现时使用频率较高，并且可以得到比较真实、理想的图像效果，如图 2-49 所示就是使用此材质制作的车漆效果。

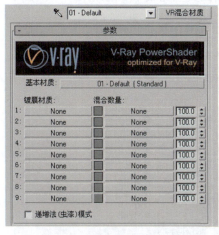

图 2-48　混合材质类型

图 2-49　混合材质应用效果

（6）快速曲面散射类型

VRay 快速 SSS 类型特别提供了 SSS（曲面散射）材质，主要用于多个灯光散色层的皮肤或其他荧光材质，如图 2-50 所示。

快速曲面散射材质类型是一个新型的材质类型，具有多层控制皮肤表面色彩与质感的表现功能，对于制作角色类作品的用户是比较好的选择，其效果如图 2-51 所示。

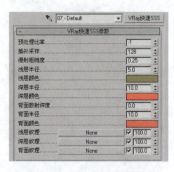

图 2-50　快速曲面散射类型

图 2-51　快速曲面散射效果

（7）直接显示材质类型

VRaySimbiont Mtl（直接显示材质）类型特别提供了材质直接参与显示的 VRay 光线，如图 2-52 所示。

（8）程序贴图

VRay 渲染器的程序贴图主要有 VRay Bmp Filter（VR 位图过滤器）、VRay Color（VR 颜色）、VRay Comp Tex（VR 合成贴图）、VRay Dirt（VR 污垢）、VRay Edges Tex（VR 边纹理材质）、VRayHDRI（高动态范围）、VRay Map（VR 贴图）、VRay Normal Map（法线贴图）、VRay Sky（VR 天光），如图 2-53 所示。这些贴图类型虽然不能帮助用户完成场景中的所有材质效果，但它们能够完成一些 3ds Max 默认贴图类型完成不了的效果。

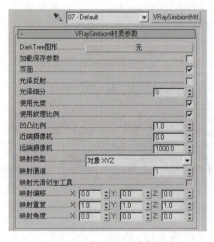

图 2-52　直接显示材质类型

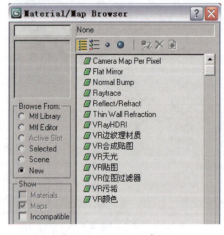

图 2-53　VRay 程序贴图

VRay 程序贴图是整个渲染器比较特殊的地方，很多程序贴图可以理解为是一种功能来使用。

VR 边纹理材质主要可以在渲染模型的同时得到模型轮廓线框，应用效果如图 2-54 所示。

VRayHDRI（高动态范围）广泛用于控制环境照明与整体模型反射，添加后需关联到材质球中进行相关参数设置，应用效果如图 2-55 所示。

图 2-54　边纹理材质应用效果

图 2-55　高动态范围应用效果

VR 贴图一般用于控制材质的反射效果，往往在使用 3ds Max 材质球的时候搭配此贴图控制反射效果。

VRay Normal Map（法线贴图）用于控制模型凹凸细节，添加后需要得到法线贴图的帮助，才会得到逼真的模型表面凹凸，应用效果如图 2-56 所示。

VR 天光程序贴图在使用时需要关联到材质球中进行参数调节设置，一般情况下搭配 VRay Sun 灯光使用比较理想，应用效果如图 2-57 所示。

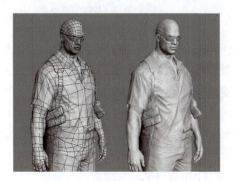
图 2-56　法线贴图应用效果

图 2-57　天光应用效果

2.2.5　VRay 灯光设置

VRay 渲染器虽然是一款独立的插件系统，但它同样拥有自身的灯光及阴影系统，分别放置在 3ds Max 系统的对应位置。在创建面板的灯光下拉列表中选择 VRay 灯光系统，如图 2-58 所示。

VRay 灯光是渲染器中比较重要的组成部分，在一般情况下，渲染器在渲染的时候对自身灯光的渲染速度会稍快一点，但是对于不同场景中过多的灯光渲

图 2-58　VRay 灯光系统

染速度会受影响。在 VRay 灯光类型中使用频率较高的是 VRay 灯光类型，此类型灯光可以满足大部分光效的需要，得到理想的阴影效果。但是在对阴影的控制上需要注意，因为灯光的尺寸会对阴影的尺寸与薄厚产生影响。

（1）VRay 灯光

在 VRay 灯光系统中单击"VRay 灯光"按钮并在场景中建立，可以在修改面板中看到

灯光的所有控制选项。VRay 灯光类型可以模拟 3 种不同类型的灯光照明效果，其中 Plane 与 Sphere 使用较多，可以根据灯光的尺寸与强度综合控制场景的照明强度效果，如图 2-59 所示。

①开（On）：用于控制 VRay 灯光的打开或关闭，选中该复选框表示启动了灯光的照明效果。

②排除（Exclude）：该按钮用来设置灯光是否照射某个对象或者是否使某个对象产生阴影。

③类型（Type）：使用该下拉列表框可以改变当前选择的灯光类型，其中主要有 Dome（穹顶）、Plane（平片）和 Sphere（球形）3 种类型。改变灯光类型后，灯光所特有的参数也将随之改变。

④单位（Units）：其中主要提供了 Default{image}、Luminous power{lm}、Luminance{lm/m2/sr}、Radiant power{W} 和 Radiance{W/m2msr} 方式。

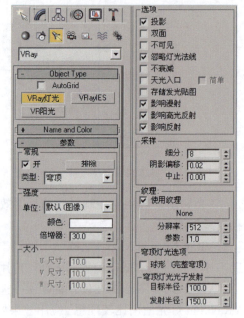

图 2-59 VRay 灯光系统

⑤颜色（Color）：指定灯光所产生的颜色。

⑥倍增器（Multiplier）：通过指定一个正值或负值来放大或缩小灯光的强度。

⑦U 尺寸（U size）：控制所建立灯光的准确长度值，也就是光源的 U 向尺寸。

⑧V 尺寸（V size）：控制所建立灯光的准确宽度值，也就是光源的 V 向尺寸。

⑨W 尺寸（W size）：控制光源的 W 向尺寸。

⑩双面（Double sided）：当 VRay 灯光为平面光源时，该选项控制光线是否从面光源的两个面发射出来。

⑪不可见（Invisible）：控制最终渲染时是否显示灯光的形状。

⑫忽略灯光法线（Ignore light normals）：当一个被追踪的光线照射到光源上时，该选项控制 VRay 计算发光的方法。对于模拟真实世界的光线，应取消选中该复选框，但是当选中该复选框时，渲染的结果更加平滑。

⑬不衰减（No decay）：当选中该复选框时，VRay 所产生的光将不会随距离而衰减。否则，光线将随着距离的增加而衰减，这是真实世界灯光的衰减方式。

⑭天光入口（Skylight portal）：选中该复选框项后，部分参数将会被环境参数所代替。如果希望观看到效果，必须应用间接照明和环境。

⑮存储发光贴图（Store with irradiance map）：当选中该复选框并且全局照明设定为发光贴图时，VRay 将再次计算灯光的效果并且将其存储到光照贴图中。

⑯影响漫射（Affect diffuse）：选中该复选框将会影响到漫反射贴图的效果。

⑰影响高光反射（Affect specular）：选中该复选框将会影响到高光贴图的效果。

⑱细分（Subdivs）：控制 VRay 用于计算照明采样点的数量。

⑲阴影偏移（Shadow bias）：设置发射光线对象到产生阴影点之间的最小距离，用来防止模糊的阴影影响其他区域。

⑳穹顶灯光选项（Dome light options）：用于模拟圆形包裹类型的光。

（2）VR 阳光

在 VRay 灯光系统中单击"VR 阳光"按钮并在场景中建立，可以在修改面板中看到灯光的所有控制选项，如图 2-60 所示，这是一种模拟室外场景的太阳所必需的强光源。

①激活（enabled）：是否开启日光系统。

②不可见（invisible）：是否可以使用日光系统，以防止在光滑的表面看到灯光的斑点。

③浊度（turbidity）：控制空气中尘埃数量而影响灯光的颜色。

④臭氧（ozone）：控制空气影响日光的颜色，数值越小则日光越偏向黄，数值越大则日光越偏向蓝。

⑤强度倍增值（intensity multipler）：控制日光的明亮度。

⑥大小倍增值（size multipler）：控制日光可见的大小尺寸。

⑦阴影细分（shadow subdivs）：控制日光阴影区域的细腻度，数值较大会得到优质的阴影效果，但运算速度非常缓慢。

⑧阴影偏移（shadow bias）：移动朝向或远离阴影对象，也就是控制阴影与物体间的距离。

⑨光子发射半径（photon emit radius）：决定发光的半径区域。

应用 VR 阳光可以得到比较自然的阳光照明效果，也可以搭配 VR 天光程序贴图使用。为了得到比较写实的效果，可以增加搭配物理摄影机控制场景整体色温等细节变化，应用渲染效果如图 2-61 所示。

图 2-60　VRay 阳光系统

图 2-61　VRay 阳光系统应用效果

（3）VRayIES

在 VRay 灯光系统中单击 VRayIES（VRay 天空光）按钮，并在场景中建立，可以在修改面板中看到灯光的所有控制选项，如图 2-62 所示，这是一种模拟室外场景的天空光所必需的强光源。

①激活（enabled）：是否开启天空光系统。

②目标（targeted）：使用天空光的方向。

③截止（cutoff）：控制光线的长度，低于该长度的光线不会被计算。

④阴影偏移（cast shadows）：移动朝向或远离阴影对象，用来控制阴影与物体间的距离。

⑤使用灯光截面（use light shape）：指定灯光的形状将考虑计算阴影。

⑥截面细分（shape subdivs）：控制天空光光阴影区域的细腻度。

⑦色彩模式（color mode）：使用何种灯光模式。

⑧颜色（color）：控制天空光的颜色。

⑨色温（color temperature）：只有在"色彩模式"中进行选择才可控制天空光的温度。

⑩功率（power）：决定流明光的强度。

⑪排除（Exclude）：控制天空光的照射物体，排除不需要照射的物体。

VRayIES 主要模拟光度学的灯光照明效果，可根据不同光域网文件搭配参数控制灯光的色温以及照明强度与衰减细节，是比较重要的灯光类型，一般在进行室内或夜间筒灯照明的时候使用。

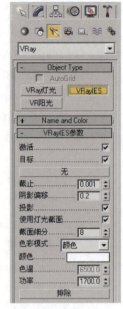

图 2-62　VRayIES 系统

2.2.6　VRay 物体

VRay 渲染系统不仅有自身的灯光、材质和贴图，还有自身的物体类型，如图 2-63 所示。

在 创建命令面板中的 VRay 物体系统中提供了 VRayProxy（VRay 代理）、VRaySphere（VRay 球体）、VRayPlane（VRay 平面）和 VRayFur（VRay 毛发），效果如图 2-64 所示。

图 2-63　VRay 物体

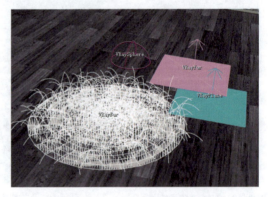

图 2-64　VRay 物体应用效果

VRay 物体可以快速制作一些特殊效果表现，其中 VRay 代理可以有效地提高计算机运算速度，在对模型制作的过程中是比较重要的，如图 2-65 所示。

VRay 毛发（如图 2-66 所示）可以在短时间内制作浓密的毛发效果，对于制作装饰模型比较重要，但是在根据不同场景使用此功能时需注意场景模型与摄影机的关系，以便在快速渲染的同时得到比较理想的图像效果。

VRay 平面主要可以模拟一个无限的平面效果，可以用于模拟水平面的渲染，但是需要注意应用此功能后材质与 UVW 之间的控制，如图 2-67 所示。

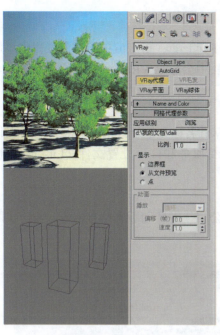
图 2-65　VRay 代理

图 2-66　VRay 毛发

VRay 球体只能用于制作一个虚拟的球体模型效果，可以利用法线的方向模拟一个球形环境用于场景与产品的渲染，如图 2-68 所示。

在 修改面板可以为建立的三维物体增加 VRay DisplacementMod（置换模型）修改命令，系统会使用贴图对物体产生曲面三维效果，如图 2-69 所示。

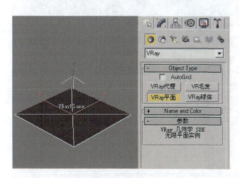
图 2-67　VRay 平面

图 2-68　VRay 球体

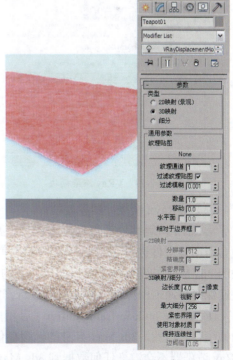
图 2-69　VRay 置换模型命令

2.2.7　VRay 渲染设置

在渲染菜单中打开渲染场景对话框，在 Assign Renderer（指定渲染器）卷展栏中添加产品级别的 VRay 渲染器，然后 Renderer（渲染）模块中会显示 VRay 渲染器的相应设置，如图 2-70 所示。

（1）V-Ray:: 授权卷展栏

V-Ray:: 授权卷展栏中主要显示注册信息、计算机名称和地址等信息内容，还可以设置编辑 / 设置许可服务器信息（License Server）的支持服务和许可设置文件（License settings file）路径位置，如图 2-71 所示。

（2）关于 VRay 卷展栏

关于 VRay 卷展栏中可以查看 VRay 的 Logo、公司、网址和版本信息内容，没有实际的操作和具体作用，如图 2-72 所示。

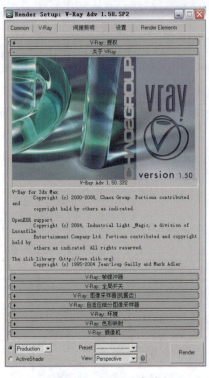

图 2-71　V-Ray:: 授权卷展栏

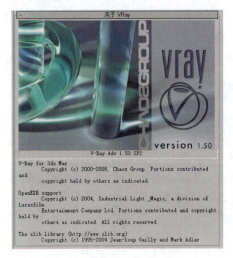

图 2-70　VRay 渲染模块　　　　　　　　　图 2-72　关于 VRay 卷展栏

（3）V-Ray:: 帧缓冲器卷展栏

V-Ray:: 帧缓冲器卷展栏用于设置使用 VRay 自身的图像帧序列窗口，设置输出尺寸并包含对图像文件进行存储等内容。应用帧缓存后会占据双份的运算量，所以在制作当中需要关闭 3ds Max 的默认渲染窗口，以便节约运算量，提高渲染速度。此外使用该卷展栏还可以快速保存多通道图像，以便于后期进行修饰与调节，如图 2-73 所示。

① Enable built-in frame buffer（启用内置帧缓冲区）：选中该复选框将使用渲染器内置的帧缓存。当然，3ds Max 自身的帧缓存仍然存在，也可以被创建。不过，选中该复选框后，VRay 渲染器不会渲染任何数据到 3ds Max 自身的帧缓存窗口。为了防止过分占用系统内存，

VRay 推荐把 3ds Max 的自身的分辨率设为一个比较小的值，并且关闭虚拟帧缓存，如图 2-74 所示。

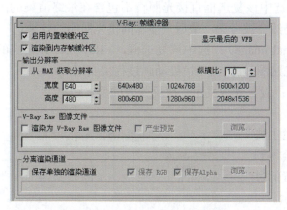

图 2-73 V-Ray:: 帧缓冲器卷展栏

图 2-74 使用帧缓存器渲染

② Render to memory frame buffer（渲染到内存帧缓冲区）：选中该复选框将创建 VRay 的帧缓存，并使用它来存储颜色数据，以便在渲染时或者渲染后观察。

③ Output resolution（输出分辨率）：可以根据需要设置 VRay 渲染器使用的分辨率。

④ Get resolutlon from MAX（从 MAX 获取分辨率）：选中该复选框，VRay 将使用设置 3ds Max 的分辨率。

⑤ Show Last VFB（显示最后的 VFB）：单击该按钮会显示上次渲染的 VFB 窗口。

⑥ Render to V-Ray image file（渲染为 V-RayRaw 图像文件）：类似于 3ds Max 的渲染图像输出，不会在内存中保留任何数据。为了观察系统是如何渲染的，可以选中右侧的"产生预览"复选框。

⑦ Generate preview（产生预览）：选中该复选框可以生成渲染的预览效果。

⑧ Save separate render channels（保存单独的渲染通道）：选中该复选框允许用户在缓存中指定的特殊通道作为一个单独的文件保存在指定的目录。

⑨ Save RGB（保存 RGB）：将渲染的图像存储为 RGB 颜色。

⑩ Save Alpha（保存 Alpha）：将渲染的图像存储为 Alpha 通道。

（4）V-Ray:: 全局开关卷展栏

V-Ray:: 全局开关卷展栏是 VRay 对几何体、灯光、间接照明、材质和光线跟踪的全局设置，如对什么样的灯光进行渲染、间接照明的表现方式、材质反射/折射和纹理反射等调节，还可以对光线跟踪的偏移方式进行全局的设置管理，如图 2-75 所示。

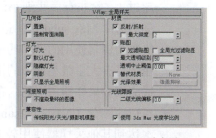

图 2-75 V-Ray:: 全局开关卷展栏

① 几何体（Geometry）：其中的 Displacement 项决定是否使用 VRay 自己的置换贴图。

② 灯光（Lights）：决定是否使用灯光，即该选项是 VRay 场景中的直接灯光的总开关，当然不包含 3ds Max 场景的默认灯光。

③ 默认灯光（Default lights）：是否使用 3ds Max 的默认灯光。

④隐藏灯光（Hidden lights）：系统会渲染隐藏的灯光效果而不会考虑灯光是否被隐藏。

⑤阴影（Shadows）：决定是否渲染灯光产生的阴影。

⑥只显示全局照明（Show GI only）：选中该复选框直接光照将不包含在最终渲染的图像中。但是在计算全局光的时候直接光照仍然会被考虑，最后只显示间接光照明的效果。

⑦不渲染最终的图像（Don't render final image）：选中该复选框，VRay 只计算相应的全局光照贴图（光子贴图、灯光贴图和发光贴图），这对于渲染动画过程很实用。

⑧二次光线偏移（Secondary rays bias）：设置光线发生二次反弹时的偏置距离。

（5）V-Ray:: 图像采样器抗锯齿卷展栏

V-Ray:: 图像采样器（抗锯齿）卷展栏主要负责图像的精确程度，使用不同的采样器会得到不同的图像质量，对纹理贴图使用系统内置的过滤器，可以进行抗锯齿处理，如图 2-76 所示。

图 2-76　V-Ray:: 图像采样器（抗锯齿）卷展栏

①图像采样器（Image sampler）：其中的类型主要可以控制固定比率采样器、自适应 QMC 采样器和确定每一个像素使用的样本数量，如图 2-77 所示。

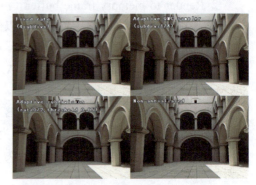

图 2-77　不同图像采样效果

- 固定（Fixed）：是 VRay 中最简单的采样器，对于每一个像素使用一个固定数量的样本，而且只有一个参数控制细分。当取值为 1 时，意味着在每一个像素的中心使用一个样本；当取值大于 1 时，将按照低差异的蒙特卡罗序列来产生样本，如图 2-78 所示。

- Adaptive DMC（自适应 DMC）：根据每个像素及其他相邻像素的亮度差异产生不同数量的样本。其中，最小细分（Min subdivs）定义每个像素使用的样本的最小数量，一般情况下该参数不会超过 1，除非有一些细小的线条无法正确表现；Max subdivs（最大细分）定义每个像素使用的样本的最大数量，适用于具有大量微小细节的情形，但比自适应细分采样器占用的内存要少。

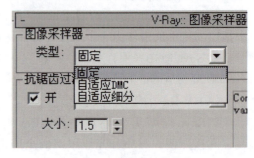

图 2-78　图像采样器类型

- 自适应细分（Adaptive subdivision）：具有 undersampling 功能，可以使用较少的样本达到其他采样器使用较多样本所能够达到的品质和质量，从而减少了渲染时间。但是，在具有大量细节或者模糊特效的情形下会比其他两个采样器更慢，图像效果也更差，这一点一定要牢记。

②Antialiasing filter（抗锯齿过滤器）：除了不支持 Plate Match 类型外，VRay 支持所有 3ds Max 内置的抗锯齿过滤器。

③Size（尺寸）：控制抗锯齿过滤器细节的尺寸。
（6）V-Ray:: 自适应细分图像采样器卷展栏

V-Ray:: 自适应细分图像采样器（V-Ray Adaptive subdivision image sampler）卷展栏主要控制 VRay 渲染时细分图像的采样设置，如图 2-79 所示。

①最小比率（Min rate）：控制适应细分图像采样的最小比率。
②最大比率（Max rate）：控制适应细分图像采样的最大比率。
③颜色阈值（Clr thresh）：控制适应细分的结构，影响图像采样。
④对象轮廓（Object outline）：控制适应细分的物体轮廓。
⑤法线阈值（Nrm thresh）：控制适应细分的撞击数量。
⑥随机采样值（Randomize samples）：控制细分的随机采样方式。
⑦显示采样（Show samples）：把适应细分的结果显示出来。

（7）V-Ray:: 环境卷展栏

V-Ray:: 环境（V-Ray Environment）卷展栏主要用来模拟周围的环境，比如天空效果和室外场景，该卷展栏可以使用全局照明、反射以及折射时使用的环境颜色和环境贴图。如果没有指定环境颜色环境贴图，那么 3ds Max 的环境颜色和环境贴图将被采用，如图 2-80 所示。

图 2-79　V-Ray:: 自适应细分图像采样器卷展栏

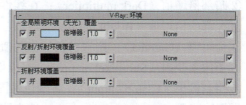

图 2-80　V-Ray:: 环境卷展栏

①全局照明环境（天光覆盖）（GI Environment(skylight)override）：允许用户在计算间接照明的时候替代 3ds Max 的环境充值，这种改变 GI 环境的效果类似于天空光，如图 2-81 所示。实际上 VRay 并没有独立的天空光设置。

②反射/折射环境覆盖（Reflection/refraction environment override）：在计算反射/折射的时候替代 3ds Max 自身的环境设置。当然，还可以选择在每一个材质或贴图的基础设置部分来替代 3ds Max 的反射/折射环境，不同反射/折射效果如图 2-82 所示。

图 2-81　环境天空效果

图 2-82　不同反射/折射效果

③折射环境覆盖（Refraction environment override）：在计算折射的时候替代 3ds Max 自身的环境设置。

（8）V-Ray:: 色彩映射卷展栏

V-Ray:: 色彩映射（V-Ray Color mapping）卷展栏通常被用于最终图像的色彩转换，如图 2-83 所示。

① 类型（Type）：定义色彩转换使用的类型，主要有线性倍增（Linear multiply）、指数倍增（Exponential）、HSV 指数（HSV exponential）、色彩贴图（Gamma correction）等类型。

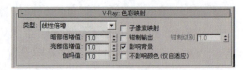

图 2-83　V-Ray:: 色彩映射卷展栏

- 线性倍增（Linear multiply）：将基于最终图像色彩的亮度来进行简单的倍增，那些太亮的颜色成分（在 1.0 或 255 之上）将会被钳制，但是这种模式可能会导致靠近光源的点过分明亮。
- 指数倍增（Exponential）：将基于亮度来使颜色更饱和，这对预防非常明亮的区域曝光是很有用的。
- HSV 指数（HSV exponential）：与上面提到的指数模式非常相似，但是它会保护色彩的色调和饱和度。
- 色彩贴图（Gamma correction）：是 1.46 版后出现的新的色彩贴图类型。

② 暗部倍增值（Dark multiplier）：在线性倍增模式下，控制暗部色彩的倍增。

③ 亮部的倍增值（Bright multiplier）：在线性倍增模式下，控制亮部色彩的倍增。

④ 伽玛值（Gamma）：用它自己的伽玛值设置还是使用系统的默认设置。

⑤ 子像素映射（Sub-pixel mapping）：以像素的信息单位进行贴图设置。

⑥ 钳制输出（Clamp output）：将颜色贴图快速紧凑地进行输出。

⑦ 影响背景（Affect Background）：选中该复选框，当前的色彩贴图控制会影响背景颜色。

（9）V-Ray:: 摄影机卷展栏

V-Ray:: 摄影机（V-Ray Camera）卷展栏（如图 2-84 所示）主要控制将三维场景映射成二维平面的方式，在映射同时对景深和运动模糊效果进行指定和调节。只有标准类型摄影机才支持产生景深特效，其他类型的摄影机是无法产生景深特效的；在景深和运动模糊效果同时产生的时候，使用的样本数量是由两个细分参数共同产生的。

① 类型（Type）：VRay 中的摄影机定义发射到场景中的光线，从本质上来说是确定场景如何投射到屏幕上的。支持的摄影机类型有标准（Standard）、球形（Spherical）、点状圆柱（Cylindrical point）、正交圆柱（Cylindrical (ortho)）、方体（Box）、鱼眼（Fish eye）和扭曲球状（Warped spherical），如图 2-85 所示。

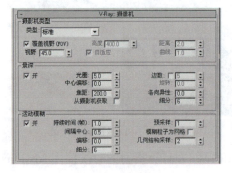

图 2-84　摄影机卷展栏

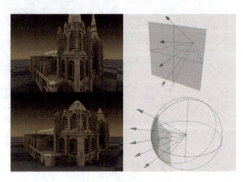

图 2-85　摄影机类型

②覆盖视野（Override FOV）：可以替代 3ds Max 的视角，因为 VRay 中有些摄影机类型可以将视角扩展，范围从 0°到 360°，而 3ds Max 默认的摄影机类型则被限制在 180°内。

③视野（FOV）：摄影机在替代视图场景后，且当前选择的摄影机类型支持视角设置的时候才被激活，用于设置摄影机的视角。

④高度（Height）：只在正交圆柱状的摄影机类型中有效，用于设定摄影机的高度。

⑤自适应（Auto-fit）：在使用鱼眼类型摄影机的时候被激活，选中该复选框，VRay 将自动计算 Dist（距离）值，以便渲染图像适配图像的水平尺寸。

⑥距离（Dist）：针对鱼眼摄影机类型，在选中"自适应"复选框时，此选项将失效。

⑦曲线（Curve）：控制渲染图像扭曲的轨迹。值为 1.0 意味着是一个真实世界中的鱼眼摄影机；值接近于 0 时，扭曲将会被增强；值在接近 2.0 时，扭曲会减少。

⑧景深（Depth of field）：景深效果用来模拟当通过镜头观看远景时的模糊效果，通过模糊摄影机近处或远处的对象来加深场景的深度感，效果如图 2-86 所示。

⑨光圈（Aperture）：使用世界单位定义虚拟摄影机的光圈尺寸。较小的光圈值将减小景深效果，大的参数值将产生更多的模糊效果。

⑩中心偏移（Center bias）：决定景深效果的一致性，值为 0 意味着光线均匀地通过光圈；正值意味着光线向光圈边缘集中；负值则意味着光线向光圈中心集中。

⑪焦距（Focal distance）：确定从摄影机到物体被完全聚焦的距离。靠近或远离这个距离的物体都将被模糊。

⑫从摄影机获取（Get from camera）：当该选项被激活时，如果渲染的是摄影机视图，焦距由摄影机的目标点确定。

⑬边数（Side）：模拟真实世界摄影机的多边形形状的光圈。如果该选项未激活，那么系统使用一个完美的圆形来作为光圈形状。

⑭旋转（Rotation）：指定光圈形状的方位。

⑮细分（Subdivs）：用于控制景深效果的品质。

⑯运动模糊（Motion blur）：运动模糊是因胶片有一定的曝光时间而引起的现象。当一个对象在摄影机之前运动的时候，快门需要打开一定的时间来曝光胶片，而在这个时间内对象还会移动一定的距离，这就使对象在胶片上出现了模糊的现象，效果如图 2-87 所示。

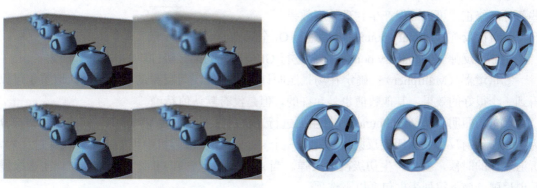

图 2-86　景深效果　　　　　　　　　　图 2-87　运动模糊效果

⑰持续时间（Duration）：在摄影机快门打开的时候指定在帧中持续的时间。

⑱间隔中心（Interval center）：指定关于3ds Max动画帧的运动模糊的时间间隔中心。值为0.5意味着运动模糊的时间间隔中心位于动画帧之间的中部；值为0则意味着位于精确的动画帧位置。

⑲偏移（Bias）：控制运动模糊效果的偏移，值为0意味着灯光均匀通过全部运动模糊间隔。

⑳预采样（Prepass samples）：计算发光贴图的过程中在时间段有多少样本被计算。

㉑模糊粒子为网格（Blur particles as mesh）：用于控制粒子系统的模糊效果，选中该复选框，粒子系统会被作为正常的网格物体来产生模糊效果。

㉒几何结构采样（Geometry samples）：设置产生近似运动模糊的几何学片断的数量，物体被假设在两个几何学样本之间进行线性移动，对于快速旋转的物体，需要增加该参数值才能得到正确的运动模糊效果。

㉓细分（Subdivs）：确定运动模糊的品质。

（10）V-Ray::间接照明（GI）卷展栏

V-Ray::间接照明（GI）（V-Ray Indirect illumination {GI}）卷展栏主要控制是否使用全局光照、全局光照渲染引擎使用什么样的搭配方式以及对间接照明强度的全局控制。此外还可以对饱和度、对比度进行简单交接，如图2-88所示。

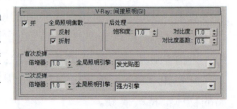

图2-88　V-Ray::间接照明（GI）卷展栏

①开（On）：决定是否计算场景中的间接光照明。

②全局照明焦散（GI caustics）：全局光焦散描述的是GI产生的焦散这种光学现象，可以由天光、自发光物体等产生。由直接光照产生的焦散不受该卷展栏中参数的控制，而是由单独的焦散卷展栏的参数来控制。不过，GI焦散需要更多的样本，否则会在GI计算中产生噪波。

③反射（Reflective）：控制间接光照射到镜射表面的时候是否产生反射焦散。默认情况下取消选中该选项因为它对最终的GI计算贡献很小，而且还会产生一些不希望看到的噪波。

④折射（Refractive）：控制间接光穿过透明物体（如玻璃）时是否产生折射焦散。注意，这与直接光穿过透明物体而产生的焦散是不一样的。

⑤后处理（Post-processing）：这里主要是对间接光照明在增加到最终渲染图像前进行一些额外的修正，可以确保产生物理精度效果。

⑥首次反弹（Primary bounces）：进行GI全局光的第一级计算。

⑦二次反弹（Secondary bounces）：进行GI全局光的第二级计算。

⑧倍增器（Multiplier）：确定在场景照明计算中次级漫射反弹的效果，默认取值1可以得到一个很好的效果。其他数值也是允许的，但是没有默认值精确。

⑨全局照明引擎（GI bounces）：主要进行二次反弹处理。在VRay中，间接光照明被分为初级漫反射反弹和次级漫反射反弹。当一个shaded点在摄影机中可见或者光线穿过反射/折射表面的时候，就会产生初级漫射反弹。当shaded点包含在GI计算中时，就产生次级漫反射反弹。该下拉列表框包括以下选项。

- 发光贴图（Irradiance map）：基于发光缓存技术，其基本思路是仅计算场景中某些特定点的间接照明，然后对剩余的点进行插值计算，如图2-89所示。
- 光子贴图（Photon map）：建立在追踪从光源发射出来的能够在场景中相互反弹的光线微粒（称之为光子）的基础上。这些光子在场景中来回反弹，撞击各种不同的表面，碰撞点被储存在光子贴图中。从光子贴图重新计算照明和发光贴图不同，对于发光贴图，混合临近的GI样本通常采用简单的插补，而对于光子贴图，则需要评估一个特定点的光子密度，密度评估的概念是光子贴图的核心。VRay可以使用几种不同的方法来完成光子的密度评估，每一种方法都有其优点和缺点，一般说来，这些方法都是建立在搜寻最靠近shaded点的光子的基础上的。间接照明效果如图2-90所示。

图2-89 "发光贴图"选项

图2-90 间接照明效果

- 灯光缓冲（Light cache）：灯光缓冲装置是一种近似于场景中全局光照明的技术，与光子贴图类似，但是没有其他局限性。灯光装置建立在追踪摄影机可见的光线路径上，每一次沿路径的光线反弹都会储存照明信息，它们组成了三维的结构，这一点非常类似于光子贴图。它可以直接使用，也可以用于使用发光贴图或直接计算时的光线二次反弹计算。
- 强力引擎（Quasi-Monte carlo）：强力引擎会单独验算每一个shaded点的全局光照明，速度很慢，但是效果是最精确的，尤其是需要表现大量细节的场景。为了加快准蒙特卡罗GI的速度，用户在使用强力引擎作为初级漫射反弹引擎时，可以在计算次级漫射反弹的时候选择较快速的方法，如使用光子贴图或灯光贴图渲染引擎。

（11）灯光缓冲卷展栏

灯光缓冲（V-Ray:: Light cache）卷展栏可以进行发光贴图细致调节，如图2-91所示。

①细分（Subdivs）：确定有多少条来自摄影机的路径被追踪。要注意的是，实际路径的数量是该参数的平方值，如该参数设置为2000，那么被追踪的路径数量将是2000×2000＝4000000 不同细分效果如图2-92所示。

图2-91 灯光缓存卷展栏

图2-92 不同细分效果

②采样大小（Sample size）：决定灯光贴图中样本的间隔。较小的值意味着样本之间相互距离较近，灯光贴图将保护灯光锐利的细节，不过会导致产生噪波，并且占用较多的内存，反之亦然。

③比例（Scale）：有两种选择，主要用于确定样本和过滤器的尺寸。

④进程数量（Number of passes）：控制灯光贴图计算的次数。如果用户计算机的 CPU 不是双核心或没有超线程技术，建议把该值设为 1，可以得到最好的结果。

⑤保存直接光（Store direct light）：选中该复选框，灯光贴图中也将储存和插补直接光照明的信息。该选项对于有许多灯光、使用发光贴图或直接计算 GI 方法作为初级反弹的场景特别有用。因为直接光照明包含了灯光贴图中，而不再需要对每一个灯光进行采样。不过请注意，只有场景中灯光产生的漫反射照明才能被保存。

⑥显示计算状态（Show calc Phase）：选中该复选框可以显示被追踪的路径。它对灯光贴图的计算结果没有影响，只是可以给用户一个比较直观的视觉反馈。

⑦Adaptive tracing（自适应追踪）：比默认的规则方式占用更多的内存，但是在一些场景（如有 GI 焦散的场景）中，其的渲染速度会更快，且效果更好、更平滑。

⑧Pre-filter（预滤器）：在渲染前，灯光贴图中的样本会被提前过滤。

⑨Filter（过滤器）：确定灯光贴图在渲染过程中使用的过滤器类型。过滤器用于确定在灯光贴图中以内插值替换的样本是如何发光的。

⑩Use light cache for glossy rays（对光泽光线使用灯光缓冲）：灯光贴图将会把光泽效果一同进行计算，这样有助于加速光泽反射效果。

⑪Number of passes（插补采样值）：如果用户计算机的 CPU 不是双核心或没有超线程技术，建议把该值设为 1，可以得到最好的结果。

⑫Mode（模式）：确定灯光贴图的渲染模式，有以下 3 种。

- Single frame（单帧）：对动画中的每一帧都计算新的灯光贴图。
- Fly-through（固定计算）：对整个摄影机动画计算一个灯光贴图，只有激活时间段的摄影机运动被考虑在内，此时建议使用世界比例，灯光贴图只在渲染开始的第一帧被计算，并在后面的帧中被反复使用而不会被修改。
- From file（文件）：灯光贴图可以作为一个文件被导入。注意灯光贴图中不包含预过滤器，预过滤的过程在灯光贴图被导入后才完成，所以不需要验算便可调节灯光贴图。

（12）V-Ray:: 发光贴图卷展栏

V-Ray:: 发光贴图（V-Ray Irradiance map）卷展栏可以进行细致调节，如品质的设置、基础参数的调节及普通选项、高级选项、渲染模式等内容的管理，是 VRay 的默认渲染引擎，也是 VRay 中最好的间接照明渲染引擎，如图 2-93 所示。

图 2-93　V-Ray:: 发光贴图卷展栏

①当前预置（Current preset）：系统提供了8种系统预设的模式供用户选择，如无特殊情况，这几种模式可以满足一般需要，如图2-94所示。

②基本参数（Basic parameters）：主要对最小比率（Min rate）、最大比率（Max rate）、颜色极限值（Clr thresh）、法线阈值（Nrm thresh）、距离阈值（Dist thresh）、半球细分（HSph subdivs）和插补采样值（Interp samples）进行控制。

③选项（Options）：主要控制显示计算状态（Show calc phase）、显示直接光（Show direct light）和显示采样（Show samples）。

④细节增强（Detail enhancement）：主要调节发光贴图渲染引擎的细节。

⑤插补类型（Intovpolatnmtype）：主要包括4个选项，如图2-95所示。

- Weighted average（加权平均值）：根据发光贴图中GI样本点到插补点的距离和法向差异进行简单的混合得到。
- 最小平方适配（Least squares fit）：这是默认的设置类型，它将设法计算一个在发光贴图样本之间最合适的GI的值，可以产生比加权平均值更平滑的效果，但同时会变慢。
- 三角测试法（Delone triangulation）：几乎所有其他的插补方法都有模糊效果，确切地说，它们都趋向于模糊间接照明中的细节，同样都有密度偏置的倾向。为了得到充分的效果，可能需要更多的样本，这可以通过增加发光贴图的半球细分值或者较小QMC采样器中的噪波临界值的方法来实现。
- 最小平方加权测试法（Least squares with Voronoi weights）：运算速度相当缓慢，而且目前尚不完善，所以不建议采用。

虽然各种插补类型都有各自的用途，但是最小平方适配类型和三角测量类型是最有意义的类型。

⑥查找采样（Sample lookup）：在渲染过程中使用，决定发光贴图中被用于插补基础的合适的点的选择方法，"查找采样"选项如图2-96所示。

  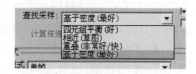

图2-94 当前预设模式选项　　图2-95 "插补类型"选项　　图2-96 "查找采样"选项

- 相近（Nearest）：将简单地选择发光贴图中最靠近插补点的样本，至于有多少点被选择，由插补样本参数来确定。这是最快的一种查找方法，而且只用于VR早期的版本。该方法的缺点是当发光贴图中某些地方样本密度发生改变时，它将在高密度的区域选取更多的样本数量。
- 四元组平衡（Quad-balanced）：默认的选项，是针对Nearest方法产生密度偏置的一种补充，可以把插补点在空间划分成4个区域，设法在它们之间寻找相等数量的样本。虽然比简单的Nearest方法要慢，但是通常效果较好。其缺点是在查找样本的过程中，可能会拾取远处与插补点不相关的样本。

◆ 重叠（Overlapping）：可以弥补上面介绍的两种方法的缺点，需要对发光贴图的样本有一个预处理的步骤，也就是对每一个样本进行影响半径的计算。该半径值在低密度样本区域较大，在高密度样本区域较小。当在任意点进行插补时，将会选择周围影响半径范围内的所有样本。其优点就是在使用模糊插补方法时，产生连续的平滑效果。

⑦计算传递插值采样（Calc. pass interpolation samples）：在发光贴图计算过程中使用，描述已经被采样算法计算的样本数量。较好的取值范围是10～25，较低的数值可以加快计算传递，但是会导致信息存储不足；较高的取值将减慢速度，增加更多的附加采样。

⑧随机采样值（Randomize samples）：在发光贴图计算过程中使用。选中该复选框，图像样本将随机放置；取消选中该复选框，将在屏幕上产生排列成网格的样本。

⑨检查采样可见性（Check sample visibility）：在渲染过程中使用，可以促使VRay仅仅使用发光贴图中的样本，样本在插补点直接可见。可以有效地防止灯光穿透两面接受完全不同照明的薄壁物体时产生的漏光现象。当然，由于VRay要追踪附加的光线来确定样本的可见性，所以会减慢渲染速度。

⑩模式（Mode）：主要设置发光贴图的预先设置模块，各选项如图2-97所示。

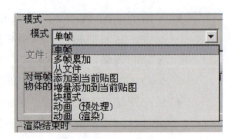

图2-97 "模式"选项

- 块模式（Bucket mode）：在这种模式下，一个分散的发光贴图被运用在每一个渲染区域。这在使用分布式渲染的情况下尤其有用，因为它允许发光贴图在几台计算机之间进行计算。与单帧模式相比，块模式运行速度稍慢，因为在相邻两个区域的边界周围的边都要进行计算。即使如此，得到的效果也不会太好，但是可以通过设置较高的发光贴图参数来减少其影响。

- 单帧（Single frame）：在这种模式下，对于整个图像计算一个单一的发光贴图，每一帧都计算新的发光贴图。在使用分布式渲染时，每一个渲染服务器都各自计算它们自己的针对整体图像的发光贴图。这是渲染移动物体的动画时采用的模式，但是用户要确保发光贴图有较高的品质以避免图像闪烁。

- 多帧累加（Multiframe incremental）：多帧叠加在渲染仅摄影机移动的帧序列的时候很有用。VRay将会为第一个渲染帧计算一个新的全图像的发光贴图，而对于剩下的渲染帧，VRay设法重新使用或精炼已经计算了的存在的发光贴图，如果发光贴图具有足够高的品质，也可以避免图像闪烁。该模式也能够被用于网络渲染中——每一个渲染服务器都计算或精炼它们自身的发光贴图。

- 从文件（From file）：在渲染序列的开始帧，VRay简单地导入一个存在的发光贴图，并在动画的所有帧中使用，整个渲染过程不会计算新的发光贴图。

- 增量添加到当前贴图（Add to current map）：在这种模式下，VRay将计算全新的发光贴图，并把它增加到内存中已经存在的贴图中。

◆ Incremental add to current map（添加到当前贴图）：VRay将使用内存中已存在的贴图，仅仅在某些没有足够细节的地方对其进行精炼。

选择哪一种模式需要根据具体场景的渲染任务来确定，没有一个固定的模式适合所有场景。

⑪浏览（Browse）：选择 From file 模式时，可以从硬盘中选择一个存在的发光贴图文件导入。

⑫ Save to file（存储到文件）：单击该按钮将保存当前计算的发光贴图到内存中已经存在的发光贴图文件中。前提是选中"渲染结束时"选项组中的"不删除"复选框，否则 VRay 会自动在渲染任务完成后删除内存中的发光贴图。

⑬ Reset（重置）：可以清除储存在内存中的发光贴图。

⑭ Don't delete（不删除）：选中修复选框 VRay 会在完成场景渲染后将光照贴图保存在内存中，否则该光照贴图将会被删除，所占内存会被释放。如果想对某一特定场景只进行一次光照贴图计算，并计划在将来的渲染中使用它，那么该选项就特别有用。

（13）V-Ray:: 焦散卷展栏

V-Ray:: 焦散（V-Ray Caustics）卷展栏（如图 2-98 所示）主要用来调节产生焦散的参数，其调节方式非常简单，计算速度也非常迅速。作为一种先进的渲染系统，VRay 支持散焦特效的渲染。为了产生这种效果，场景中必须有散焦光线发生器和散焦接受器。

利用焦散功能可以制作很多特殊效果来表现意境，一般用于玻璃、液体及金属的特殊表现。如图 2-99 所示是对玻璃质感焦散的渲染效果。

①倍增器（Multiplier）：控制焦散的强度，它是一个全局控制参数，对场景中所有产生焦散特效的光源都有效。

②搜索距离（Search dist）：当 VRay 追踪撞击在物体表面某些点的一个光子时，会自动搜寻位于

图 2-98　V-Ray:: 焦散卷展栏

周围区域同一平面的其他光子，实际上该搜寻区域是一个中心位于初始光子位置的圆形区域，其半径是由该搜寻距离确定的，不同搜寻距离效果如图 2-100 所示。

图 2-99　焦散应用效果

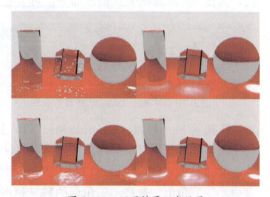

图 2-100　不同搜寻距离效果

③最大光子数（Max photons）：当 VRay 追踪撞击在物体表面的某些点的某一个光子时，也会将周围区域的光子计算在内，然后根据该区域内的光子数量来均分照明。如果光子的实际数量超过了最大光子数的设置，VRay 只会按照最大光子数来计算。

④最大密度（Max density）：设置焦散的计算密度。

⑤模式（Mode）：主要控制发光贴图的模式。

⑥不删除（Don't delete）：选中该复选框，在场景渲染完成后，VRay 会将当前使用的光子贴图保存在内存中，否则该贴图会被删除，内存被清空。

⑦自动保存（Auto save）：激活并渲染完成后，VRay 自动保存使用的焦散光子贴图到指定目录。

⑧切换到保存的贴图（Switch to saved map）：选中该复选框，会自动促使 VRay 渲染器转换到 From file 模式，并使用最后保存的光子贴图来计算焦散。

（14）V-Ray::DMC 采样器卷展栏

V-Ray::DMC 采样器（V-Ray DMC Sampler）卷展栏主要用来设置关于光线的多重采样追踪计算，对模糊反射、面光源、景深等效果的计算精度和速度调节，也可以对全局细分进行倍增处理，如图 2-101 所示。

①适应数量（Adaptive amount）：控制早期终止应用的范围，值为 1 意味着在早期终止算法被使用之前最小可能的样本数量；值为 0 则意味着早期终止不会被使用。

②最小采样值（Min samples）：确定在早期终止算法被使用之前必须获得的最少样本数量。较高的取值将会减慢渲染速度，但同时会使早期终止算法更可靠。

③噪波阈值（Noise threshold）：在评估一种模糊效果是否足够好的时候，控制 VRay 的判断能力，在最后的结果中直接转化为噪波。较小的取值意味着较少的噪波，使用更多的样本以及更好的图像品质。

④全局细分倍增器（Global subdivs multiplier）：在渲染过程中，该选项会倍增所有地方参数的细分值。

⑤路径采样器（Path sampler）：设置路径区域的采样效果。

（15）V-Ray:: 默认置换卷展栏

V-Ray:: 默认置换（V-Ray Default displacement）卷展栏（如图 2-102 所示）主要针对在材质指定了置换贴图的物体上进行细致三角面置换处理，其置换方式为仅在渲染时进行置换，对比 3ds Max 的置换修改命令，可节省系统资源。

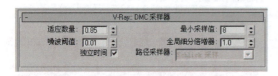   

图 2-101　V-Ray::DMC 采样器卷展栏　　　　图 2-102　V-Ray:: 默认置换卷展栏

①覆盖 Max 设置（Override Max's）：选中该复选框，VRay 将使用自己内置的微三角置换来渲染具有置换材质的物体；反之，将使用标准的 3ds Max 置换来渲染物体。

②边长度（Edge length）：用于确定置换的品质，原始网格的每一个三角形被细分为许多更小的三角形，这些小三角形的数量越多，就意味着置换具有更多的细节，同时，渲染速度越慢，渲染时间越长，将会占用更多的内存，反之亦然。不同边长度效果如图 2-103 所示。

③紧密界限（View-dependent）：选中该复选框，由边长度决定细小三角形的最大边长（单位是像素）。值为 1 意味着每一个细小三角形的最长的边投射在屏幕上的长度是 1 像素；取消选中该复选框，细小三角形的最长边长将由世界单位来确定。

④最大细分（Max subdivs）：控制从原始网格物体三角形细分出来的最大数量，需注意的是，实际上细小三角形的最大数量是由该参数的平方来确定的，如默认值是 256，则意味着每一个原始三角形产生的最大细小三角形的数量是 256×256 = 65536 个。不推荐将该参数设置的过高，如果非要使用较大的值，还不如直接将原始网格物体进行更精细的细分。

⑤数量（Amount）：控制置换的大小数量。

⑥相对于边界框（Tight bounds）：选中该复选框，VRay 将来自视图内的原始网格物体的置换三角形进行精确的体积限制，如果使用的纹理贴图有大量的黑色或者白色区域，可能需要对置换贴图进行预采样，但是渲染速度将是较快的。

（16）V-Ray:: 系统卷展栏

V-Ray System（V-Rdy:: 系统）卷展栏（如图 2-104 所示）是对 VRay 渲染器的全局控制，包括光线投射、渲染区域设置、分布方式渲染、物体属性、灯光属性、内存使用、场景检测和水印使用等内容。在系统卷展栏中，对于整体计算机运算的控制是比较重要的，它可以控制渲染时扫面区域的尺寸，以便于观察具体渲染效果，还可以根据不同情况设置网络渲染，大大提高运算速度，得到比较真实、理想的图像效果。

图 2-103　不同边长度效果

图 2-104　V-Ray:: 系统卷展栏

①光线计算参数（Raycaster params）：允许用户控制 VRay 二元空间划分树（BSP 树，即 Binary Space Partitioning）的各种参数。

②最大树形深度（Max tree depth）：定义 BSP 树的最大深度，较大的值将占用较多的内存，但是渲染速度会很快，一直到一些临界点，超过临界点（每一个场景不一样）以后开始减慢；较小的参数值将使 BSP 树占用较少系统内存，但是整个渲染速度会变慢。

③最小叶片尺寸（Min leaf size）：定义树叶节点的最小尺寸，通常该值设置为 0，意味着 VRay 将不考虑场景尺寸来细分场景中的几何体。

④面 / 级别系数（Face/level coef）：控制一个树叶节点中的最大三角形数量。如果该参数取值较小，渲染速度将会很快，但是 BSP 树会占用较多的内存。

⑤动态内存极限（Dynamic memory limit）：定义动态光线发射器使用的全部内存的界限。该极限值会被渲染线程均分，假如设定该极限值为 400MB，如果用户使用具有两个处理器的机器并启用了多线程，那么每一个处理器在渲染中使用动态光线发射器的内存占用极限就只有 200MB，此时，如果该极限值设置的太低，会导致动态几何学不停地导入 / 导出，反而会比使用单线程模式渲染速度更慢。

⑥默认几何体（Default geometry）：在VRay内部集成了4种光线投射引擎。

⑦渲染区域分割（Render region division）：控制渲染区域（块）的各种参数。渲染块的概念是VRay分布式渲染系统的精华部分，一个渲染块就是当前渲染帧中被独立渲染的矩形部分，它可以被传送到局域网中其他空闲机器中进行处理，也可以被几个CPU进行分布式渲染。

⑧帧标记（Frame stamp）：帧标记即我们常说的水印，可以按照一定规则以简短文字的形式显示关于渲染的相关信息，它是显示在图像底端的一行文字，应用效果如图2-105所示。

图2-105　帧标记应用效果

⑨分布式渲染（Distributed rendering）：用于控制VRay的渲染分散信息。

⑩VRay日志（VRay log）：用于控制VRay的信息窗口。

⑪其他选项（Miscellaneous options）：主要控制局部参数和预设对话框等。

2.3　After Effects合成软件

After Effects是一款用于高端视频特效系统的专业特效合成软件，它借鉴了许多优秀软件的成功之处，将视频特效合成上升到了新的高度。Photoshop中"层"概念的引入，使After Effects可以对多层的合成图像进行控制，制作出天衣无缝的合成效果；"关键帧"、"路径"等概念的引入，使After Effects对于控制高级的二维动画游刃有余；高效的视频处理系统，确保了高质量的视频输出；而令人眼花缭乱的特技系统更使After Effects能够实现使用者的一切创意。

Adobe公司最新推出的After Effects CS系列软件提供了高效、精确的多样工具，可以帮助用户创建引人注目的动画效果和视觉特效，是一个灵活的2D和3D后期合成软件，它包含了上百种特效和预置的动画效果，帮助用户在电影、电视、Web的动画图形和视觉特效设立新标准。After Effects CS4提供了与Premiere、Encore、Audition、Photoshop和Illustrator软件的集成功能，为用户提供以创新的方式应对生产挑战并交付高品质成品所需的速度、准确度和强大功能。After Effects的启动画面如图2-106所示。

图2-106　After Effects的启动画面

2.3.1　界面布局

After Effects具有全新设计的流线型工作界面，布局合理并且界面元素可以随意组合，在大大提高使用效率的同时，还增加了许多人性化功能，其界面布局如图2-107所示。

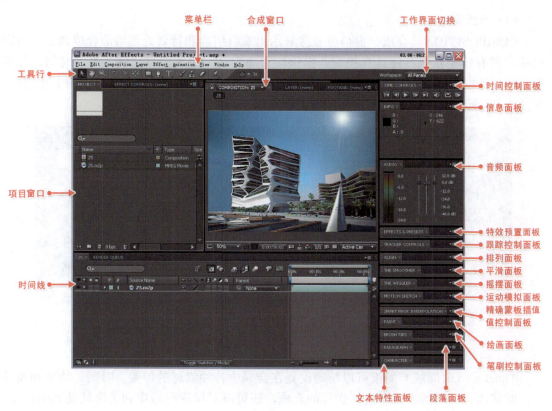

图 2-107　界面布局

（1）菜单栏

菜单栏几乎是所有软件都共有的重要界面布局要素之一，它包含了软件全部功能的命令操作，After Effects CS4 提供了 9 项菜单，分别为 File（文件）、Edit（编辑）、Composition（合成）、Layer（层）、Effect（特效）、Animation（动画）、View（视图）、Window（窗口）和 Help（帮助），如图 2-108 所示。

（2）工具栏

After Effects 的工具栏中提供了一些常用的操作工具，包括 选择工具、 平移工具、 缩放工具、 旋转工具、 轨迹相机工具、 移动工具、 遮罩工具、 钢笔工具、 文本工具、 画笔工具、 图章工具、 橡皮工具、 人偶工具、 坐标模式，可直接通过单击按钮来完成相应的命令操作，如图 2-109 所示。

图 2-108　菜单栏

图 2-109　工具栏

（3）项目窗口

PROJECT（项目）窗口可以将参与合成的素材存储在该窗口中，并可显示每个素材的文件名称、格式和尺寸等信息，还可以对引入的素材进行查找、替换和删除等操作。当项目窗口中存有大量素材时，利用文件夹管理，可以有效地对素材进行组织和管理操作，如图 2-110 所示。

（4）合成窗口

COMPOSITION（合成）窗口可直接显示出素材组合和特效处理后的合成画面。该窗口不仅具有预览功能，还具有控制、操作、管理素材、缩放窗口比例、当前时间、分辨率、图层线框、3D 视图模式和标尺等操作功能，是 After Effects 中非常重要的工作窗口，如图 2-111 所示。

图 2-110　项目窗口

图 2-111　合成窗口

（5）时间线面板

Timeline（时间线）面板可以精确设置在合成中各种素材的位置、时间、特效和属性等，时间线采用层的方式来进行影片的合成，还可以对层进行顺序和关键帧动画的操作，如图 2-112 所示。

（6）工作界面切换

Workspace（工作界面切换）可以快速设置 After Effects CS4 的界面分布类型，其中有 All Panels（全部工作界面）、Animation（动画控制界面）、Effects（特效界面）、Minimal（最小精简界面）、Motion Tracking（运动跟踪界面）、Paint（绘画界面）、Standard（标准界面）、Text（文本界面）、Undocked Panels（退出界面）、New Workspace（新建工作区）、Delete Workspace（删除工作区）和 Reset "All Panels"（复位全部工作界面）选项，如图 2-113 所示。

图 2-112　时间线面板

图 2-113　工作界面切换

（7）时间控制面板

TIME CONTROIS（时间控制）面板是控制影片播放或寻找画面的工具。控制跳至影片第一帧画面；控制影片倒退一帧；控制观看预览播放画面；控制前进一帧；控制跳至影片最后一帧画面；控制打开或关闭音频；控制循环播放画面；采用 RAM

内存方式预览，如图 2-114 所示。

（8）信息面板

INFO（信息）面板可以显示影片像素的颜色、透明度和坐标，还可以在渲染影片时显示渲染提示信息、上下文的相关帮助提示等。当拖曳图层时，还会显示图层的名称、图层轴心及拖曳产生的位移等信息，如图 2-115 所示。

（9）音频面板

AUDIO（音频）面板显示播放影片时的音量级别，还可以调节左右声道的音量，如图 2-116 所示。

（10）特效预置面板

EFFECTS & PRESETS（特效预置）面板可以快速地在视频编辑过程中运用各种滤镜产生非同凡响的特殊效果，根据各滤镜的功能共分成 20 种类型，针对不同类型的素材和需要的效果可对任意层施加不同的滤镜，如图 2-117 所示。

（11）跟踪控制面板

TRACKER CONTROLS（跟踪控制）面板是对某物体跟踪另外的运动物体产生运动过程的控制，从而会产生一种跟随的动画效果。在跟踪控制面板可以创建轨迹、设定原和目标层、设置跟踪类型和解析方式来完成运动跟踪操作，系统会依据运动跟踪结果自动建立相应关键帧，如图 2-118 所示。

图 2-114　时间控制面板

图 2-115　信息面板

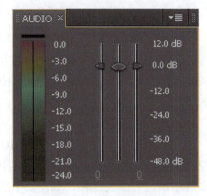

图 2-116　音频面板

图 2-117　特效面板

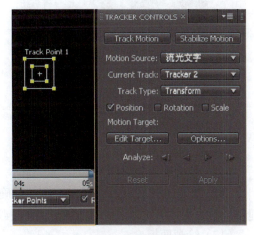

图 2-118　跟踪控制面板

（12）排列面板

ALIGN（排列）面板是沿水平轴或垂直轴来均匀排列当前层，Align Layers（层排列）中提供了■水平左侧对齐、■水平中心对齐、■水平右侧对齐、■垂直顶部对齐、■垂直中心对齐和垂直底部对齐；Distribute Layers（层分布）中提供了垂直顶部分布、垂直中心分布、垂直底部分布、水平左侧分布、水平中心分布和水平右侧分布，如图 2-119 所示。

（13）平滑面板

THE SMOOTHER（平滑）面板可以添加关键帧或删除多余的关键帧，平滑临近曲线时可对每个关键帧应用贝塞尔插入，平滑由 Motion Sketch（运动拟订）或 Motion Math（运动学）生成的曲线中产生的多余关键帧，以消除关键帧跳跃的现象，如图 2-120 所示。

图 2-119　排列面板

图 2-120　平滑面板

（14）摇摆面板

THE WIGGLER（摇摆）面板可对任何依据时间变化的属性增加随意性，通过属性增加关键帧或在现有的关键帧中进行随机差值，使原来的属性值产生一定的偏差，最终产生随机的运动效果，如图 2-121 所示。

（15）运动模拟面板

对当前层进行拖曳操作时，MOTION SKETCH（运动模拟）面板会自动对层设置相应的位置关键帧，层将根据鼠标运动的快慢沿鼠标路径进行移动，并且该功能不会影响层的其他属性中所设置的关键帧，如图 2-122 所示。

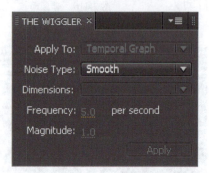
图 2-121　摇摆面板

图 2-122　运动模拟面板

（16）精确蒙板插值面板

SMART MASK INTERPOLATION（精确蒙板插值）面板可建立平滑的遮罩变形运动，将遮罩形状的变化创建为平滑的动画，从而使遮罩的形状变化更加接近现实，如图 2-123 所示。

（17）绘画面板

PAINT（绘画）面板用于画笔的设制，其中提供绘画使用的颜色、透明度、模式和颜色通道参数，如图 2-124 所示。

（18）笔刷控制面板

BRUSH TIPS（笔刷控制）面板可以设置笔画、层前景色及其他笔画的混合模式，修改它们的相互影响方式，还可以设置笔刷类型、笔刷颜色，指定笔刷不透明度、墨水流量等，如图 2-125 所示。

图 2-123　精确蒙板插值面板

图 2-124　绘画面板

图 2-125　笔刷控制面板

（19）段落面板

PARAGRAPH（段落）面板可对文本层中一段、多段或所有段落进行调整、缩进、对齐或间距等操作，如图 2-126 所示。

（20）字符面板

CHARACTER（字符）面板用于对文本的字体进行设置，其中包括字体类型、字号大小、字符间距或文本颜色等操作，如图 2-127 所示。

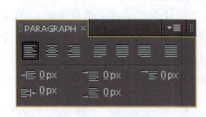

图 2-126　段落面板

图 2-127　文字特性面板

2.3.2　工作流程

在启动 After Effects 后，将有一个项目自动建立，然后新建合成、导入素材、增加特效、输入文字、记录动画和输出渲染，这也就是合成影片时必须用到的基本制作流程。

（1）Composition 合成

Comp 是 Composition（合成文件）的简称，在 After Effects 中可以建立多个合成文件，而每一个合成文件又有其独立的名称、时间、制式和尺寸，合成文件也可以当作素材在其他的合成文件中继续编辑操作。可以在菜单栏中选择 Composition（合成）→ New Composition（新建合成）命令新建合成文件，也可以在项目窗口单击图标或直接使用快捷键 Ctrl+N 建立，如图 2-128 所示。弹出的 Composition Settings（合成设置）对话框如图 2-129 所示。

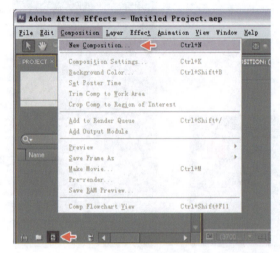

图 2-128　新建合成

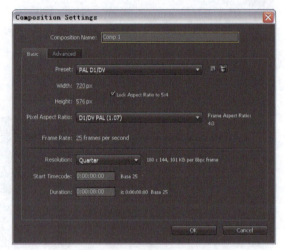

图 2-129　合成设置对话框

各选项的含义如下。

① Composition Name（合成名称）：默认名称为 Comp，也可修改为其他中 / 英文名称。

② Preset（预置）：提供了 NTSC 和 PAL 制式的电视、高清晰、胶片等常用影片格式，还可以选择 Custom（自定义）影片格式。

③ Width/Height（宽 / 高）：设置合成影片大小的分辨率，支持从 4～30000 像素的帧尺寸。

④ Pixel Aspect Ratio（像素比率）：设置合成影片的像素宽 / 高比率。

⑤ Frame Rate（帧速率）：设置合成影片每秒钟的帧数。

⑥ Resolution（决定）：决定影片像素的清晰质量，其中有 Full（满分辨率）、Hull（半分辨率）、Third（三分之一分辨率）、Quarter（四分之一分辨率）和 Custom（自定义）5 个选项。

⑦ Start Time Code（开始时间码）：设置合成影片的起始时间位置。

⑧ Duration（持续时间）：设置合成影片的时间长度。

（2）导入素材

导入素材即把各方的素材导入到 After Effects CS4 中，导入的方式是多种多样的。第 1 种是在菜单中选择 File（文件）→ Import（导入）→ File（文件）命令导入素材；第 2 种是在项目窗口中单击鼠标右键，并从弹出的菜单中选择 Import（导入）→ File（文件）命令导入，第 3 种是在菜单中选择 File（文件）→ Browse（浏览）命令导入素材；第 4 种是在 Project（项目）窗口中双击文件导入，如图 2-130 所示。

Chapter 02 建筑动画软件应用

图 2-130　导入素材的方法

（3）增加特效

合成影片时可以根据个人的喜好增加特效，可以从 Effect（特效）菜单中选择特效，也可以在准备增加特效的素材层上单击鼠标右键，在弹出的快捷菜单中选择 Effect（特效）命令，还有就是从特效面板直接输入特效名称进行特效的增加，如图 2-131 所示。

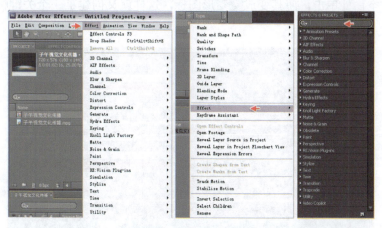

图 2-131　增加特效的方法

（4）输入文字

After Effects 的文字输入功能非常灵活，可以先新建一个固态层，然后加入文字特效输入文字，也可以直接建立 Text 文本层输入文字。再就是直接使用 T 文本工具在显示窗口单击文字输入的位置，After Effects 会自动建立一个 Text 文本层并显示文字输入光标。输入文字后可以用文字编辑窗口修改输入文字的各项设置，如图 2-132 所示。

57

图 2-132　文字输入

（5）动画记录

动画记录是 After Effects 重要的一个制作环节。在首次制作动画时，可以单击时间线窗口中的 小码表图标，创建一个关键帧。如果想在其他位置继续创建关键帧，可以在小码表图标的前方空白处单击，使其变成 菱形图标，这样就又创建了一个关键帧，如图 2-133 所示。

图 2-133　动画记录

特效的动画记录也是通过小码表图标来完成的。如果开启 小码表图标，以后再对参数操作，计算机会自动继续增加关键帧，如图 2-134 所示。

（6）渲染操作

若想把制作完成的动画转换成影片或其他文件，必须在渲染输出 Comp 文件的过程中完成。可在菜单中选择 Composition（合成）→ Make Movie（制作影片）命令，也可直接使用快捷键 Ctrl+M 进行渲染输出操作。在 Output Module（输出模块）对话框中可以设置格式、输出样式、颜色和压缩等选项，Output To（输出到）用于设置输出文件的位置和名称，如图 2-135 所示。

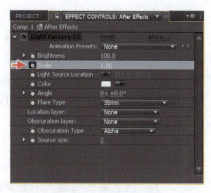

图 2-134　特效的动画记录

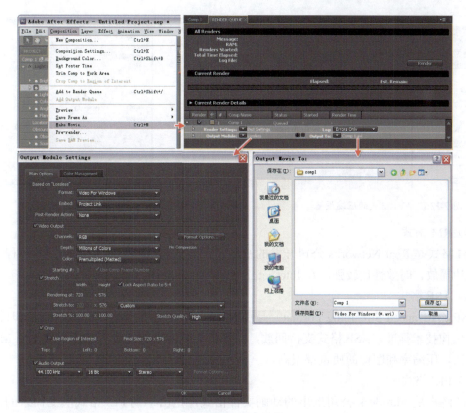

图 2-135　输出渲染

2.3.3　支持文件格式

（1）AVI 格式

AVI（Audio Video Interleaved）格式是由 Microsoft 公司开发的一种音频与视频文件格式，可以将视频和音频交错在一起同步播放。由于 AVI 文件没有限定压缩的标准，所以不同压缩编码标准生成的 AVI 文件不具有兼容性，必须使用相应的解压缩算法才能播放。常见的视频编码有 No Compression、Microsoft Video、Intel Video 和 Divx 等，不同的视频编码不只影响影片质量，还会影响文件的大小容量，如图 2-136 所示。

(2) MPEG 格式

MPEG（Moving Pictures Experts Group）是运动图像压缩算法的国际标准，几乎所有的计算机平台都支持它。MPEG 有统一的标准格式，兼容性相当好。MPEG 标准包括 MPEG 视频、MPEG 音频和 MPEG 系统（视、音频同步）3 个部分。如常用的 MP3 就是 MPEG 音频的应用，另外 VCD、SVCD、DVD 采用的也是 MPEG 技术，网络上常用的 MPEG-4 也采用了 MPEG 压缩技术。

(3) MOV 格式

MOV 格式是 Apple 公司开发的一种音频、视频文件格式，可跨平台使用，还可做成互动形式，在影视非编领域是常用的文件格式标准。可以选择压缩的算法，调解影片输出算法的压缩质量和帧容量，如图 2-137 所示。

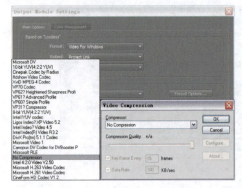

图 2-136　AVI 格式的压缩设置

图 2-137　MOV 格式的压缩设置

(4) RM 格式

RM 格式是 Real Networks 公司开发的视频文件格式，其特点是在数据传输过程中可以边下载边播放，时效性比较强，在 Internet 上有着广泛的应用。

(5) ASF 格式

ASF（Advanced Streaming Format）是由 Microsoft 公司推出的在 Internet 上实时播放的多媒体影像技术标准。ASF 格式支持回放，具有扩充媒体播放类型等功能，使用了 MPEG-4 压缩算法，压缩率和图像的质量都很高。

(6) FIC 格式

FIC 格式是 Autodesk 公司推出的动画文件格式，是由早期 FLI 格式演变而来的，它是 8 位的动画文件，可任意设定尺寸大小。

(7) GIF 格式

GIF（Graphics Interchange Format）格式是 CompuServe 公司开发的压缩 8 位图像的文件格式，支持图像透明，采用无失真压缩技术，多用于网页制作和网络传输。

(8) JPEG 格式

JPEG（Joint Photographic Experts Group）格式是静止图像压缩编码技术而形成的一类图像文件格式，是目前网络上应用最广的图像格式，支持不同程度的压缩比。

(9) BMP 格式

BMP 格式最初是 Windows 操作系统的画笔所使用的图像格式，现在已经被多种图形图像处理软件所支持、使用。它是位图格式，并有单色位图、16 色位图、256 色位图和 24 位真彩色位图等几种。

（10）PSD 格式

PSD 格式是 Adobe 公司开发的图像处理软件 Photoshop 所使用的图像格式，它能保留 Photoshop 制作过程中各图层的图像信息，已有越来越多的图像处理软件开始支持这种文件格式。

（11）FLM 格式

FLM 格式是 Premiere 输出的一种图像格式。Adobe Premiere 将视频片段输出成序列帧图像，每帧的左下角为时间编码，以 SMPTE 时间编码标准显示，右下角为帧编号，可以在 Photoshop 软件中对其进行处理。

（12）TGA 格式

TGA 格式是由 Truevision 公司开发的用来存储彩色图像的文件格式，主要用于计算机生成的数字图像向电视图像的转换。TGA 文件格式被国际上的图形、图像制作工业所广泛接受，成为数字化图像以及光线跟踪和其他应用程序所产生的高质量图像的常用格式。TGA 文件的 32 位真彩色格式在多媒体领域有着很大的影响，因为 32 位真彩色拥有通道信息，如图 2-138 所示。

图 2-138　TGA 格式设置

（13）TIFF 格式

TIFF（Tag Image File Format）格式是 Aldus 和 Microsoft 公司为扫描仪和台式计算机出版软件开发的图像文件格式。它定义了黑白图像、灰度图像和彩色图像的存储格式，格式可长可短，与操作系统平台以及软件无关，扩展性好。

（14）WMF 格式

WMF（Windows Meta File）格式是 Windows 图像文件格式，与其他位图格式有着本质的区别，它和 CGM、DXF 类似，是一种以矢量格式存放的文件，矢量图在编辑时可以无限缩放而不影响分辨率。

（15）DXF 格式

DXF（Drawing-Exchange Files）格式是 Autodesk 公司的 AutoCAD 软件所使用的图像文件格式。

（16）PIC 格式

PIC（Quick Draw Picture）格式是用于 Macintosh Quick Draw 图片的格式。

（17）PCX 格式

PCX（PC Paintbrush Images）格式是 Z-soft 公司为存储画笔软件产生的图像而建立的图像文件格式，是位图文件的标准格式，是一种基于 PC 机绘图程序的专用格式。

（18）EPS 格式

EPS（PostScript）语言文件格式可包含矢量和位图图形，几乎支持所有的图形和页面排版程序。EPS 格式用于在应用程序间传输 PostScript 语言图稿。在 Photoshop 中打开其他程序创建的包含矢量图形的 EPS 文件时，Photoshop 会对此文件进行栅格化，将矢量图形转换为像素。EPS 格式支持多种颜色模式和剪切路径，但不支持 Alpha 通道。

（19）SGI 格式

SGI（SGI Sequence）输出的是基于 SGI 平台的文件格式，可以用于 After Effects 与其 SGI 上的高端产品间的文件交互。

（20）RPF 格式

RPF 格式是一种可以包括 3D 信息的文件格式，通常用于三维软件在特效合成软件中的后期合成。该格式中可以包括对象的 ID 信息、Z 轴信息和法线信息等。

（21）MID 格式

MID 数字合成音乐文件，文件小、易编辑，每分钟的 MID 音乐文件大约 5～10KB 的容量。MID 文件主要用于制作电子贺卡、网页和游戏的背景音乐等，并支持数字合成器与其他设备交换数据。

（22）WAV 格式

WAV 是 Microwsoft 公司推出的具有很高音质的声音文件格式，因为它不经压缩，所以文件所占容量较大，大约每分钟的音频需要 10MB 的存储空间。WAV 是刻入 CD-R 之前存储在硬盘上的格式文件。

（23）Real Audio 格式

Real Audio 是 Progressive Network 公司推出的文件格式，由于 Real 格式的音频文件压缩比大、音质高、便于网络传输，因此许多音乐网站都会提供 Real 格式试听版本。

（24）AIF 格式

AIF（Audio Interchange File Format）格式是 Apple 公司和 SGI 公司推出的声音文件格式。

（25）VOC 格式

VOC 是 Creative Labs 公司开发的声音文件格式，多用于保存 CREATIVE SOUND BLASTEA 系列声卡所采集的声音数据，被 Windows 和 DOS 平台所支持。

（26）VQF 格式

VQF 是由 NTT 和 Yamaha 共同开发的一种音频压缩技术，其音频压缩率比标准的 MPEG 音频压缩率高出近一倍。

（27）MP3 格式

MP3 指的是 MPEG 压缩标准中的声音部分，即 MPEG 音频层。根据压缩质量和编码复杂程度的不同，MPEG 可分为 3 层（MP1、MP2 和 MP3）。MP1 和 MP2 的压缩率分别为 4：1 和 6：1，而 MP3 的压缩率则高达 10：1。MP3 具有较高的压缩比，压缩后的文件在回放时能够达到比较接近原音源的声音效果。

2.3.4 输出设置

输出是将创建的项目经过不同的处理与加工，转化为影片播放格式的过程，一部影片只有通过不同格式的输出，才能够在各种媒介设备上播放，如输出为 Windows 通用格式 AVI 压缩视频。可以依据要求输出不同分辨率和规格的视频，也就是常说的 Render（渲染）。

确定制作的影片完成后就可以输出了，在菜单中选择 Composition（合成）→ Make Movie（制作影片）命令，也可以使用快捷键 Ctrl+M 进行渲染输出操作。用户可以通过不同的设置将最终影片进行存储，以不同的名称、不同的类型进行保存。

在 RENDER QUEUE（渲染队列）控制面板中可以看到 All Renders（渲染信息）和

Current Render（渲染进度），还可以设置 Current Render details（渲染队列），如图 2-139 所示。

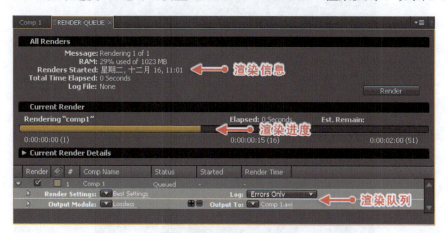

图 2-139　渲染控制面板

（1）全部渲染

单击 Render（渲染）按钮后，该按钮将切换为 Pause（终止）和 Stop（停止）按钮，单击 Continue（继续）按钮可以继续渲染。

① Massage（信息）：显示当前渲染状态信息、当前有多少个合成项目需要渲染以及当前渲染到第几个项目。

② RAM（内存）：显示内存显示状态。

③ Renders Started（渲染起始）显示渲染开始的时间。

④ Total Time Elapsed（渲染耗时）：显示渲染需要耗费的时间。

⑤ Log File（文件日志）：显示渲染文件日志的文件名称与存放位置。

（2）当前渲染

Current Render（当前渲染）中显示当前正在渲染的合成场景进度、正在执行的操作、当前输出路径、文件的大小、预测的文件最终大小和剩余的磁盘空间等信息。

单击 Current Render Detail 左侧的下拉按钮，可以展开详细信息，如图 2-140 所示。

图 2-140　显示细节信息

（3）渲染设置

在渲染控制面板中单击 Render Settings（渲染设置）右侧的 Current Settings（当前设置）按钮，在弹出的渲染设置对话框中可以对渲染的质量、分辨率等进行相应设置，如图 2-141 所示。

① Quality（质量）：设置合成的渲染质量，包括 Current Settings（当前设置）、Best（最佳）、Draft（草图）和 Wire frame（线框）模式。

图 2-141　渲染设置

② Resolution（分辨率）：设置像素采样质量，包括 Full（全质量）、Half（一半）质量、Third（三分之一）和 Quarter（四分之一）质量。

③ Size（尺寸）：设置渲染影片的尺寸，尺寸在创建合成项目时已经设置完成。

④ Disk Cache（磁盘缓存）：设置渲染缓存，可以使用 OpenGL 渲染。

⑤ Proxy Use（使用代理）：设置渲染时是否使用代理。

⑥ Effects（特效）：设置渲染时是否渲染特效。

⑦ Solo Switches（Solo 开关）：设置是否渲染 Solo 层。

⑧ Guide Layers（引导层）：设置是否渲染 Guide 层。

⑨ Color Depth（颜色深度）：设置渲染项目的 Color Bit Depth。

⑩ Frame Blending（帧混合）：控制渲染项目中所有层的帧混合设置。

⑪ Field Render（场渲染）：控制渲染时场的设置，包括 Upper Field First（上场优先）和 Lower Field First（下场优先）。

⑫ Motion Blur（运动模糊）：控制渲染项目中所有层的运动模糊设置。

⑬ Time Span（时间范围）：控制渲染项目的时间范围，如图 2-142 所示。

⑭ Use Storage Overflow（使用存储溢出）：当硬盘空间不够时，是否继续渲染。

⑮ Skip existing files（忽略现有文件）：当选择此项时，系统将自动忽略已经渲染过的序列帧图片，此功能主要在网络渲染时使用。

（4）输出模块设置

在渲染控制面板中单击 Output Module（输出模块）右面的 Lossless（无压缩）按钮，会弹出 Output Module Settings（输出模块设置）对话框，其中包括了视频和音频输出的各种格式、视频压缩方式等设置选项，如图 2-143 所示。

① Format（格式）：设置输出文件的格式，选择不同的文件格式，系统会显示相应格式的设置。

② Embed（嵌入）：设置是否允许在输出的影片中嵌入项目链接。

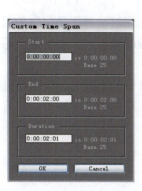

图 2-142　自定义时间范围

图 2-143　输出模块设置

③ Post-Render Action（发送渲染动作）：设置是否使用渲染完成的文件作为素材或者代理素材。

④ Channels（通道）：设置输出的通道，其中包括 RGB、Alpha 和 Alpha+RGB 选项。

⑤ Format Options（格式选项）：设置视频编码的方式。

⑥ Depth（深度）：设置颜色深度。

⑦ Starting（开始）：设置序列图片的文件名序列数。

⑧ Stretch（拉伸）：设置画面是否进行拉伸处理。

⑨ Crop（裁切）：设置是否裁切画面。

⑩ Format Options（格式选项）：设置音频的编码方式。

⑪ KHz Bit Channel（KHz 频道）：设置音频的质量，包括赫兹、比特、立体声或单声道。

（5）输出路径

在渲染队列控制面板中单击 Output To（输出到）右侧的文字，会自动弹出 Output Movie To:（输出影片到：）对话框，在对话框中可以定位文件输出的位置和名称，如图 2-144 所示。

图 2-144　输出路径选项

2.4 本章小结

制作建筑动画不应过分注意技术的提高而忽视基本技能。建筑动画不是简单的只记录的摄影机动画,不是随便设置几个灯光和摆几棵树。表现是动画的基础,良好的画面感就是制作精彩动画的基础。

"工欲善其事,必先利其器。"制作建筑动画时除了系列软件的支持外,还需要高配置的计算机支持,因为近百万面数的庞大建筑群、高反射和光线跟踪的大量运用等,没有高配置的计算机是运行不动的。

Chapter 03

道路规划制作案例

重点提要

道路是建筑动画中比较重要的一类项目，需要表现出对方案交通与位置意图较准确的说明。在制作时要深入了解整个项目的设计意图并还原真实，选择使用纯粹的模型制作道路还是配合材质制作道路，要注意层次效果的变化。

本章索引

※ 道路模型的建立
※ 周边模型的建立
※ 道路重复贴图设置
※ 范例——道路与立交桥规划

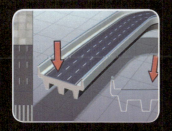

道路在建筑动画中是无轨车辆和行人通行的基础设施，按其使用特点分为城市街道、公路、厂矿道路、林区道路及乡村道路等。

3.1 道路模型的建立

制作道路模型时有两种方式，一种是纯粹的模型组合；另一种是配合贴图组合完成道路效果。

模型组合的方式多先使用 AutoCAD 软件绘制出较复杂的道路结构，然后导入 3ds Max 中进行挤出与三维处理，再使用 3ds Max 搭建较简单的道路结构，相继配合完成整体的道路模型。其中，路面的行驶标示和斑马线等均使用三维软件完成，其优点是在大鸟瞰的镜头中不易出现模型间错误网格的交汇，如图 3-1 所示。

贴图组合的方式先建立出道路的三维基础轮廓，再配合 Photoshop 等平面绘制软件进行贴图处理，此种方式会节省场景网格模型的数量，但对光影的处理较弱，如图 3-2 所示。

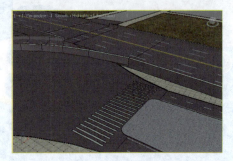
图 3-1　模型组合道路效果

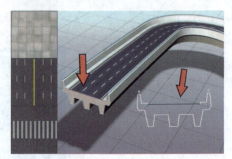
图 3-2　贴图组合道路效果

3.2 周边模型的建立

道路模型制作不能只是生硬地制作马路结构，还需要添加路牌、标识、信号灯、隔离带和公交车站等周边模型，使道路的功能性更加完整，如图 3-3 所示。

图 3-3　道路周边模型

3.3 道路重复贴图设置

赋予道路模型的贴图不必过大，制作为无缝贴图后再进行重复操作即可。使用 3ds Max 可以在 2D 贴图的坐标卷展栏设置长宽比的重复次数，还可以通过 UVW Maps 贴图坐标修改命令控制贴图的重复，如图 3-4 所示。

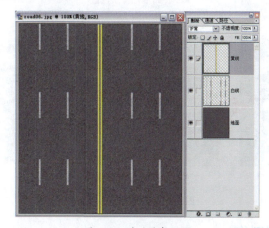

图 3-4　道路重复贴图

3.4 范例——道路与立交桥规划

【范例概述】

道路设计应规范比例关系，常使用 AutoCAD 先绘制出平面分层的图形，再导入至 3ds Max 中进行三维处理，确保制作的建筑动画与图纸比例相同。本范例的制作效果如图 3-5 所示。

图 3-5　道路与立交桥规划范例效果

【制作流程】

道路与立交桥规划范例的制作流程分为 6 步包括道路场景模型制作、道路基础材质设置、场景绿化设置、添加广场配饰、摄影机与灯光设置和道路场景渲染设置，如图3-6所示。

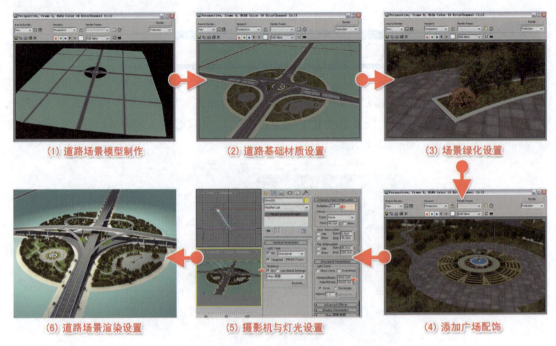

图 3-6　范例制作流程图

3.4.1　道路场景模型制作

01 打开 AutoCAD 软件，在视图中按照道路场景的实际尺寸与比例绘制，绘制时应按照道路场景的类型进行图形分层处理，如图 3-7 所示。

 提示　AutoCAD 软件中的层会自动对应 3ds Max 软件中的层信息，便于将图形转换为三维模式。

图 3-7　绘制道路图形

02 打开 3ds Max 软件，在菜单中选择 Customize（自定义菜单）→ Units Setup（单位设置）命令，然后设置 Display Unit Scale（显示单位比例）为 Metric（公制），再设置单位为 Centimeters（厘米）模式，如图 3-8 所示。

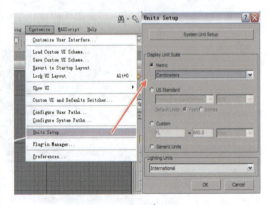

图 3-8　设置单位比例

03 在菜单栏中单击文件图标按钮，然后在弹出的菜单中选择 Import（输入）命令，再选择绘制好的图形文件，如图 3-9 所示。

Chapter 03 道路规划制作案例

图 3-9 选择 CAD 文件

04 在弹出的 AutoCAD DWG/DXF Import Options（导入选项）对话框中单击 OK 按钮确定，如图 3-10 所示。

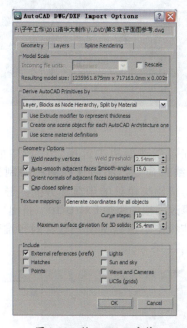

图 3-10 输入 CAD 文件

05 在"Perspective 透视图"中选择道路层的样条线，在 修改面板中添加 Extrude（挤出）命令，使图形产生地面的厚度，用来制作道路模型，如图 3-11 所示。

06 在 创建面板中选择 图形中的 Line（线）命令，然后使用捕捉工具在"Top 顶视图"中绘制出中心区域的绿地图形，在 修改面板中添加 Extrude（挤出）命令产生厚度，再将视图切换至"Perspective 透视图"观察模型的效果，如图 3-12 所示。

图 3-11 挤出道路模型

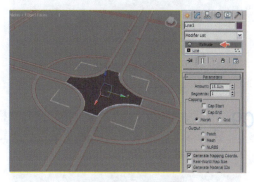

图 3-12 制作绿地模型

07 在 创建面板中选择 图形中的 Line（线）命令，在道路场景中立交桥的位置绘制出立交桥主干道的形状，然后在 修改面板中激活 Vertex（顶点）模式，精细调节立交桥的弧度形状，如图 3-13 所示。

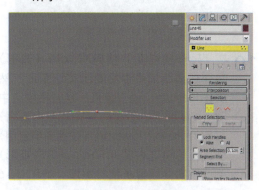

图 3-13 绘制立交桥形状

71

08 在 Rendering（渲染）卷展栏中选中 Enable In Renderer（在渲染中启用）与 Enable In Viewport（在视图中启用）复选框，然后选中 Rectangular（矩形）单选按钮并设置 Length（长度）值为 20、Width（宽度）值为 2000，如图 3-14 所示。

 提示　二维样条图形在默认状态下为不可渲染，在开启项目中可使二维样条转换为三维模型，从而提高创作效率。

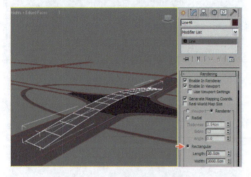

图 3-14　制作立交桥模型

09 在"Perspective 透视图"中观察立交桥模型效果，注意模型连接处是否产生错误，如图 3-15 所示。

图 3-15　观察模型效果

10 在"Top 顶视图"使用 Circle（圆形）命令在道路场景中绘制出花坛图形，然后在 Rendering（渲染）卷展栏中选中 Enable In Renderer（在渲染中启用）与 Enable In Viewport（在视图中启用）复选框，再选中 Rectangular（矩形）单选按钮并设置长度与宽度，如图 3-16 所示。

图 3-16　创建花坛模型

11 在创建面板几何体中选择 Box（长方体）命令，然后在"Top 顶视图"中创建桥梁立柱模型，再将长方体移动到桥梁立柱的准确位置，如图 3-17 所示。

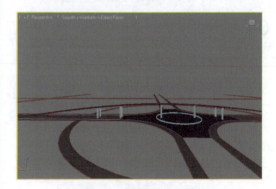

图 3-17　制作桥梁立柱模型

12 在创建面板中选择图形中的 Line（线）命令，然后在视图中绘制立交桥与道路夹角处的承重部分的图形，在修改面板中添加 Extrude（挤出）命令，使模型与道路宽度一致并对齐准确，如图 3-18 所示。

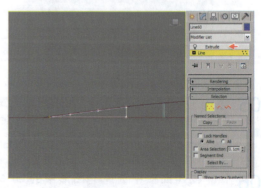

图 3-18　挤出模型

Chapter 03 道路规划制作案例

13 在 创建面板中选择 图形中的 Line（线）命令，绘制出立交桥一侧的护栏图形，然后在 Rendering（渲染）卷展栏中选中 Enable In Renderer（在渲染中启用）与 Enable In Viewport（在视图中启用）复选框，再选中 Rectangular（矩形）单选按钮并设置 Length（长度）值为 200、Width（宽度）值为 50，如图 3-19 所示。

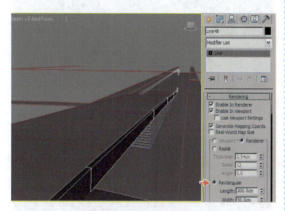

图 3-19 制作护栏模型

14 选择护栏并在 修改面板中添加 EditPoly（编辑多边形）命令，制作出立交桥主干道与单行道的接口效果，如图 3-20 所示。

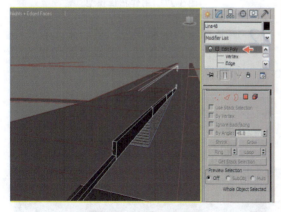

图 3-20 编辑护栏模型

15 选择护栏模型并通过"Shift+移动"组合键复制出立交桥另一侧的护栏模型，然后将护栏模型与立交桥模型对齐准确，如图 3-21 所示。

图 3-21 复制护栏模型

16 在 创建面板中选择 图形中的 Arc（弧形）命令，在"Top 顶视图"中绘制出单行道的图形，如图 3-22 所示。

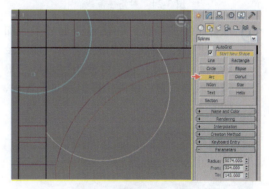

图 3-22 绘制单行道图形

17 在 修改面板 Rendering（渲染）卷展栏中选中 Enable In Renderer（在渲染中启用）与 Enable In Viewport（在视图中启用）复选框，再选中 Rectangular（矩形）单选按钮并设置 Length（长度）值为 20、Width（宽度）值为 500，作为单行道的模型，如图 3-23 所示。

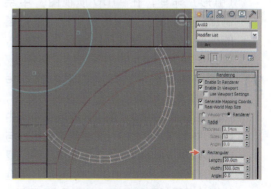

图 3-23 设置弧的参数

18 在 ☑ 修改面板中添加 Edit Spline（编辑样条线）命令，然后切换至 Vertex（顶点）模式，将样条线与路面相交接的位置对齐，如图 3-24 所示。

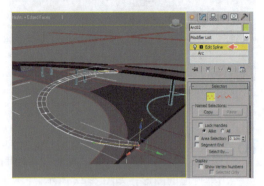

图 3-24　对齐样条线

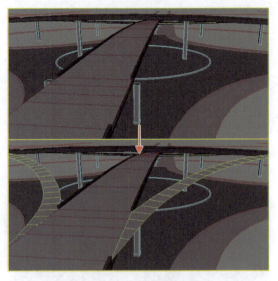

图 3-26　制作单行道模型

19 选择单行道模型，在 ☑ 修改面板中添加 Edit Poly（编辑多边形）命令，切换至 Vertex（顶点）模式并使用 ✣ 移动工具调整点的位置，使两个模型间对齐准确，如图 3-25 所示。

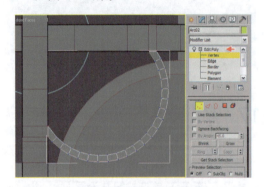

图 3-25　对齐模型

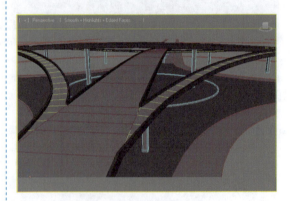

图 3-27　制作护栏模型

20 在 ✱ 创建面板中选择 ◯ 图形中的 Arc（弧形）命令，在 "Top 顶视图" 中绘制出另一侧单行道图形并制作出单行道的模型，然后创建几何体搭建立柱模型，如图 3-26 所示。

21 在 ✱ 创建面板中选择 ◯ 图形中的 Line（线）命令，绘制出单行道的护栏图形，然后在 Rendering（渲染）卷展栏中选中 Enable In Renderer（在渲染中启用）与 Enable In Viewport（在视图中启用）复选框，再选中 Rectangular（矩形）单选按钮并设置长度与宽度，如图 3-27 所示。

22 调节视图的观看角度，单击主工具栏中的 ◯ 快速渲染按钮，渲染道路场景的模型效果，如图 3-28 所示。

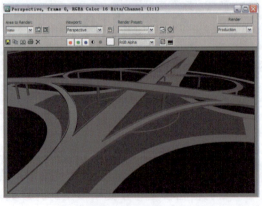

图 3-28　场景模型效果

3.4.2 道路基础材质设置

01 在主工具栏中单击 材质编辑器按钮，选择一个空白材质球并设置其名称为"道路_1"，使用 Standard（标准）类型材质并为 Diffuse（漫反射）赋予本书配套光盘中的 road11 贴图，如图 3-29 所示。

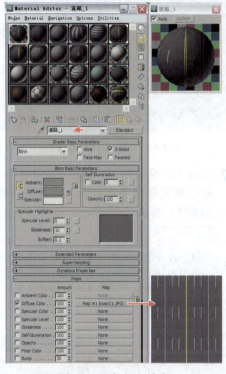

图 3-29 道路_1 材质

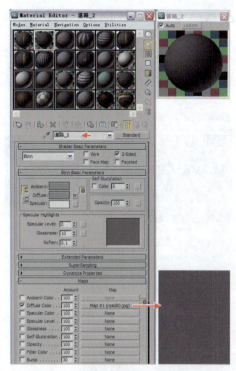

图 3-30 道路_2 材质

> **提示**：在设置道路贴图时，可以将一组贴图进行裁切操作，从而适合不同道路模型的匹配。

02 选择一个空白材质球并设置其名称为"道路_2"，使用 Standard（标准）类型材质并为 Diffuse（漫反射）赋予本书配套光盘中的 road00 贴图，如图 3-30 所示。

03 选择一个空白材质球并设置其名称为"道路_3"，使用 Standard（标准）类型材质并为 Diffuse（漫反射）赋予本书配套光盘中的 road11 贴图，打开 Bitmap Parameters（位图参数）卷展栏并选中 Apply（应用）复选框，然后单击 View Image（查看图像）按钮并选择贴图所使用图像的区域，如图 3-31 所示。

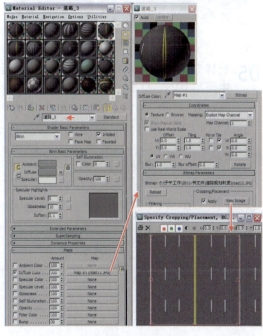

图 3-31 道路_3 材质

[04] 选择一个空白材质球并设置其名称为"道路_4",使用 Standard(标准)类型材质并为 Diffuse(漫反射)赋予本书配套光盘中的 road06 贴图,如图 3-32 所示。

[05] 选择立交桥主干道模型,在修改面板中添加 UVW Xform(UVW 变换)命令并设置 U Tile(U 向平铺)值为 4、V Tile(V 向平铺)值为 20,如图 3-33 所示。

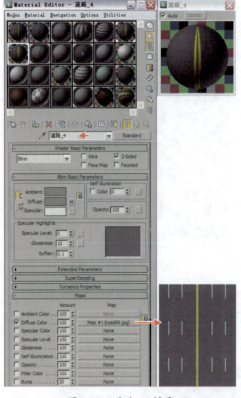

图 3-32 道路_4 材质

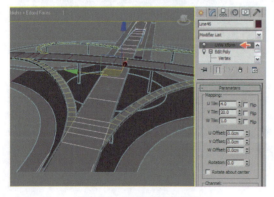

图 3-33 设置 UVW 变换

[06] 在创建面板中选择图形中的 Rectangle(矩形)命令,绘制出人行横道的图形并在修改面板中添加 Extrude(挤出)命令,然后再设置 Amount(数量)值为 3,如图 3-34 所示。

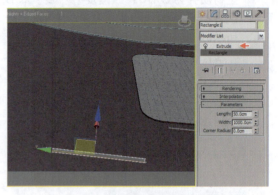

图 3-34 制作人行横道模型

[07] 选择人行横道模型,通过"Shift+移动"组合键复制出多个,完成人行横道模型的制作,如图 3-35 所示。

 提示: 在大型的建筑动画场景中,地面标识、人行道和提示信号等多使用模型而替代贴图的方式,但需要合理控制凸出道路的高度,避免在设置鸟瞰镜头时显卡计算不准确,物体交接而产生闪烁。

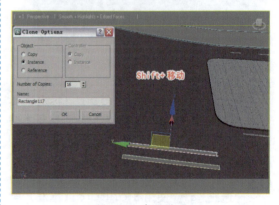

图 3-35 复制模型

[08] 选择人行横道模型,通过移动工具调整人行横道模型,并与地面对齐准确,如图 3-36 所示。

[09] 调节视图的观看角度,单击主工具栏中的快速渲染按钮,渲染立交桥材质效果,如图 3-37 所示。

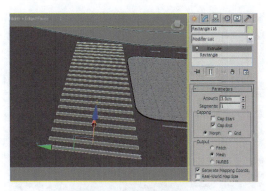

图 3-36 调整模型位置

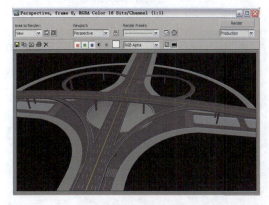

图 3-37 立交桥材质效果

[10] 调节视图的观看角度，观察道路模型效果，然后将视图切换至"Top 顶视图"，在❋创建面板中选择 ❂ 图形中的 Line（线）命令，绘制出道路场景地面的图形，如图 3-38 所示。

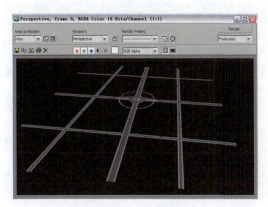

图 3-38 绘制地面图形

[11] 选择地面图形，在 ✏ 修改面板中添加 Extrude（挤出）命令，使图形产生地面的厚度，如图 3-39 所示。

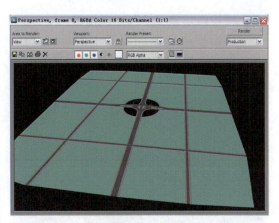

图 3-39 挤出地面模型

[12] 将视图切换至"Top 顶视图"，在❋创建面板中选择 ❂ 图形中的 Line（线）命令，绘制出绿地与道路图形，如图 3-40 所示。

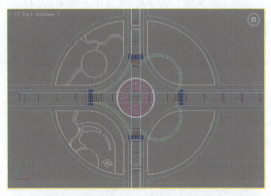

图 3-40 绘制绿地与道路图形

[13] 选择绿地与道路图形，分别在 ✏ 修改面板中添加 Extrude（挤出）命令，使图形产生地面的厚度，如图 3-41 所示。

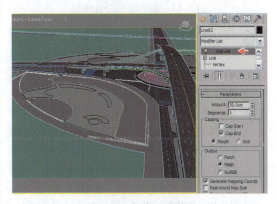

图 3-41 挤出地面模型

[14] 将视图切换至"Top 顶视图",在创建面板中选择图形中的 Line(线)命令,绘制出小块绿地外沿图形,如图 3-42 所示。

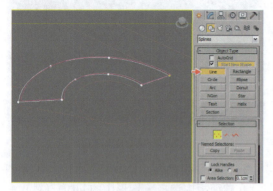

图 3-42 绘制绿地外沿图形

[15] 在 Rendering(渲染)卷展栏中选中 Enable In Renderer(在渲染中启用)与 Enable In Viewport(在视图中启用)复选框,然后选中 Rectangular(矩形)单选按钮并设置 Lenght(长度)值为 15、Width(宽度)值为 50,如图 3-43 所示。

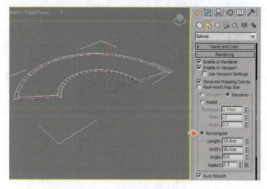

图 3-43 制作绿地外沿模型

[16] 将视图切换至"Top 顶视图",在创建面板中选择图形中的 Circle(圆形)命令,绘制出圆形绿地外沿图形,如图 3-44 所示。

[17] 在 Rendering(渲染)卷展栏中选中 Enable In Renderer(在渲染中启用)与 Enable In Viewport(在视图中启用)复选框,选中 Rectangular(矩形)单选按钮并设置 Lenght(长度)值为 15、Width(宽度)值为 50,如图 3-45 所示。

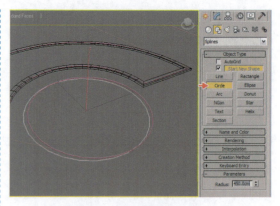

图 3-44 绘制圆形绿地外沿图形

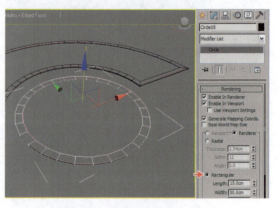

图 3-45 制作圆形绿地外沿模型

[18] 将所有小块绿地模型制作完成后,将视图切换至"Perspective 透视图",观察当前模型的效果,如图 3-46 所示。

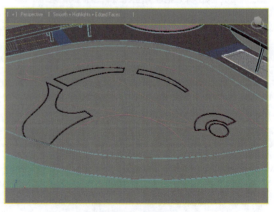

图 3-46 观察模型效果

[19] 调节视图的观看角度,单击主工具栏中的快速渲染按钮,渲染绿地场景模型效果,如图 3-47 所示。

Chapter 03 道路规划制作案例

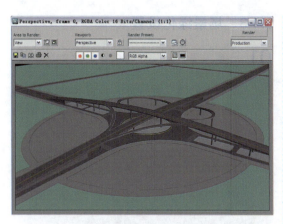

图 3-47 绿地模型效果

 提示　将贴图坐标应用于对象，坐标贴图修改器控制在对象曲面上如何显示贴图材质和程序材质。贴图坐标指定如何将位图投影到对象上，UVW 坐系与 XYZ 坐标系相似。

20 选择一个空白材质球并设置其名称为"地砖"，使用 Standard（标准）类型材质并为 Diffuse（漫反射）赋予本书配套光盘中的"地砖"贴图，如图 3-48 所示。

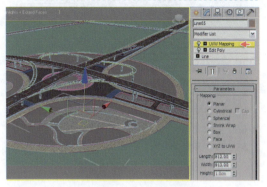

图 3-49 调节地砖贴图

22 选择一个空白材质球并设置其名称为"草地"，使用 Standard（标准）类型材质并为 Diffuse（漫反射）赋予本书配套光盘中的"ground_D16"贴图，如图 3-50 所示。

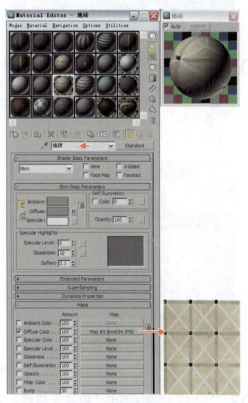

图 3-48 地砖材质

21 选择地砖模型，在 修改面板中添加 UVW Mapping（坐标贴图）命令并设置 Length（长度）值为 812、Width（宽度）值为 913，如图 3-49 所示。

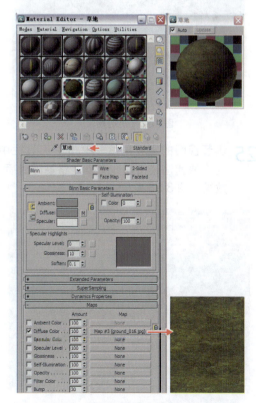

图 3-50 草地材质

23 选择绿地模型，在 修改面板中添加 UVW Mapping（坐标贴图）命令并设置 Length（长度）值为 7000、Width（宽度）值为 7000，如图 3-51 所示。

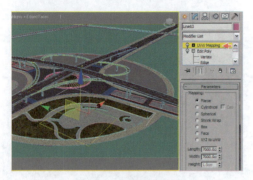

图 3-51　调节草地贴图

24 将视图切换至"Perspective 透视图"，观察模型之间是否对齐准确，如果不准确可以进行调整，如图 3-52 所示。

图 3-52　视图效果

25 调节视图的观看角度，单击主工具栏中的 快速渲染按钮，渲染道路基础材质，效果如图 3-53 所示。

图 3-53　道路基础材质效果

3.4.3　场景绿化设置

01 在 创建面板 几何体中选择 Cylinder（圆柱体）命令，在"Top 顶视图"中花坛中心处建立圆柱体并设置 Radius（半径）值为 400、Height（高度）值为 200，如图 3-54 所示。

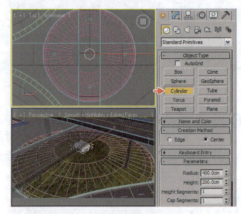

图 3-54　建立圆柱体

02 选择刚创建完成的 Cylinder（圆柱体）并在 修改面板中添加 Edit Poly（编辑多边形）命令，然后切换至 Polygon（多边形）模式并选择四周的多边形，如图 3-55 所示。

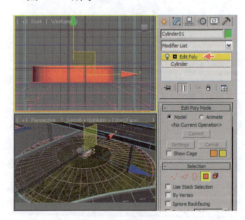

图 3-55　选择多边形

03 单击 Edit Polygon（编辑多边形）卷展栏中的 Extrude（挤出）按钮，设置 Extrusion Type（挤出类型）为 By Polygon（按多边形）、Extrusion Height（挤出高度）值为 1500，用来制作放射状花坛的模型，如图 3-56 所示。

Chapter 03 道路规划制作案例

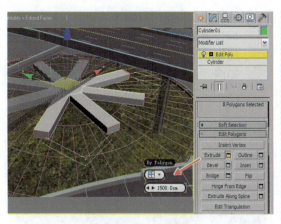

图 3-56 挤出多边形

[04] 在*创建面板中选择图形中的 Circle（圆形）命令，在花坛中装饰物处建立并在修改面板中添加 Edit Spline（可编辑样条线）命令，然后打开 Geometry（几何体）卷展栏并设置 Outline（轮廓）值，在修改面板中再添加 Extrude（挤出）命令并设置 Amount（数量）值为 166，完成花坛外延的模型，如图 3-57 所示。

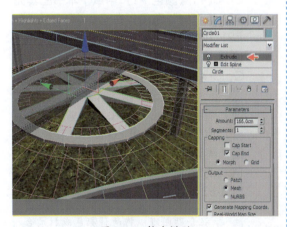

图 3-57 挤出模型

[05] 选择一个空白材质球并设置其名称为"放射花坛"，使用 Standard（标准）类型材质并为 Diffuse（漫反射）赋予本书配套光盘中的 roadoo 贴图，如图 3-58 所示。

[06] 调节视图的观看角度，单击主工具栏中的快速渲染按钮，渲染"放射花坛"材质效果，如图 3-59 所示。

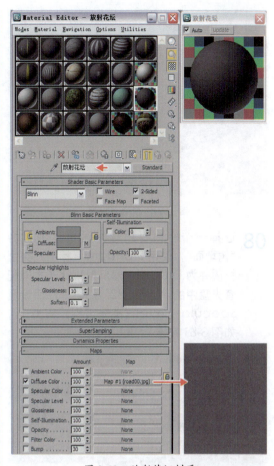

图 3-58 放射花坛材质

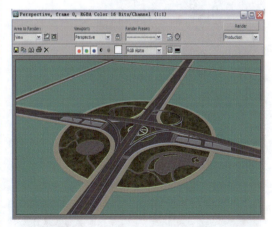

图 3-59 花坛材质效果

[07] 使用 Box（长方体）在人行道上行道树位置创建树地面模型，在修改面板中添加 EditPoly（编辑多边形）命令，制作出树位置的地面模型，如图 3-60 所示。

81

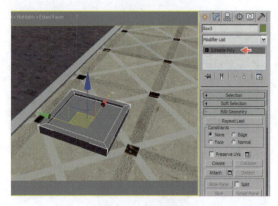

图 3-60 树地面模型

[08] 选择一个空白材质球并设置其名称为"树地面",使用 Standard(标准)类型材质并为 Diffuse(漫反射)赋予本书配套光盘中的"地面_32"贴图,然后设置 Specular Level(高光级别)值为 10,如图 3-61 所示。

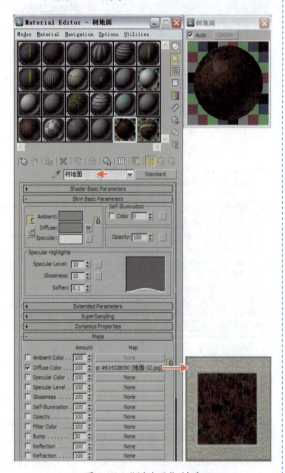

图 3-61 "树地面"材质

[09] 将视图切换至"Front 前视图"并在树地面位置建立 Plane(平面)作为行道树的模型,再调整位置与树地面对齐准确,如图 3-62 所示。

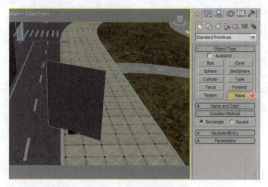

图 3-62 创建树模型

[10] 选择一个空白材质球并设置其名称为"树A"。使用 Standard(标准)类型材质并设置 Self-Illumination(自发光)值为 30、Opacity(不透明度)值为 0。为 Diffuse(漫反射)颜色设置深绿色并赋予 Mix(混合)贴图,在 Color#1(颜色#1)中赋予本书配套光盘中的"树"贴图,在 Color#2(颜色#2)中赋予 Gradient(渐变)贴图,设置 Color#1(颜色#1)为浅灰色、Color#2(颜色#2)为灰色、Color#3(颜色#3)为深灰色;打开 Maps(贴图)卷展栏,设置 Opacity(不透明度)值为 90 并赋予 Falloff(衰减)贴图,再设置 Front:Side(前:侧)颜色均为黑色并赋予"黑白"贴图,如图 3-63 所示。

 提示   混合贴图可以将两种颜色或材质合成在曲面的一侧;衰减贴图基于几何体曲面上面法线的角度衰减来生成从白到黑的值。

[11] 将视图切换至"Perspective 透视图"观察模型效果,如图 3-64 所示。

[12] 调节视图的观看角度,单击主工具栏中的快速渲染按钮,渲染树A材质效果,可见树的效果缺少层次,过于单薄,如图 3-65 所示。

Chapter 03 道路规划制作案例

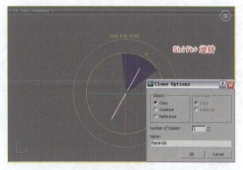

13 将视图切换至"Top 顶视图",通过"Shift+ 旋转"组合键复制出行道树的整体模型,如图 3-66 所示。

图 3-66 旋转复制模型

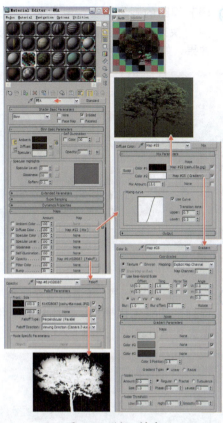

图 3-63 树 A 材质

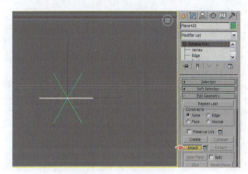

14 选择树模型中的一个 Plane(平面)并在 ✎ 修改面板中添加 Edit Poly(编辑多边形)命令,然后单击 Attach(附加)按钮将树模型的其他 Plane(平面)添加成为同一个模型,如 3-67 所示。

图 3-67 附加模型

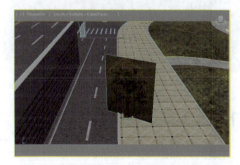

图 3-64 行道树模型效果

15 调节视图的观看角度,单击主工具栏中的 ☺ 快速渲染按钮,渲染树材质的效果,如图 3-68 所示。

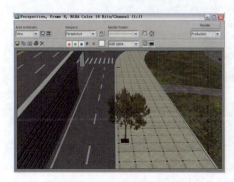

图 3-65 树 A 材质效果

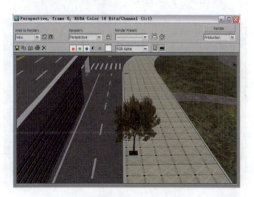

图 3-68 渲染树材质效果

16. 在道路场景中通过"Shift+移动"组合键，在道路两侧复制出整体"行道树"的模型，如图3-69所示。

图3-69　复制树模型

17. 调节视图的观看角度，单击主工具栏中的快速渲染按钮，渲染行道树材质效果，如图3-70所示。

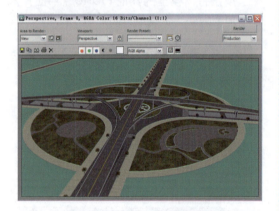

图3-70　渲染行道树材质效果

18. 在道路场景中通过"Shift+移动"组合键，复制出绿地场景中绿化树的模型，如图3-71所示。

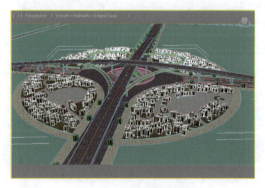

图3-71　复制绿化树模型

19. 调节视图的观看角度，单击主工具栏中的快速渲染按钮，渲染绿化树材质的效果，如图3-72所示。

图3-72　渲染绿化树材质效果

20. 为了丰富道路场景，在道路场景中添加不同样式的绿化树模型，使场景的绿化效果更加贴近真实，如图3-73所示。

图3-73　添加绿化树模型

21. 调节视图的观看角度，单击主工具栏中的快速渲染按钮，渲染绿化树材质的效果，如图3-74所示。

图3-74　渲染绿化树材质效果

22 继续在道路场景中添加不同样式的绿化树模型，使场景中树木出现高、低、大、小之分，更加贴近自然，如图3-75所示。

图3-75　添加绿化树模型

23 调节视图的观看角度，单击主工具栏中的 快速渲染按钮，渲染整体绿化树材质的效果，如图3-76所示。

图3-76　渲染绿化树材质效果

24 将视图切换至"Front前视图"并在树地面位置建立Plane（平面）作为花的模型，然后再调整位置与树地面对齐准确，如图3-77所示。

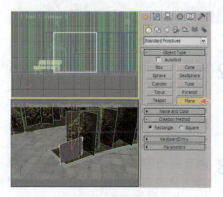

图3-77　创建花模型

25 选择一个空白材质球并设置其名称为"花"，使用Standard（标准）类型材质，设置Diffuse（漫反射）颜色为深绿色并赋予本书配套光盘中的"花"贴图，然后设置Self-Illumination（自发光）值为30、Opacity（不透明度）值为0，再打开Maps（贴图）卷展栏并在Opacity（不透明度）中赋予本书配套光盘中的"黑白"贴图，使模型多余的区域透明掉，如图3-78所示。

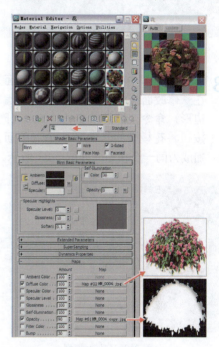

图3-78　花材质

26 调节视图的观看角度，单击主工具栏中的 快速渲染按钮，渲染花材质的效果，如图3-79所示。

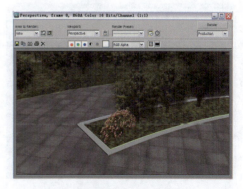

图3-79　花材质效果

[27] 将视图切换至"Top 顶视图",通过"Shift+旋转"组合键复制出花的整体模型,如图 3-80 所示。

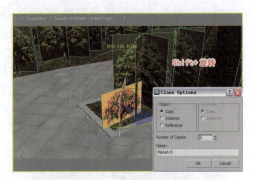

图 3-80　旋转复制模型

[28] 选择花模型中的一个 Plane(平面)并在修改面板中添加 Edit Poly(编辑多边形)命令,然后单击 Attach(附加)按钮将花模型的其他 Plane(平面)添加成为同一个模型,如图 3-81 所示。

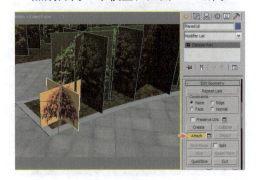

图 3-81　附加模型

[29] 调节视图的观看角度,单击主工具栏中的快速渲染按钮,渲染花材质的效果,如图 3-82 所示。

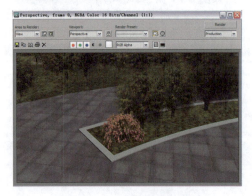

图 3-82　渲染花材质效果

[30] 通过"Shift+移动"组合键将花模型复制多个使场景更加丰富,如图 3-83 所示。

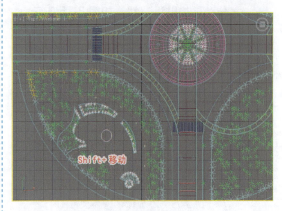

图 3-83　复制花模型

3.4.4　添加广场配饰

[01] 在创建面板中选择图形中的 Circle(圆形)命令并在广场中绘制理石地面图形,然后设置 Radius(半径)值为 600,在修改面板中添加 Extrude(挤出)命令使其产生地面厚度,作为广场区域的配饰模型,如图 3-84 所示。

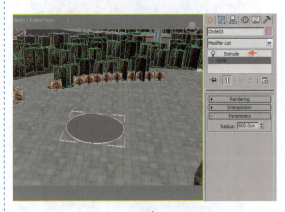

图 3-84　创建理石地面

[02] 选择一个空白材质球并设置其名称为"理石地面",使用 Standard(标准)类型材质并为 Diffuse(漫反射)赋予本书配套光盘中的"理石"贴图,如图 3-85 所示。

[03] 调节视图的观看角度,单击主工具栏中的快速渲染按钮,渲染理石地面材质的效果,如图 3-86 所示。

Chapter 03 道路规划制作案例

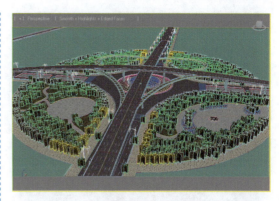

图 3-87 添加路灯模型

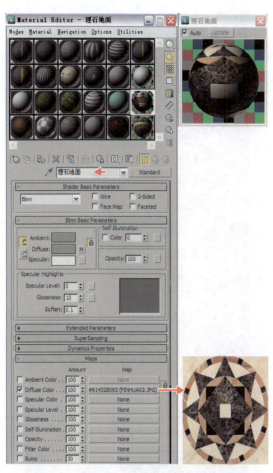

图 3-85 理石地面材质

图 3-88 添加装饰灯模型

06 调节视图的观看角度，单击主工具栏中的快速渲染按钮，渲染道路场景效果，如图 3-89 所示。

图 3-86 渲染理石地面效果

图 3-89 渲染道路场景效果

04 为了使道路场景更加真实，在道路两侧添加路灯模型，如图 3-87 所示。

05 为了使广场场景更加丰富，在广场中添加装饰灯模型，如图 3-88 所示。

07 在创建面板中选择图形中的 Circle（圆形）命令并在"Top 顶视图"中绘制拼接地面图形，然后设置 Radius（半径）值为 1750，如图 3-90 所示。

87

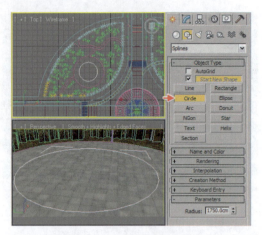

图 3-90　绘制拼接地面图形

08 选择拼接地面图形并在 修改面板中添加 Extrude（挤出）命令使其产生地面厚度，然后使用几何体在拼接地面中心位置建立水池模型，如图 3-91 所示。

图 3-91　创建水池模型

09 选择一个空白材质球并设置其名称为"拼接地面"，使用 Standard（标准）类型材质并为 Diffuse（漫反射）赋予本书配套光盘中的"地面"贴图，如图 3-92 所示。

10 选择一个空白材质球并设置其名称为"水池石材"，使用 Standard（标准）类型材质并为 Diffuse（漫反射）赋予本书配套光盘中的"石材"贴图，然后设置 Specular Level（高光级别）值为 20、Glossiness（光泽度）值为 16，再打开 Maps（贴图）卷展栏，在 Bump（凹凸）中赋予本书配套光盘中的"石材"贴图，如图 3-93 所示。

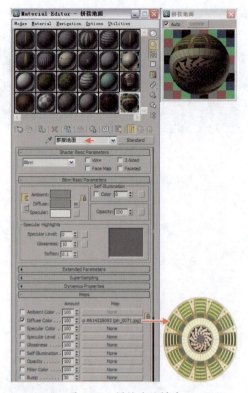

图 3-92　拼接地面材质

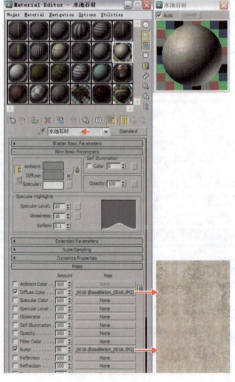

图 3-93　水池石材材质

Chapter 03 道路规划制作案例

11 选择一个空白材质球并设置其名称为"水"，使用 Standard（标准）类型材质并设置 Diffuse（漫反射）颜色为蓝色，然后设置 Specular Level（高光级别）值为 60、Glossiness（光泽度）值为 50，如图 3-94 所示。

13 调节视图的观看角度，预览整体模型效果，查看模型间是否对齐准确、位置是否合适，如果不准确可以再次进行调整，如图 3-96 所示。

图 3-96 观察模型效果

3.4.5 摄影机与灯光设置

01 单击 创建面板 摄影机中 Standard（标准）面板下的 Target（目标摄影机）按钮，在"Front 前视图"中建立摄影机，如图 3-97 所示。

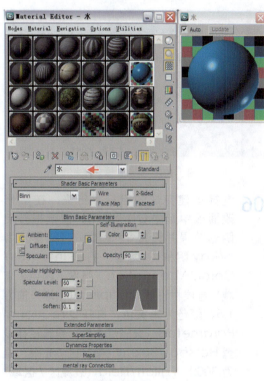

图 3-94 水材质

12 调节视图的观看角度，单击主工具栏中的 快速渲染按钮，渲染水池材质的效果，如图 3-95 所示。

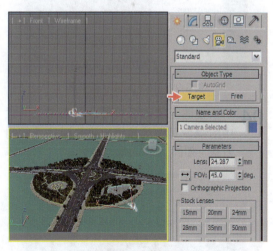

图 3-97 创建摄影机

02 将视图切换至"Perspective 透视图"，然后在菜单中选择 Views（视图）→ Create Camera From View（从视图创建摄影机）命令，将摄影机匹配到当前视图的位置，如图 3-98 所示。

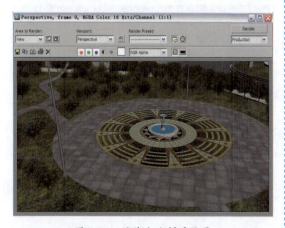

图 3-95 渲染水池材质效果

图 3-98　匹配摄影机

03　在"Perspective 透视图"左上角提示文字处右击,在弹出的菜单中选择 Cameras(摄影机)→ Camera001(摄影机 001)命令,将视图切换至摄影机视图,如图 3-99 所示。

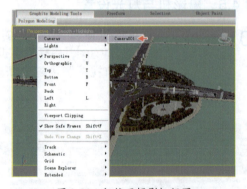

图 3-99　切换至摄影机视图

04　切换视图至摄影机视图,单击主工具栏中的快速渲染按钮,渲染道路场景的效果,如图 3-100 所示。

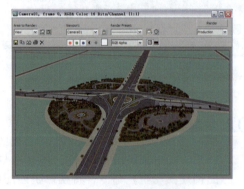

图 3-100　渲染道路场景效果

05　在创建面板灯光面板的下拉列表中选择 Standard(标准)灯光类型,单击 Target Direct(目标平行光)按钮并在 "Front 前视图"中建立,然后在"Top 顶视图"中通过移动工具调整灯光的照射方向,如图 3-101 所示。

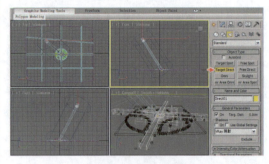

图 3-101　建立目标平行光

06　选择创建完成的目标平行光,在修改面板中选中 On(启用)复选框开启阴影效果并设置 Shadows(阴影)为"VRay 阴影"类型。打开 Intensity/Color/Attenuation(强度 / 颜色 / 衰减)卷展栏设置 Multiplier(倍增)值为 1.5、颜色为米黄色。打开 Directional Parameters(聚光灯参数)卷展栏并设置 Hotspot/Beam(聚光区 / 光束)值为 3000、Falloff/Field(衰减区 / 区域)值为 30000,如图 3-102 所示。

 提示　聚光灯参数卷展栏主要设置灯光由暗到亮的过渡照明效果。

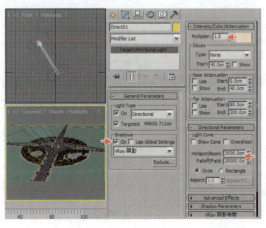

图 3-102　设置灯光参数

Chapter 03 道路规划制作案例

07 切换视图至摄影机视图，单击主工具栏中的 快速渲染按钮，渲染道路场景的灯光效果，如图 3-103 所示。

图 3-103 渲染场景灯光效果

3.4.6 道路场景渲染设置

01 在菜单栏中选择 Rendering（渲染）→ Render Setup（渲染设置）命令，然后在 V-Ray 面板中切换至 V-Ray:: 图像采样器反锯齿卷展栏，设置图像采样器类型为"自适应确定性蒙特卡洛"，再开启抗锯齿并设置抗锯齿类型；切换至 V-Ray:: 环境卷展栏，开启"全局照明环境（天光）覆盖"，如图 3-104 所示。

图 3-104 设置 VRay:: 图像采样器

02 切换至 VRay:: 间接照明（GI）卷展栏，开启间接照明，设置"二次反弹"的"倍增器"值为 0.8，如图 3-105 所示。

图 3-105 设置间接照明

03 选择间接照明面板下的 VRay:: 发光图卷展栏，设置"当前预置"为"自定义"，设置"最小比率"值为 –3、"最大比率"值为 –2，再选中"显示计算机相位"与"显示直接光"复选框，便于在计算过程中大致预览渲染效果的方向，如图 3-106 所示。

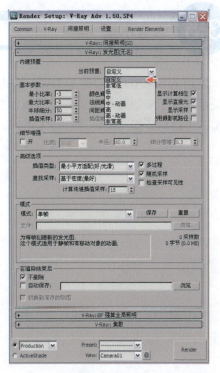

图 3-106 设置发光图

提示 V-Ray::发光图卷展栏可以进行细致调节,如品质的设置、基础参数的调节及普通选项、高级选项、渲染模式等内容的管理,是 VRay 的默认渲染引擎,也是 VRay 中最好的间接照明渲染引擎。

04 切换视图至摄影机视图,单击主工具栏中的 ◯ 快速渲染按钮,渲染道路场景最终的效果,如图 3-107 所示。

图 3-107 最终渲染效果

3.5 本章小结

使用 AutoCAD 所绘制的 DWG 格式图形导入至 3ds Max 的方式可以控制更加准确的比例关系,对于多道路与桥梁的模型制作尤其适用。本章主要通过"道路与立交桥规划"范例对实际道路与桥梁三维设计进行了讲解。

Chapter 04

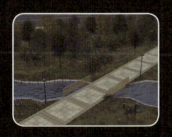

绿化装饰制作案例

重点提要

绿化在建筑动画设计中能够很好地衬托主建筑物，特别是在环境规划动画设计中，更是不可缺少的一部分，而且花、草、树木的种类繁多，要求具有很大的自然变化。

本章索引

※ 实体绿化模型
※ 透明贴图绿化模型
※ 插件绿化模型
※ 范例——公园绿化景观

绿化在建筑动画设计中能够很好地衬托主建筑物，特别是在环境规划动画设计中，更是不可缺少的一部分。绿植种类繁多，要求具有很大的自然变化。

在某些场合下，绿化的表现甚至比主体的表现更为重要，如小区绿化的环境表现、景观环境动画的自然质感等都需要将树木与花卉制作得自然而又富有变化。当然，绿化装饰的制作应当在计算机硬件能力范围之内。

4.1 实体绿化模型

3ds Max 的 AEC 扩展对象专为在建筑、工程和构造领域中使用而设计，其中的植物类型可产生各种植物对象，可以通过生成网格表示方法来快速、有效地创建漂亮的植物，如图 4-1 所示。

AEC 扩展对象的植物类型可以控制高度、密度、修剪、种子、树冠显示和细节级别。种子选项用于控制同一物种的不同表示方法的创建；可以为同一物种创建上百万个变体，因此，每个对象都可以是唯一的，还可以控制植物细节的数量，减少 3ds Max 用于显示植物的顶点和面的数量。

图 4-1 实体绿化模型

4.1.1 创建植物的方法

要将植物添加到场景中，操作非常简单。先单击 Favorite Plants 卷展栏中的"植物库"按钮，选择植物并将该植物拖动到视图中的某个位置，或者在卷展栏中选择植物，然后在视图中单击以放置植物然后在 Parameters 卷展栏中单击 New 按钮以显示植物的不同种子变体，再调整剩下的参数（如叶子、果实、树枝）以显示植物的元素，或者以树冠模式查看植物即可。

4.1.2 视图显示方法

在 3ds Max 中，创建的 AEC 扩展对象的植物可以通过 Viewport Canopy Mode（视图树冠模式）项目控制显示的类型，如果要创建很多植物并希望优化显示性能，则可使用 When Not Selected（未选择对象时）、Always（始终）和 Never（从不）项目控制在视图中以简体或繁体显示，从而控制计算机的运算速度，如图 4-2 所示。

图 4-2 模型显示

4.2 透明贴图绿化模型

透明贴图绿化模型方式主要使用位图文件或程序贴图生成部分透明的对象，贴图的浅色（白色）区域渲染为不透明，深色（黑色）区域渲染为透明，之间（灰色）区域渲染为半透明，因此，黑、白、灰颜色将直接影响透明的程度。

如果使用透明贴图的方式来制作绿化，首先要制作合适的图像，并在 Photoshop 中将原图像复制一张大小相同的文件，再处理为黑白的位图，黑色的颜色区域将进行透明处理。

在制作模型时要考虑到对应摄影机镜头的预览，多使用将平面交叉的组合方式，从而彻底解决平面只有两个预览角度的问题，如图 4-3 所示。

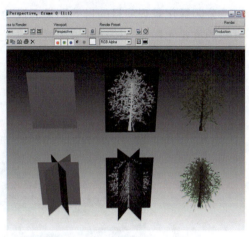

图 4-3　平面与交叉效果对比

4.3 插件绿化模型

使用 3ds Max 制作建筑动画时，受到软件自身的限制没有类似 Maya 提供的笔刷特效工具，但 3ds Max 拥有众多的树木与花卉的绿化插件，弥补了其不足之处。

3ds Max 制作绿化的插件包括全息模型 RPC、Tree Storm、Sisyphus Object 公司的 Druid 及 Xfrog、Speed Tree 等，而大部分插件都可以使用事先制作好的"库"直接调取使用，如图 4-4 所示。

图 4-4　插件绿化模型

4.4 范例——公园绿化景观

公园绿化景观项目的目的即是通过动画展现优美的生态环境,所以花、草、树木是必不可缺的重要元素,应按动画摄影机的放置选择实体树木与贴图树木的搭配。本范例的制作效果如图 4-5 所示。

图 4-5 公园绿化景观范例效果

【制作流程】

公园绿化景观范例的制作流程分为 6 步,包括街道与草坪制作、添加场景地面、基础绿化制作、景观绿化制作、水系与设施制作和场景渲染设置,如图 4-6 所示。

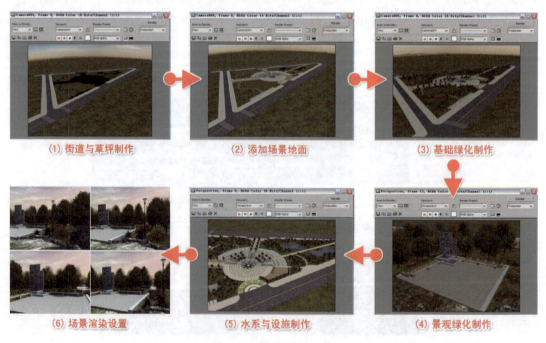

图 4-6 范例制作流程图

Chapter 04 绿化装饰制作案例

4.4.1 街道与草坪制作

01 选择 ❋ 创建面板 🗒 图形中的 Line（线）命令，在"Top 顶视图"中绘制场景中道路图形，然后在 ✎ 修改面板中添加 Extrude（挤出）命令，使图形产生地面的厚度，再为 Diffuse（漫反射）赋予本书配套光盘中的"道路"贴图，如图 4-7 所示。

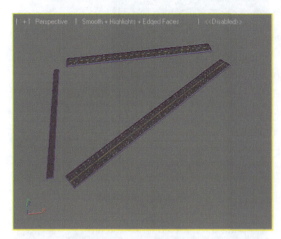

图 4-7　道路模型

02 继续使用 Line（线）命令绘制道路相交位置的图形，然后在 ✎ 修改面板中添加 Extrude（挤出）命令，表现出道路场景的细节，如图 4-8 所示。

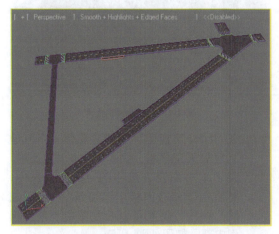

图 4-8　添加道路细节

03 沿道路边缘使用 Line（线）命令绘制人行道路图形，然后同样进行 Extrude（挤出）和赋予材质操作，如图 4-9 所示。

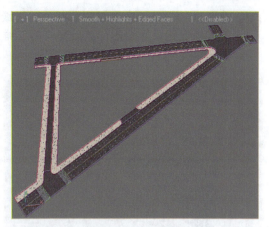

图 4-9　人行道模型

04 在 ❋ 创建面板选择 🗒 图形中的 Line（线）命令，在"Top 顶视图"中绘制场景中公园区域的绿化草坪图形，如图 4-10 所示。

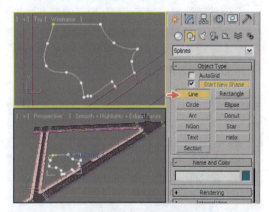

图 4-10　绘制草坪图形

05 在 ✎ 修改面板中添加 Edit Poly（编辑多边形）命令，使二维图形转换为三维模型，如图 4-11 所示。

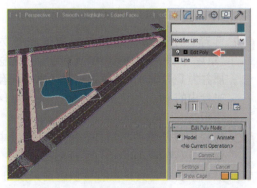

图 4-11　添加"编辑多边形"命令

06 使用 Line（线）命令继续绘制公园区域的其他绿化草坪图形，然后同样将二维图形转换为三维模型，如图 4-12 所示。

图 4-12　继续制作草坪

07 绿化草坪模型制作完成后，将所有的绿化草坪元素通过 Edit Poly（编辑多边形）命令的 Attach（附加）按钮结合为同一个模型，便于控制场景中模型的数量，如图 4-13 所示。

图 4-13　附加模型

08 选择一个空白材质球并设置其名称为"草坪"，使用 Standard（标准）类型材质并为 Diffuse（漫反射）赋予本书配套光盘中的 ground_016 贴图，如图 4-14 所示。

09 将材质赋予草坪模型并在 修改面板中添加 UVW Mapping（坐标贴图）命令，然后单击主工具栏中的 快速渲染按钮，渲染场景材质的效果，如图 4-15 所示。

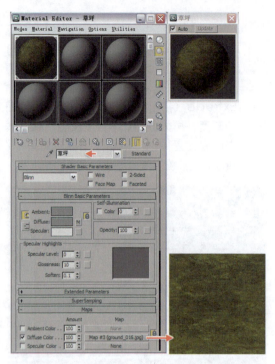

图 4-14　草坪材质

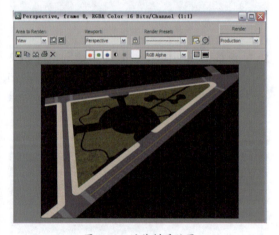

图 4-15　渲染材质效果

10 在"Top 顶视图"中建立球体，用来建立包裹天空模型，为 Diffuse（漫反射）赋予本书配套光盘中的"天空"贴图，然后在 修改面板中添加 Normal（法线）命令，使其可以在视图中观察到模型内部，如图 4-16 所示。

提示　设置材质时可提高 Self-Illumination（自发光）的值，使场景在不同的角度均可看到周围的天空效果。

Chapter 04 绿化装饰制作案例

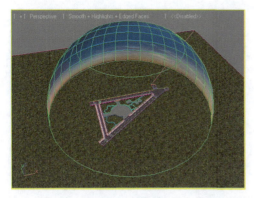

图 4-16 天空模型

[11] 调节视图的观看角度，单击主工具栏中的快速渲染按钮，渲染整体与天空的材质效果，如图 4-17 所示。

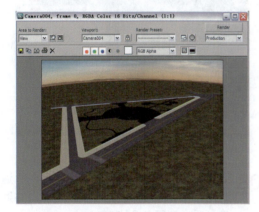

图 4-17 渲染效果

4.4.2 添加场景地面

[01] 在创建面板选择图形中的 Line（线）命令，然后在"Top 顶视图"中绘制中心广场的图形，如图 4-18 所示。

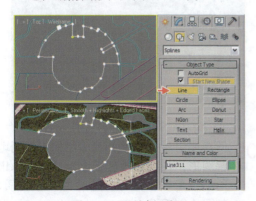

图 4-18 绘制广场图形

[02] 在修改面板中添加 Edit Poly（编辑多边形）命令，使二维图形转换为三维模型，再为其添加 Unwrap UVW（展开坐标）命令，控制贴图与模型的匹配，如图 4-19 所示。

图 4-19 制作广场模型

[03] 选择一个空白材质球并设置其名称为"广场"，使用 Standard（标准）类型材质并为 Diffuse（漫反射）赋予本书配套光盘中的 DIMIAN 贴图，如图 4-20 所示。

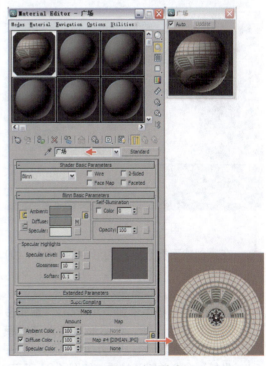

图 4-20 广场材质

04 单击主工具栏中的 快速渲染按钮，渲染中心广场的材质效果，如图 4-21 所示。

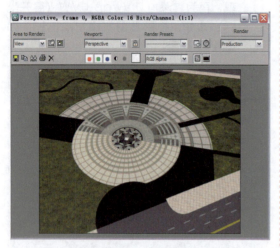

图 4-21 渲染效果

05 继续使用 Line（线）命令绘制中心广场区域的其他地铺图形，然后同样将二维图形转换为三维模型并赋予材质，再单击主工具栏中的 快速渲染按钮，渲染效果如图 4-22 所示。

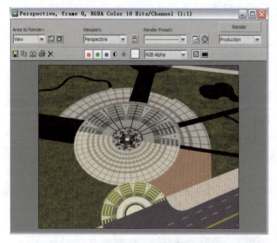

图 4-22 渲染效果

06 在 创建面板选择 图形中的 Line（线）命令，在"Top 顶视图"中绘制广场入口处的图形，如图 4-23 所示。

07 在 修改面板中添加 Edit Poly（编辑多边形）命令，使二维图形转换为三维模型，然后为其添加 Unwrap UVW（展开坐标）命令并赋予材质，如图 4-24 所示。

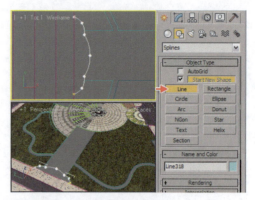

图 4-23 绘制入口图形

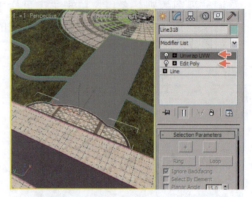

图 4-24 入口模型

08 继续使用 Line（线）命令绘制出入口道路图形，然后将其转换为三维模型并赋予材质，如图 4-25 所示。

图 4-25 入口道路模型

09 同样使用 Line（线）命令绘制出两侧地铺图形，在 修改面板中为其添加 Edit Poly（编辑多边形）命令并赋予材质，如图 4-26 所示。

Chapter 04　绿化装饰制作案例

图 4-26　两侧地铺模型

10 继续使用 Line（线）命令绘制出其他入口图形，在 ☑ 修改面板中为其添加 Edit Poly（编辑多边形）命令并赋予材质，如图 4-27 所示。

图 4-27　其他入口模型

11 为场景添加其他道路与地铺模型，使场景模型更加细化，并赋予材质，如图 4-28 所示。

图 4-28　丰富场景模型

12 调节视图的观看角度，单击主工具栏中的 ☑ 快速渲染按钮，渲染整体地面材质效果，如图 4-29 所示。

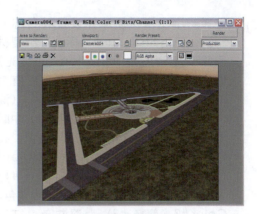

图 4-29　渲染效果

4.4.3　基础绿化制作

01 将视图切换至"Front 前视图"，使用 Plane（平面）制作出花丛的单片模型，如图 4-30 所示。

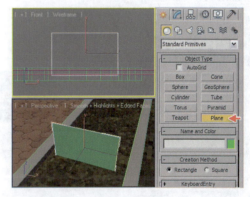

图 4-30　花丛模型

02 选择花丛单片模型，按"Shift+旋转"组合键将其沿 60°横向复制两个，制作出交叉的组合模型，如图 4-31 所示。

图 4-31　复制模型

101

03 选择一个空白材质球并设置其名称为"花",使用 Standard(标准)类型材质并设置 Self-Illumination(自发光)值为 30、Opacity(不透明度)值为 0。为 Diffuse(漫反射)添加 Mix(混合)贴图,在 Color#1(颜色 #1)中赋予本书配套光盘中的"花朵"贴图,在 Color#2(颜色 #2)中赋予 Gradient(渐变)贴图并设置 Color#1(颜色 #1)为浅灰色、Color#2(颜色 #2)为灰色、Color#3(颜色 #3)为深灰色;打开 Maps(贴图)卷展栏然后设置 Opacity(不透明度)值为 90 并赋予 Falloff(衰减)贴图,再设置 Front : Side(前:侧)颜色均为黑色并赋予"黑白花朵"贴图,如图 4-32 所示。

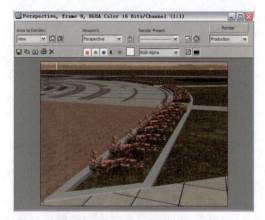

图 4-33 渲染花丛效果

05 在创建面板选择图形中的 Line(线)命令,在"Top 顶视图"中绘制出广场入口处的灌木图形,如图 4-34 所示。

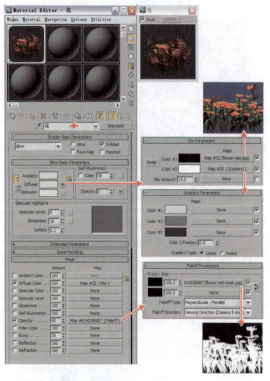

图 4-32 花材质

04 选择花丛模型赋予材质,配合"Shift+移动"组合键将其复制多个并放置到合适的位置,单击主工具栏中的快速渲染按钮,渲染整体花丛的效果,如图 4-33 所示。

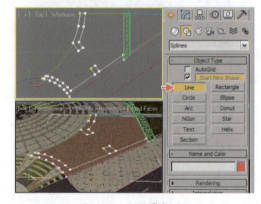

图 4-34 绘制灌木图形

06 选择绘制好的灌木图形,在修改面板中添加 Extrude(挤出)命令,再设置 Amount(数量)值为 50,如图 4-35 所示。

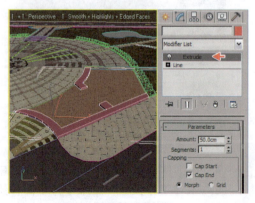

图 4-35 灌木模型

Chapter 04 绿化装饰制作案例

07 选择一个空白材质球并设置其名称为"灌木",打开 Maps(贴图)卷展栏为 Diffuse(漫反射)与 Bump(凹凸)项目添加本书配套光盘中的"灌木"贴图并设置凹凸值为 300;为 Opacity(不透明度)赋予 Falloff(衰减)贴图,然后将 Front : Side(前:侧)颜色设置为灰色与白色,如图 4-36 所示。

> 提示:衰减贴图的作用是使灌木顶部产生淡淡透明,避免呈现出实体的绿化模型效果。

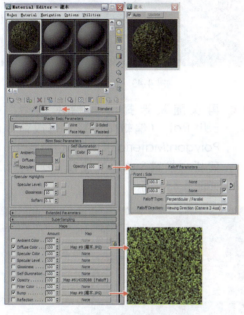

图 4-36 灌木材质

08 调节视图的观看角度,单击主工具栏中的 快速渲染按钮,渲染灌木材质效果,如图 4-37 所示。

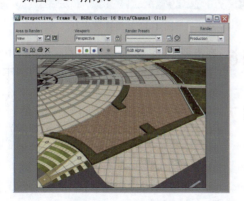

图 4-37 渲染效果

09 继续使用 Line(线)命令绘制出其他灌木图形,在 修改面板中为其添加 Extrude(挤出)命令并赋予材质,如图 4-38 所示。

图 4-38 添加灌木模型

10 使用 Plane(平面)制作出树木的单片模型并结合"Shift+ 旋转"组合键将其复制,然后选择树木模型中的一个 Plane(平面)并在 修改面板中添加 Edit Poly(编辑多边形)命令,使用 Attach(附加)命令将多个平面物体相结合,如图 4-39 所示。

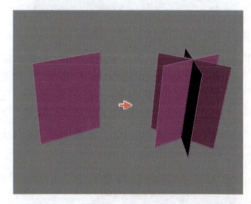

图 4-39 树木模型

11 选择树木模型,在 修改面板 Edit Poly(编辑多边形)中使用元素类型并运用"Shift+ 移动"组合键将模型进行复制,如图 4-40 所示。

> 提示:在编辑多边形中使用元素类型复制出的物体默认为同一选择对象,避免因元素繁多而影响到场景控制与操作。

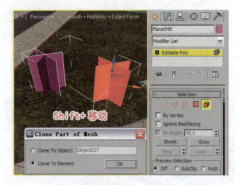

图 4-40　复制模型

12 继续在元素模式下结合"Shift+ 移动"组合键将模型复制多个并放置到合适的位置，然后使用主工具栏中的缩放工具对模型进行调节，加强树林模型的错落与疏密关系，如图 4-41 所示。

图 4-41　树林模型

13 选择树林模型，在修改面板 Edit Poly（编辑多边形）中激活元素模式，然后随机选择一些树木模型，在 Polygon:Material IDs（多边形属性）卷展栏中设置 Set ID（设置ID）值为 1，如图 4-42 所示。

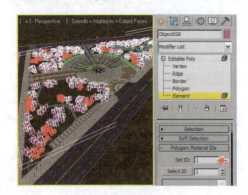

图 4-42　设置材质 ID

14 在修改面板中单击 Hide Selected（隐藏所选择的）按钮，将选择的树木模型进行隐藏，便于其他 ID 号码的设置，如图 4-43 所示。

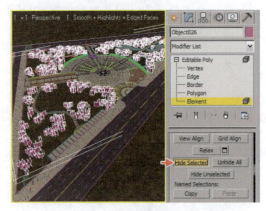

图 4-43　隐藏模型

15 再次随机选择一些树木模型，在 Edit Poly（编辑多边形）修改命令的 Polygon:Material IDs（多边形属性）卷展栏中设置 Set ID（设置 ID）值为 2，如图 4-44 所示。

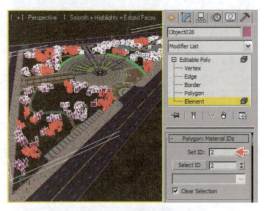

图 4-44　设置材质 ID

16 单击修改面板中的 Hide Selected（隐藏所选择的）按钮，将选择的树木模型进行隐藏操作，如图 4-45 所示。

17 继续随机选择其他树木模型，在 Polygon:Material IDs（多边形属性）卷展栏中设置 Set ID（设置 ID）的值，再单击 Unhide All（全部取消隐藏）按钮，完成对树林模型材质 ID 的设置，如图 4-46 所示。

Chapter 04 绿化装饰制作案例

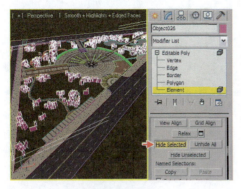

图 4-45 隐藏模型

图 4-46 显示模型

18 选择一个空白材质球并单击 Standard（标准）按钮，然后选择 Multi/Sub-Object（多维材质）类型，设置名称为"树木"，单击 Set Number（设置数量）按钮设置材质数量值为 4，然后对子材质分别进行设置，如图 4-47 所示。

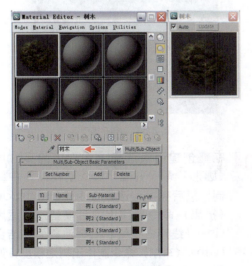

图 4-47 树木材质

19 进入 ID 为 1 的子材质，设置其名称为"树"，设置 Self-Illumination（自发光）值为 30，为 Diffuse（漫反射）添加本书配套光盘中的"树木"贴图，然后打开 Maps（贴图）卷展栏为 Opacity（不透明度）项目赋予 Falloff（衰减）贴图，再设置 Front : Side（前：侧）颜色均为黑色并赋予"黑白树木"贴图，如图 4-48 所示。

图 4-48 树材质

20 将设置好的树木材质赋予模型，再单击主工具栏中的 快速渲染按钮，渲染材质效果，如图 4-49 所示。

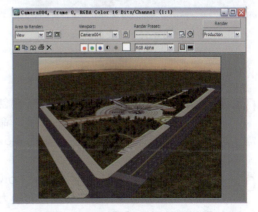

图 4-49 渲染效果

[21] 继续为入口道路与中心广场添加树木模型与材质，组合为场景中的树带，使场景绿化更加丰富，如图4-50所示。

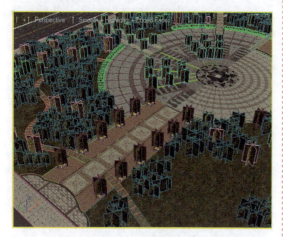

图4-50 添加树带

[22] 调节视图的观看角度，单击主工具栏中的 快速渲染按钮，渲染场景中的树木效果，如图4-51所示。

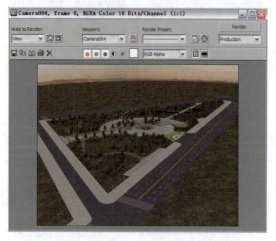

图4-51 渲染效果

4.4.4 景观绿化制作

[01] 将视图切换至"Top 顶视图"，在 创建面板选择 图形中的 Line（线）命令，绘制出景观的地面图形，如图4-52所示。

[02] 在 修改面板中为图形添加 Edit Poly（编辑多边形）命令，使二维图形转换为三维模型并赋予材质，如图4-53所示。

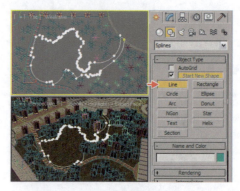

图4-52 绘制景观地面

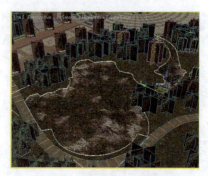

图4-53 景观地面模型

[03] 继续使用 Line（线）命令绘制出怪石图形，在 修改面板中添加 Edit Poly（编辑多边形）命令制作出怪石模型，再将模型放置到合适的位置，如图4-54所示。

图4-54 怪石模型

[04] 在 创建面板选择 图形中的 Circle（圆形）命令并在"Top 顶视图"中绘制，然后在 修改面板中添加 Extrude（挤出）命令制作出地台模型，再运用 Line（线）命令绘制出树池截面并结合 Lathe（车削）命令制作出树池模型，如图4-55所示。

图 4-55 树池模型

05 单击主工具栏中的 快速渲染按钮，渲染景观的效果，如图 4-56 所示。

图 4-56 渲染效果

06 在 创建面板 几何体中选择 AEC Extended（AEC 扩展对象），单击 Foliage（植物）按钮并选择所需的植物模型，然后在 "Perspective 透视图" 中建立，如图 4-57 所示。

提示

植物命令可产生各种植物对象（如树、花卉、草等），3ds Max 将生成网格表示方法，以快速、有效地创建漂亮的植物。

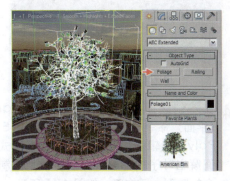

图 4-57 建立实体树

07 选择建立好的植物模型，在 修改面板中设置 Height（高度）值为 500、Density（密度）值为 1、Pruning（修剪）值为 0.5，如图 4-58 所示。

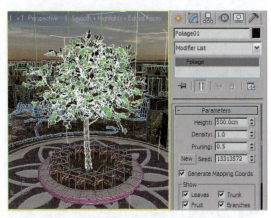

图 4-58 设置实体树

08 选择一个空白材质球，单击 Standard（标准）按钮，然后选择 Multi/Sub-Object（多维材质）类型并设置名称为 "实体树"，单击 Set Number（设置数量）按钮设置材质数量值为 4，再分别设置主干、粗枝、细枝、叶子的材质，如图 4-59 所示。

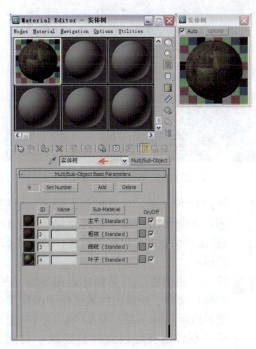

图 4-59 实体树材质

09 选择实体树植物模型,将设置好的实体树材质赋予模型,单击主工具栏中的 快速渲染按钮,渲染材质效果,如图4-60所示。

图4-60 渲染效果

10 在创建面板几何体中选择Box(长方体)命令,在"Top顶视图"中制作休闲区地面模型,如图4-61所示。

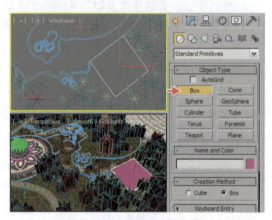

图4-61 休闲区地面模型

11 使用Line(线)命令绘制出地面边缘图形,在修改面板中为其添加Extrude(挤出)命令并分别赋予材质,如图4-62所示。

12 在创建面板几何体中选择Box(长方体)命令,搭建出休闲区椅子的模型,然后运用Line(线)与Extrude(挤出)命令制作出花坛模型并分别赋予材质,如图4-63所示。

图4-62 灰边模型

图4-63 座椅与花坛模型

13 继续运用Box(长方体)命令搭建出景观流水造型模型并赋予材质,如图4-64所示。

图4-64 添加景观造型

14 在创建面板几何体中选择Plane(平面)命令,在修改面板中添加Edit Poly(编辑多边形)命令并在点模式下调解出叶子的形状,然后将模型复制多个放置到合适位置,如图4-65所示。

Chapter 04 绿化装饰制作案例

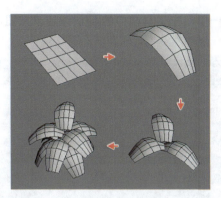

图 4-65 制作植物

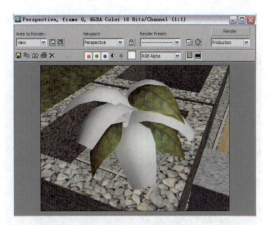

图 4-67 渲染效果

15 选择一个空白材质球并设置其名称为"叶子1",设置 Specular Level(高光级别)值为 20、Glossiness(光滑)值为 20,在 Diffuse(漫反射)贴图通道中添加本书配套光盘中的"树叶"贴图,在 Maps(贴图)卷展栏中为 Glossiness(光滑)与 Opacity(不透明度)赋予"黑白树叶"贴图,如图 4-66 所示。

17 选择其他空白材质球并设置名称为"叶子1-3",材质的设置与前面的叶子材质设置完全相同,只是赋予贴图的颜色存在区别,如图 4-68 所示。

 提示　步骤 17 的目的是使植物的多组叶子略存差异,更加贴近自然生长的植物。

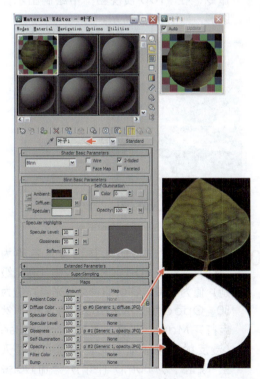

图 4-66 叶子材质

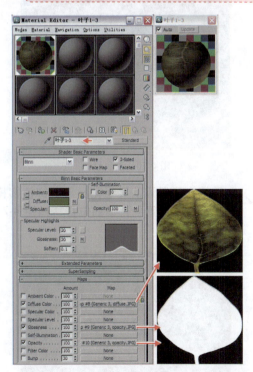

图 4-68 叶子材质

16 随机选择几片叶子模型并赋予材质,然后单击主工具栏中的 快速渲染按钮,渲染叶子效果,如图 4-67 所示。

18 随机选择其余叶子模型并赋予材质,然后单击主工具栏中的 快速渲染按钮,渲染叶子材质效果,如图 4-69 所示。

图 4-69 渲染效果

19 选择制作好的植物模型，然后运用"Shift+移动"组合键将模型进行复制操作，再结合旋转与缩放工具使模型产生错落变化，如图 4-70 所示。

图 4-70 复制模型

20 继续为场景添加其他花丛与装饰植物模型，然后放置到合适的位置，如图 4-71 所示。

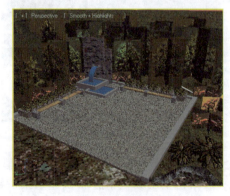

图 4-71 添加其他植物

21 单击主工具栏中的快速渲染按钮，渲染场景效果，如图 4-72 所示。

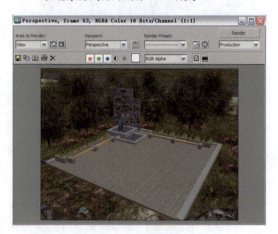

图 4-72 渲染效果

4.4.5 水系与设施制作

01 在创建面板选择图形中的 Line（线）命令，在"Top 顶视图"中绘制出水面图形，如图 4-73 所示。

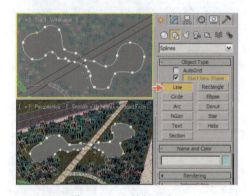

图 4-73 绘制水面图形

02 选择一个空白材质球并设置其名称为"水面"，设置 Specular Level（高光级别）值为 150、Glossiness（光滑）值为 50、Opacity（不透明度）值为 80，然后打开 Maps（贴图）卷展栏为 Diffuse（漫反射）添加本书配套光盘中的"天空"贴图，为 Bump（凹凸）添加 Noise（噪波）贴图并设置 Noise Type（噪波类型）为 Fractal（分形）、Size（大小）值为 80，再为 Reflection（反射）项目添加"VR 贴图"，如图 4-74 所示。

Chapter 04 绿化装饰制作案例

 提示　噪波贴图基于两种颜色或材质的交互创建曲面的随机扰动。

04 使用 Line（线）命令并结合 Plane（平面）命令制作出甬道两侧的防护栏模型，然后再制作出草坪处的怪石模型与材质，如图 4-76 所示。

图 4-76　添加护栏模型

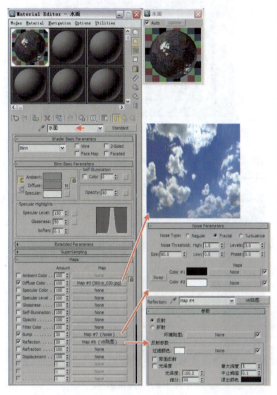

图 4-74　水面材质

03 选择绘制好的水面图形，在修改面板中添加 Edit Poly（编辑多边形）命令并赋予材质，然后单击主工具栏中的快速渲染按钮，渲染水面效果，如图 4-75 所示。

05 使用 Plane（平面）命令并结合修改面板中的 Edit Poly（编辑多边形）命令制作出草坪处的装饰植物模型，然后继续为场景添加草坪灯与路灯模型和材质，如图 4-77 所示。

图 4-77　添加辅助模型

06 调整视图的角度，单击主工具栏中的快速渲染按钮，渲染场景效果，如图 4-78 所示。

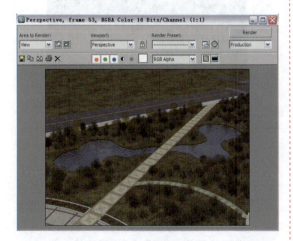

图 4-75　渲染效果

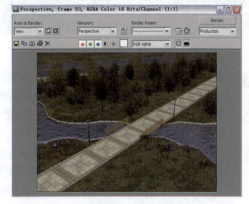

图 4-78　渲染效果

07 使用Line（线）命令并结合Extrude（挤出）命令制作出顶部灯架模型，然后通过Box（长方体）命令组合出灯罩模型，再配合Cylinder（圆柱体）命令搭建出灯柱模型，如图4-79所示。

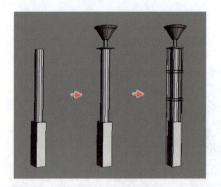

图4-81　路灯模型

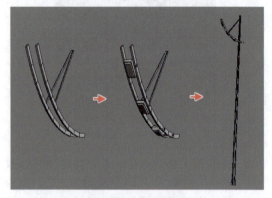

图4-79　广场灯模型

08 选择广场灯模型，然后通过"Shift+移动"组合键将模型进行复制操作，再放置到中心广场的周围作为广场照明，如图4-80所示。

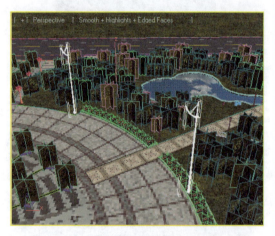

图4-80　复制模型

09 使用Box（长方体）命令并结合Cylinder（圆柱体）命令制作出灯柱模型，然后为其添加顶部的灯罩及周围的装饰柱模型，如图4-81所示。

10 将路灯模型通过"Shift+移动"组合键进行复制操作并放置到合适的位置，单击主工具栏中的 快速渲染按钮，渲染场景效果，如图4-82所示。

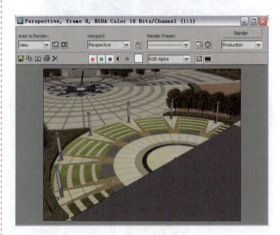

图4-82　渲染效果

11 使用Box（长方体）命令并结合 修改面板中的Edit Poly（编辑多边形）命令制作出凉亭顶部模型，然后为其添加底部的装饰柱模型，如图4-83所示。

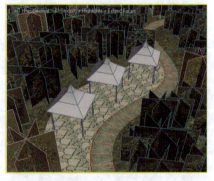

图4-83　凉亭模型

12 使用Sphere（球体）命令并结合Cylinder（圆柱体）命令制作出路灯模型，然后再将模型复制多个放置到入口道路的两侧，如图4-84所示。

Chapter 04 绿化装饰制作案例

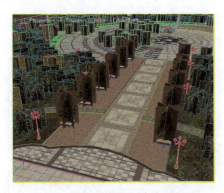

图 4-84 路灯模型

[13] 调节视图的观看角度，单击主工具栏中的 快速渲染按钮，渲染场景效果，如图 4-85 所示。

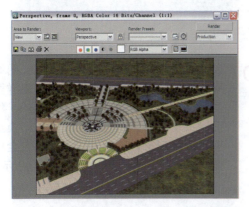

图 4-85 渲染效果

4.4.6 场景渲染设置

[01] 单击 创建面板 摄影机中 Standard（标准）面板下的 Target（目标摄影机）命令按钮，然后在"Top 顶视图"中拖曳建立摄影机，如图 4-86 所示。

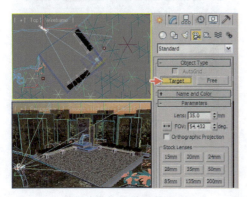

图 4-86 创建摄影机

[02] 在"Perspective 透视图"左上角提示文字处右击，在弹出的菜单中选择 Cameras（摄影机）→ Camera01（摄影机 01）命令，将视图切换至摄影机视图，如图 4-87 所示。

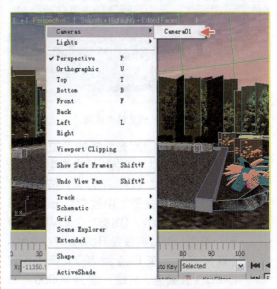

图 4-87 切换至摄影机视图

[03] 单击 Auto Key（自动关键点）按钮，将时间滑块拖曳到第 100 帧的位置上，然后使用 移动工具将摄影机的位置进行调整，用来制作场景中视角移动的动画，如图 4-88 所示。

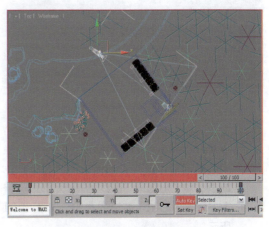

图 4-88 记录摄影机动画

[04] 关闭 Auto Key（自动关键点）按钮，拖曳时间滑块，预览场景中产生的动画效果，如图 4-89 所示。

113

图 4-89 预览动画效果

05 在 创建面板 灯光面板的下拉列表中选择 Standard（标准）灯光类型，单击 Target Direct（目标平行光）按钮，然后在"Left 左视图"中建立。开启阴影并设置 Shadows（阴影）为"VRay 阴影"类型，然后再设置 Hotspot/Beam（聚光区/光束）值为 7000、Falloff/Field（衰减区/区域）值为 20000，如图 4-90 所示。

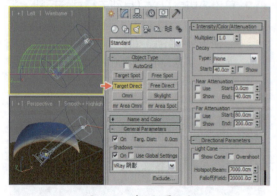

图 4-90 建立场景灯光

06 在菜单栏中选择 Rendering（渲染）→ Render Setup（渲染设置）命令，弹出的对话框中选择 Common（公用）选项卡，将 Output Size（输出大小）设置为 HDTV(video) 高清的类型，如图 4-91 所示。

提示 为了提升预览的运算速度，可在 HDTV 高清类型中先设置较小的分辨率，在确定效果后使用大分辨率渲染。

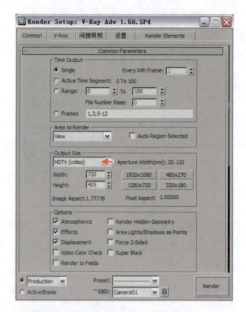

图 4-91 设置输出尺寸

07 在 渲染设置面板中展开 V-Ray:: 图像采样器反锯齿卷展栏，设置图像采样器类型为"自适应确定性蒙特卡洛"，然后对抗锯齿类型进行相应设置；切换至 V-Ray:: 环境【无名】卷展栏并开启全局照明环境（天光）覆盖，如图 4-92 所示。

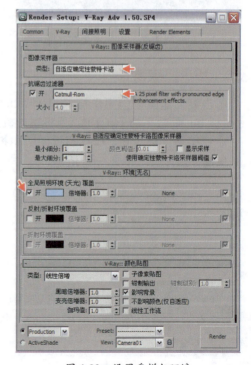

图 4-92 设置采样与环境

Chapter 04 绿化装饰制作案例

08 单击主工具栏中的 ❂ 快速渲染按钮，渲染场景效果，如图 4-93 所示。

图 4-93 渲染场景效果

09 渲染测试完成后，将渲染设置面板切换至 V-Ray:: 间接照明（GI）卷展栏并开启间接照明，然后展开间接照明面板下的 V-Ray:: 发光图【无名】卷展栏并设置"当前预置"为"中"，再选中"显示计算机相位"与"显示直接光"复选框，如图 4-94 所示。

图 4-94 设置间接照明

10 单击主工具栏中的 ❂ 快速渲染按钮，渲染场景效果，如图 4-95 所示。

图 4-95 渲染场景效果

11 在渲染设置面板中选择 Common（公用）选项卡，激活 Active Time Segment（活动时间段）选项，再设置文件输出路径，如图 4-96 所示。

> 提示：活动时间段的设置即是从第 0 帧至最末帧的渲染区域设定。

图 4-96 输出动画

[12] 将视图切换至摄影机视图,渲染最终的动画效果,如图 4-97 所示。

图 4-97　最终渲染效果

4.5　本章小结

本章主要以建筑动画场景中的绿化装饰为例先对实体绿化模型、透明贴图绿化模型和插件绿化模型的基础知识进行讲解,然后通过"公园绿化景观"范例对实际的应用进行介绍。

Chapter 05

室内房间制作案例

 **重点提要**

现代主义建筑动画使室内设计从单纯的界面装饰走向了空间设计，从而不但产生了一个全新的室内设计效果图专业，而且使人们在设计的理念上发生了很大变化。在制作室内房间的动画时主要有两种方式，一种是由摄影机的镜头摇移产生动画；另一种是靠房间内的物件或角色配合产生动画。

 本章索引

※ 室内设计发展趋势
※ 当今流行装饰风格
※ 室内设计与施工流程
※ 设计师的人体工程学
※ 空间与色彩关系
※ 范例——欧式餐厅
※ 范例——现代客厅

室内设计作为一门独立的专业在世界范围内的真正确立是在 20 世纪六七十年代之后，现代主义建筑运动是室内设计专业产生的直接动因，在这之前的室内设计概念，始终以依附于建筑内界面的装饰来实现其自身的美学价值。自从人类开始营造建筑，室内装饰设计就伴随着建筑的发展而演变出众多风格各异的样式。

室内设计是建筑动画行业非常重要的组成部分。如应用到房地产开发领域，业主在购买房屋时，不仅只看楼体设计与社区规划，更看重房间户型的设计和最终效果。

5.1 室内设计发展趋势

如今人们对于生活居住的空间环境要求不断提高，室内设计需要综合处理人与环境、人际交往等多项关系，需要在为人服务的前提下，综合解决使用功能、经济效益、舒适美观和环境氛围等多种要求，其发展将趋于多层次、多风格化，由于使用对象的不同、建筑功能和投资标准的差异，呈现出多种不同风格的发展趋势。

简约主义风格将成为室内设计的主流。简约并非简单，而是把设计简化到它的本质，强调它的内在魅力。删繁为简，简化室内的装饰要素，让人的视野开阔起来，并让空间中的重点富有活力，其本质就是使室内空间的气氛更加自由，如图 5-1 所示。

空间划分风格采取开放式规划，打破室内区域和室外的界限，亲近自然，使景观、花木、阳光和空气等广泛地融入室内，符合人性化的特点，如图 5-2 所示。

图 5-1　简约主义设计

图 5-2　空间划分设计

朴实装饰风格摒弃奢华的堆砌，而是广泛使用粗犷、质朴、自然和具有手工痕迹纹理的家具。自然材质能够适应周围环境的变化，具有调节室内冷暖温湿的作用，对于居住的舒适感以及视觉、心理上的亲切和谐感影响深远，如图 5-3 所示。

沉稳深色风格正在逐渐超越轻柔粉彩风格，内敛的室内色彩氛围，使人感到舒适、安全、悠闲，如图 5-4 所示。

效果图的设计应该从生理和心理上满足人们的不同需要，这样才会有个性，才会不断地创新并向多元化发展。设计师应该始终把人对室内环境的要求放在设计的首位，以人为本，一切为人的生活服务，创造美好的室内环境。

图 5-3　朴实装饰设计　　　　　　　　　图 5-4　沉稳深色设计

在发展的趋势上，室内设计应该更加偏向于由设计师引导顾客的观念。作为设计师，要有一种把生活理念传递给顾客的责任。顾客在室内设计上并没有太多的理念，这就需要设计师去引导。设计师卖给顾客的绝不仅仅是商品，而应该包含更多软性的文化理念在里面。

5.2　当今流行装饰风格

在众多的装饰风格中，较流行的有现代、中式、仿古、欧式、田园和混搭风格，设计师必须先确定家居的整体风格，再来选择与风格统一的饰品，好的饰品能起到画龙点睛的作用。

5.2.1　现代风格

现代就是简约，以追求居室空间的简略、摒弃不必要的浮华而大行其道。但是，简约不等于简单，简约是一种品位，是一种大气和最直白的装饰语言，而简单则是对复杂而言，是一种省事的方法和手段，两者有着本质的区别。现代风格装饰如图 5-5 所示。

图 5-5　现代风格

由于简约追求的是一种大气的居室氛围，自然少不了制造趣味，没有激情的想象和追求是做不到的。尽管简约主义崇尚居室元素的精简，但并不意味着没有韵味，而是要赋予空间更大的灵感和更深刻的主题。比如，纯净的白色是奠定居室宁静文雅的最好基调，而明快的线条是吐露自由气息和空间的最佳方式，客厅中的白色与朴素的黑色壁炉缔造出结构上的稳定，同时不同的天花高度又将客厅分割成有机的两部分，使原本略显空旷的客厅产生节奏和对比上的变化。不难看出，运用色彩，通过戏剧化的处理方式和光线的沟通，将相关元素巧妙地结合，就是简约带给我们的启示与感觉。

5.2.2 中式风格

在中式装饰风格的住宅中，空间装饰多采用简洁、硬朗的直线条，有时还会将具有西方工业设计色彩的板式家具与中式风格的家具搭配使用。直线装饰在空间中的使用，不仅反映出现代人追求简单生活的居住要求，更迎和了中式家居追求内敛、质朴的设计风格，使中式风格更加实用、更富现代感，如图 5-6 所示。

图 5-6 中式风格

在住宅的细节装饰方面，中式风格很是讲究，往往能在面积较小的住宅中，营造出"移步换景"的装饰效果。这种装饰手法借鉴中国古典园林，给空间带来了丰富的视觉效果。在饰品摆放方面，中式风格是比较自由的，装饰品可以是绿色植物、布艺、装饰画以及不同样式的灯具等，但空间中的主体装饰物还是中国画、宫灯和紫砂陶等传统饰物，这些装饰物数量不多，在空间中却能起到画龙点睛的作用。

5.2.3 仿古风格

仿古装饰风格是在室内布置、线型、色调、家具和陈设的造型等方面，吸取传统装饰"形"、"神"的特征。例如可以吸取我国传统木构架建筑室内的藻井、天棚、挂落、雀替的构成和装饰，借鉴明、清家具造型和款式特征等。仿古风格装饰如图 5-7 所示。

图 5-7 仿古风格

古典风格常给人以历史延续和地域文脉的感受，它使室内环境突出了民族文化渊源的形象特征。中国是个多民族国家，所以谈及中式古典风格实际上还包含民族风格，各民族由于地区、气候、环境、生活习惯、风俗、宗教信仰以及当地建筑材料和施工方法不同，室内设计具有独特的形式和风格，主要反映在布局、形体、外观、色彩、质感和处理手法等方面。

5.2.4 欧式风格

欧式风格主要体现在门、柱、壁炉、灯饰和家具等元素上。欧式的居室有的不只是豪华大气，更多的是惬意和浪漫。通过完美的曲线、精益求精的细节处理，给人以不尽的舒服触感。实际上，和谐是欧式风格的最高境界，同时，欧式装饰风格最适用于大面积住房，若空间太小，不但无法展现其风格气势，反而对生活在其间的人造成一种压迫感。当然，设计师还要具有一定的美学素养，才能善用欧式风格，否则只会弄巧成拙。欧式风格装饰如图5-8所示。

欧式风格门的造型设计包括房间门和各种柜门，既要突出凹凸感，又要有优美的弧线，两种造型相映成趣，风情万种；柱的设计也很有讲究，可以设计成典型的罗马柱造型，使整体空间具有更强烈的西方传统审美气息；壁炉是西方文化的典型载体，选择欧式风格家装时，可以设计一个真的壁炉，也可以设计一个壁炉造型，辅以灯光，营造西方生活情调；灯饰应选择具有西方风情的造型，如选用壁灯，在整体明快、简约、单纯的房屋空间里，传承着西方文化底蕴的壁灯静静泛着影影绰绰的灯光，朦胧、浪漫之感油然而生；家具欧式风格的宜选用现代感强烈的家具组合，其特点是简单、抽象、明快、现代感强，组合家具的颜色可选用白色或流行色，配上合适的灯光及现代化的电器，营造欧式氛围。

5.2.5 田园风格

田园风格适合的人群年龄范围广泛，年轻人可以打造甜美、清新的乡村风格，年纪稍长的人则可以选择颜色深厚的原木色家具，不失华贵与稳重。此外，乡村风格和大自然有直接的接触，一般要求房子比较宽敞，最好有前后花园，更适合用于郊外的独栋户型。田园风格装饰如图5-9所示。

图5-8　欧式风格

图5-9　田园风格

天真烂漫的大花图案在居室中使用，能渲染出活泼青春的气息。而且这些图案柔化了居室平直的线条，使家的感觉油然而生，也成为田园风情的一大特色。

5.2.6 混搭风格

混搭看似漫不经心，实则出奇制胜，要想轻松混搭成功，一定要先做好功课。混搭风格虽然是多种元素共存，但不代表乱搭一气，混搭是否成功，关键还是要确定一个基调，并以这种风格为主线，其他风格做点缀，分出轻重、主次。混搭风格装饰如图5-10所示。

中式或亚洲式的设计一向以简约、质感见长，如果能够巧妙地将其与西方现代、创新的概念结合，那么可以完成一个时下最时尚的混搭之家。选用装饰元素是最简单也是最有效的方法，选用一些画龙点睛的小饰品，如薄纱透光窗帘、藤制灯饰、蓝绸大伞或真丝屏风等，可以轻松呈现异国情调。

图 5-10　混搭风格

5.3 室内设计与施工流程

　　室内效果图的设计流程应该与施工紧密联系，相对复杂。简单地说，室内效果图的设计流程为：与客户沟通→实际测量→设计初步方案→再与客户交流→修改并确定方案→水电工人进场→瓦工→木工→油漆→瓷工→地板→吊灯→卫生→家具装饰品选购搭配。

　　为了使设计取得预期效果，设计人员必须抓好设计各阶段的环节，充分重视设计、施工、材料和设备等各个方面，并熟悉、重视与原建筑物的建筑设计、设施设计的衔接，同时还需协调好与建设单位和施工单位之间的相互关系，在设计意图和构思方面取得沟通与共识，以期获得理想的设计工程成果。

5.4 设计师的人体工程学

　　设计师需要掌握的知识是严格的，不论是综合性的还是专业性的调查，都要抓住效果图设计的要点，得到设计师应掌握的情况与信息，以利于设计工作。

　　人体工程学又叫人类工学或人类工程学，是第二次世界大战后发展起来的一门学科。它以人－机关系为研究的对象，以实测、统计、分析为基本研究方法。从室内设计的角度来说，人体工程学的主要功用在于通过对生理和心理的正确认识，使室内环境因素适应人类生活活动的需要，进而达到提高室内环境质量的目标。人体工程学图解如图 5-11 所示。

　　人体工程学在室内设计中的作用主要体

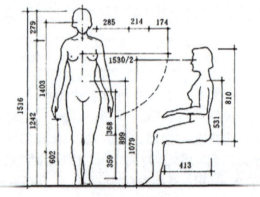

图 5-11　人体工程学

现在以下几方面：（1）为确定空间范围提供依据；（2）为设计家具提供依据；（3）为确定感觉器官的适应能力提供依据。设计师应掌握人体各部尺寸及人体活动空间范围，从而科学地进行效果图设计，合理地确定空间及家具尺寸。下面介绍一些常见的空间家具尺寸。

5.4.1 墙面尺寸

- 墙壁厚度：1200～4800mm。
- 墙壁保温厚度：100～120mm。
- 踢脚板高：80～200mm。
- 墙裙高：800～1500mm。
- 挂镜线高：1600～1800mm。

5.4.2 餐厅

- 餐桌高：750～790mm。
- 餐椅高：450～500mm。
- 圆桌直径：2人位500mm、4人位900mm、8人位1300mm、12人位1800mm。
- 方餐桌尺寸：2人位700×850mm、4人位1350×850mm、8人位2250×850mm。
- 餐桌转盘直径：700～800mm。
- 餐桌间距：≤500mm。
- 主通道宽：1200～1300mm。
- 内部工作道宽：600～900mm。
- 酒吧台：高900～1050mm，宽500mm。
- 酒吧凳：高600～750mm。

5.4.3 商场营业厅

- 单边双人走道宽：1600mm。
- 双边双人走道宽：2000mm。
- 双边4人走道宽：3000mm。
- 营业员柜台走道宽：800mm。
- 营业员货柜台：厚600mm、高800～1000mm。
- 单靠背立货架：厚300～500mm、高1800～2300mm。
- 双靠背立货架：厚600～800mm、高1800～2300mm。
- 小商品橱窗：厚500～800mm、高400～1200mm。
- 陈列地台高：400～800mm。
- 敞开式货架：400～600mm。
- 收款台：长1600mm、宽600mm。

5.4.4 卧室客房

- 标准间面积：大25m^2、中18m^2、小15m^2。

- 床：高 400～450mm，床靠高 850～950mm。
- 床头柜：高 500～700mm、宽 500～800mm。
- 写字台：长 1100～1500mm、宽 450～600mm、高 700～750mm。
- 行李台：长 910～1070mm、宽 500mm、高 400mm。
- 衣柜：宽 800～1200mm、高 1600～2000mm、深 500mm。
- 沙发：宽 600～800mm、高 350～400mm、靠背高 1000mm。
- 衣架高：1700～1900mm。

5.4.5 卫生间

- 卫生间面积：3～5m²。
- 浴缸：长 1220～1680mm、宽 720mm、高 450mm。
- 坐便：长 750～800 mm、宽 350～450mm。
- 冲洗器：长 690mm、宽 350mm。
- 盥洗盆：长 550 mm、宽 410mm。
- 淋浴器：高 2100mm。
- 化妆台：长 1000～1350mm、宽 450mm。

5.4.6 会议室

- 中心会议室客容量：会议桌边长 600mm。
- 环式高级会议室客容量：环形内线长 700～1000mm。
- 环式会议室服务通道宽：600～800mm。
- 餐椅高：450～550mm。
- 餐椅宽：650～800mm。

5.4.7 交通空间

- 楼梯间休息平台：≤2100mm。
- 楼梯跑道：≤2300mm。
- 客房走廊高：≤2400mm。
- 两侧设座的综合式走廊：≤2500mm。
- 楼梯扶手高：850～1100mm。
- 门的常用尺寸：宽 850～1000mm。
- 窗的常用尺寸：宽 400～1800mm。
- 窗台高：800～1200mm。

5.4.8 灯具

- 大吊灯最小高度：2400mm。
- 壁灯高：1500～1800mm。
- 反光灯槽最小直径：≤灯管直径两倍。

- 壁式床头灯高：1200～1400mm。
- 照明开关高：1000mm。

5.4.9 办公家具

- 办公桌：长 1200～1600mm、宽 500～650mm、高 700～800mm。
- 办公椅：高 400～450mm、长 450mm、宽 450mm。
- 沙发：宽 600～800mm、高 350～400mm、背面 1000mm。
- 前置型茶几：长 900mm、宽 400mm、高 400mm。
- 中心型茶几：长 900mm、宽 900mm、高 400mm。
- 书柜：高 1800mm、宽 1200～1500mm、深 450～500mm。
- 书架：高 1800mm、宽 1000～1300mm、深 350～450mm。

5.5 空间与色彩关系

色彩本身并没有知觉与情感，也没有绝对的美与不美，它的美在于色彩之间相互组合而体现。这与音乐的道理相同，不同的色彩配合能形成富丽华贵、热烈兴奋、欢乐喜悦、文静典雅、含蓄沉静和朴素大方等不同的情调，如图 5-12 所示。

图 5-12　空间与色彩关系

当配色形式反映的情趣与人的情绪产生共鸣时，人就会感到和谐愉悦，这就是色彩的知觉与情感，它会因地理环境、文化背景等差异而不同。白种人钟情白色，黄种人偏爱黄色，黑种人喜爱黑色；黄土高原的人喜欢浓艳的大红大绿，都市的人喜欢清新的奶黄和天蓝。对同一种颜色，文化背景不同的人也有不同的联想，黄色在我国象征高贵，而在巴西则表示绝望；白色是我国葬礼上的色彩，而在印度则象征吉庆等。另外不同的时代，人们对色彩的爱好也有变化。现在随着人们审美观的不断提高，必将促进室内环境中色彩观念的改变与进步。因此在室内色彩的设计过程中，设计师要充分利用人们对色彩的知觉与情感，来支配色彩在室内的分布。

5.5.1 室内色彩的表现

室内色彩构成是一个多空间、多物体的变化组合。因空间物体的多样性与复杂性，形成了多层次的色彩环境，又因受其使用功能、光线、装饰材料等因素的影响，这些因素之间的协调关系犹如弹钢琴的十指运用，抑扬韵律相衬，使室内空间的色彩既有对比变化又有协调统一，形成一个有机的色彩空间，也就是所谓的主色调。

主色调的形成往往是利用天花板、地面、墙面和家具等要素的面积优势和色彩组合形成，它在室内中起主导、润色和烘托的作用，要力求反映室内设计主题，体现室内空间的功能，又能表现出色彩给人带来的心理和情感上的变化。明快而又偏暖的主色调会给人以温馨、幸福、愉快、轻松、亲切和安逸的感觉，让卧室变得更加温馨和浪漫；冷色调表现透明、镇静、凉爽、理智的特性，易给以人宁静、深邃的感觉，让书房的思考赋有智慧。

居室色调从实用角度出发，主要运用黄、白、灰色调，黄色调营造出典雅、温暖、明朗的气氛，配合红色尽显富丽堂皇，配合白或灰色调尽情释放文静与典雅，如图 5-13 所示。

因此，室内色彩要在统一的基础上求变化，形成一定的韵律和节奏感。

5.5.2 色彩与空间特性的对比

空间特性即空间的使用功能，不同的功能空间有不同的设计要求，仅室内空间就包括商业购物、居住生活、工作学习、文化娱乐和餐饮休息等要素。这些功能空间的性质不同，色彩倾向也随之改变。如儿童正处于生长发育期，天性好动，观察事物多以感性为主，对色彩的感觉更为单纯敏感。所以儿童的活动空间宜采用明亮、轻快活泼的对比色为主的粉红与粉绿、米黄与浅紫、淡蓝与橙黄等，再配置新颖活泼的图案、色彩鲜艳的玩具，适合儿童的心理特征，利于儿童的身心健康，如图 5-14 所示。

图 5-13 居室色调表现效果

图 5-14 轻快活泼色调表现效果

对于商业购物环境在照明设计上，除满足室内的正常光照外，还应加强色彩光的配置，吸引顾客注意力，刺激其购买欲望。而餐饮、娱乐环境的色彩设计就应活跃得多，尤其是娱乐性的空间环境色彩，一般以强烈而富有兴奋感的色彩为主调，这类色彩纯度较高（如红、黄、绿），在各种有色光的闪烁照射下，大部分空间的凝重和光线跳跃以及室内色彩的强烈节奏形成鲜明对比，使人产生一种"跃跃欲动"之感。

5.5.3 室内色彩的文化内涵

随着信息社会的发展，人类不再是单向的、一元的认识世界，而是多向的、多元的使用网络进行反馈。因而，在这个五彩缤纷的时代，需要多种文化并存，这些多种文化并存的需求反映在室内色彩设计中，就使其带上浓郁的文化属性。这是我们进行室内设计时着重考虑色彩表现的原因所在。

室内各种色调及其组合可以反映业主的性格与审美观，同时体现业主在某一领域的鲜明个性，也正是人类个性张扬的体现。如主人喜欢文化气息浓郁的中国古典风格，那么在居室设计中可以暖色调为主，起居室铺满暗红色地毯，沿墙摆放仿明式风格的红木座椅和条案，对面放置一个博古架，既有现代气息，又有古典风味；在墙角放一盆绿色植物，既构成了色彩上的对比，又增添了勃勃生机。

5.5.4 室内环境色彩的个性

室内设计艺术与其他艺术形式一样，需要百花齐放、百家争鸣，它是科技与艺术的有机结合，优秀的室内设计必须具有独到之处，只有这样的设计方案才具有较强的竞争力。室内设计色彩的个性讲究的是新颖、独特、醒目，如何创造色彩的个性是摆在现代设计师面前的一个重要问题。

设计师要敢于向传统挑战，要使自己的设计方案脱颖而出，达到出奇制胜的效果。首先在色彩上必须从常规和禁忌中突破出来，求其大胆创新和个性化，打破常规色彩逻辑思维刻板、单一、从众的局限性，兼容逻辑与非逻辑思维，运用大脑潜意识活动与变异意识活动，在常规中求异，从定势中寻求突破，大胆而前瞻性地使用色彩，使其新奇而不怪异，独特而不另类，从而拓展色彩空间、充实色彩内涵、丰富色彩语言，促使自己的设计在竞争中独树一帜，脱颖而出。一旦让色彩从限制中冲出来，发挥自身魅力，就会在竞争中大显身手。

另外，设计师要敢于开发新的领域，要辩证、全面地理解各种色彩的性质和用途，以及给人们带来的心理影响。如黑色在我国传统中被视为寓意不好的颜色，给人以悲哀、阴郁之感，但它又是最经典的颜色，具有庄重、神秘、沉稳、刚毅、硬朗的内涵，带有很强的历史韵味，所以黑色在现代室内设计中已有广泛的应用，如黑胡桃系列装饰面板家具、黑色大理石石材等。与白色搭配，能在强烈对比中彰显精致、沉稳，释放出冷静与世外桃源的韵味，如图 5-15 所示。

因此，设计师应在室内设计所涉及的各学科知识中广开思路，在其姊妹艺术中寻找灵感，开发色彩的源泉，扩大色彩的设计领域。如可以在音乐、舞蹈、诗歌以及来自彩陶、古建彩绘、戏剧脸谱等传统艺术的有用元素，从中寻找设计色彩气氛、意境和情调，了解、分析、研究色彩对人的心理感觉所产生的影响，拓展色彩设计思维，使人居环境的色彩关系趋于理想和完美。

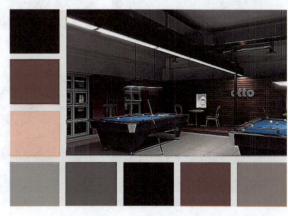

图 5-15　沉稳色调表现效果

5.6 范例——欧式餐厅

在忙碌的生活形态下，就餐是一天中家庭成员相聚的唯一时间。一个理想的餐厅装修应该能产生一种愉悦的气氛，使每一个人都能感到放松，如果餐厅能有助于家庭成员相互和谐会谈，就更加有益了。主人的品位及性格、所处的环境和生活状态，都直接关系到其对用餐空间的认识和理解，也就左右着餐桌椅的个性。所以，和谐地搭配餐桌椅，也就是在和谐地搭配自己的生活板块，塑造自我的生活空间。本范例的制作效果如图 5-16 所示。

图 5-16　欧式餐厅范例效果

【制作流程】

欧式餐厅范例的制作流程分为 6 步，包括餐厅场景模型制作、餐厅场景材质设置、餐厅场景灯光设置、窗帘开启动画设置、摄影机镜头设置和餐厅场景渲染设置，如图 5-17 所示。

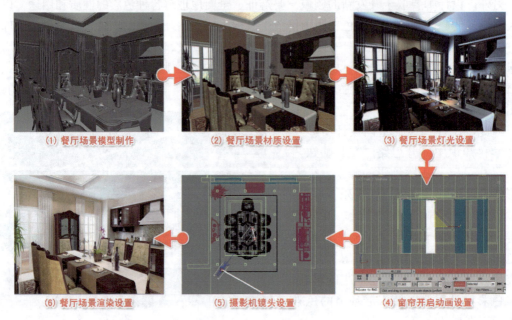

图 5-17　范例制作流程图

5.6.1 餐厅场景模型制作

01 在菜单栏中单击文件图标按钮，然后在弹出的菜单中选择 Import（输入）命令，将提前绘制好的 AutoCAD 平面图合并到当前的三维场景中，便于准确地定位尺寸比例与关系，如图 5-18 所示。

> 提示：DWG 格式文件是 AutoCAD 绘图所存储的，对两个 Autodesk 产品使用相同的数据时，可使用输入进行操作。

图 5-18 输入 AutoCAD 文件

02 输入的 AutoCAD 文件将自动转换为 Edit Spline（可编辑样条线）模式，如果觉得图形不准确，可以进行二次编辑，如图 5-19 所示。

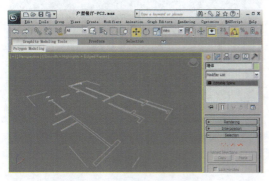

图 5-19 转换为可编辑样条线

03 选择编辑后的样条线，在 修改面板中添加 Extrude（挤出）命令，使二维的线产生高度，转换为三维的墙体模型，如图 5-20 所示。

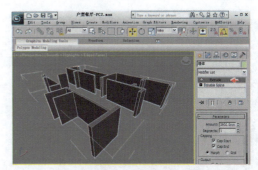

图 5-20 挤出墙体

04 在 创建面板中选择 图形中的 Rectangle（矩形）命令，然后在"Top 顶视图"中创建矩形，作为场景中厨房的地面图形，如图 5-21 所示。

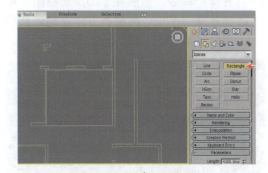

图 5-21 创建矩形地面

05 在 修改面板中添加 Edit Spline（编辑样条线）命令，然后再选择点模式并使用 移动工具调整点的位置，使厨房的地面延伸至阳台区域，如图 5-22 所示。

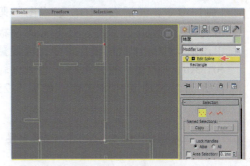

图 5-22 编辑地面区域

06 选择编辑完成的样条线，在 修改面板中添加 Extrude（挤出）命令，使图形产生地面的厚度，再调整到与地面平行的位置，使地面模型与墙体模型底部对齐准确，如图 5-23 所示。

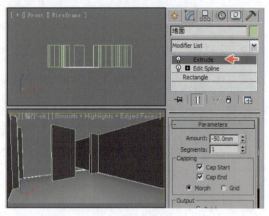

图 5-23 挤出地面高度

07 在创建面板几何体中选择 Box（长方体）命令，然后在"Top 顶视图"中创建横梁模型，再将长方体移动到窗横梁的准确位置，如图 5-24 所示。

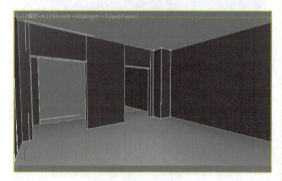

图 5-24 创建横梁

08 在创建面板中选择图形中的 Arc（弧）命令，然后在"Top 顶视图"阳台的外部位置建立弧线，在修改面板中添加 Extrude（挤出）命令，再设置 Amount（数量）值为 4000，使弧线转换为面以模拟室外的环境，如图 5-25 所示。

提示　室外环境模型的建立可根据自己创建动画的范围和幅度进行选择，而弧形面的方式适合摄影机镜头小范围的摇移动画记录。

09 在顶棚位置建立吊棚模型的基础轮廓，然后进行吊棚镂空位置的制作，完成吊棚模型后，再添加多个桶灯模型，使吊棚的整体效果更加丰富，如图 5-26 所示。

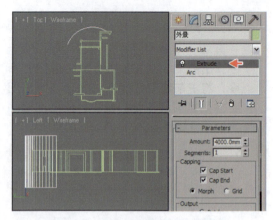

图 5-25 创建室外环境

图 5-26 创建顶棚模型

10 使用几何体搭建阳台的塑钢窗框架模型，再添加几何体作为窗户的玻璃模型，使餐厅的场景更加完整，如图 5-27 所示。

图 5-27 创建窗户模型

11 在创建面板的图形中选择 Line（线）命令，然后沿墙体镂空的轮廓位置绘制出门框形状，结合 Loft（放样）命令制作出门框的模型，再使用几合体搭建组合出餐厅门的模型，如图 5-28 所示。

图 5-28 创建门框模型

[12] 在创建面板的图形中选择 Line（线）命令绘制窗帘形状，然后结合 Extrude（挤出）命令产生窗帘的高度模型，再配合 Shift 键复制多个窗帘模型，如图 5-29 所示。

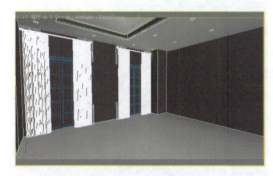

图 5-29 创建窗帘模型

[13] 继续使用几何体与 Edit Poly（编辑多边形）命令建立橱柜和厨具等模型，丰富餐厅场景右侧的墙壁，如图 5-30 所示。

图 5-30 创建厨柜与厨具

[14] 在菜单栏中单击文件图标按钮，然后在弹出的菜单中选择 Import（输入）→ Merge（合并）命令，添加准备好的餐桌模型，如图 5-31 所示。

图 5-31 输入餐桌模型

[15] 在创建面板的图形中选择 Line（线）命令绘制出桌布形状，结合 Extrude（挤出）命令制作桌布模型，在修改面板中添加 Shell（壳）命令使桌布产生厚度，再创建多边形并结合 Edit Poly（编辑多边形）命令制作出桌面的餐具模型，使制作的餐桌模型更加真实，如图 5-32 所示。

图 5-32 创建餐具模型

[16] 为了使厨房的场景更加丰富，在场景中添加两组装饰柜，如图 5-33 所示。

图 5-33 添加装饰柜模型

[17] 为了使厨房场景更加美观与真实，在场景中继续添加植物和杯子等装饰模型，增添餐厅的生活气息，如图 5-34 所示。

图 5-34　添加装饰模型

18 把全部模型调节为单色状态，观察餐厅模型的整体效果，如果模型间的交接位置出现错误，可以进行再次调整，如图 5-35 所示。

图 5-35　整体模型效果

5.6.2　餐厅场景材质设置

01 在主工具栏中单击 渲染设置按钮，从弹出的对话框的 Assign Renderer（指定渲染器）卷展栏中添加产品级别的 VRay 渲染器，将扫描线渲染器切换至第三方的 VRay 渲染器，如图 5-36 所示。

图 5-36　切换 VRay 渲染器

02 在主工具栏中单击 材质编辑器按钮，选择一个空白材质球并设置其名称为"壁纸"，使用 Standard（标准）类型材质并为 Diffuse（漫反射）赋予本书配套光盘中的"墙纸 06"贴图，如图 5-37 所示。

图 5-37　壁纸材质

03 选择一个空白材质球并设置其名称为"乳胶漆"，然后单击 Standard（标准）类型材质按钮，在弹出的对话框中选择"VR 材质"类型，如图 5-38 所示。

图 5-38　选择 VR 材质

04 切换 VR 材质类型后，将漫反射颜色调节为白色，作为乳胶漆墙壁的材质，如图 5-39 所示。

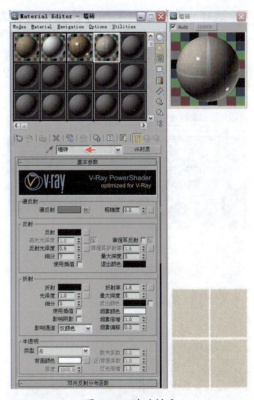

图 5-40　墙砖材质

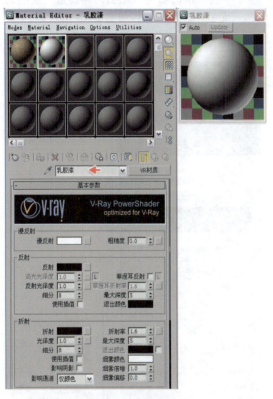

图 5-39　乳胶漆材质

05 选择一个空白材质球并设置其名称为"墙砖"，将材质类型切换为"VR 材质"类型，在"漫反射"中赋予本书配套光盘中的"墙砖"贴图，再设置"反射光泽度"值为 0.9、反射"细分"值为 7、折射"细分"值为 5，使墙砖的表面产生光泽效果，如图 5-40 所示。

提示：反射光泽主要用于控制反射的光泽程度，数值越小，光泽效果越强烈。

06 选择一个空白材质球并设置其名称为"地砖"，将材质类型切换为"VR 材质"类型，在"漫反射"中赋予本书配套光盘中的"地砖"贴图，再设置"反射光泽度"值为 0.8、反射"细分"值为 7，如图 5-41 所示。

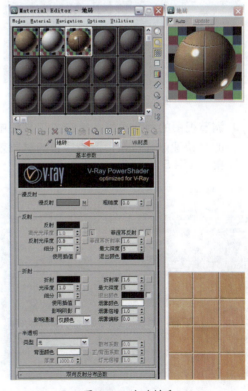

图 5-41　地砖材质

07 选择一个空白材质球并设置其名称为"地毯",然后在 Diffuse(漫反射)中赋予本书配套光盘中的"地毯"贴图,再设置 Specular Level(高光级别)为 9,如图 5-42 所示。

09 选择一个空白材质球并设置其名称为"米白石材",将材质类型切换为"VR材质"类型,在"漫反射"中赋予本书配套光盘中的"米白石材"贴图,再设置"反射光泽度"值为 0.87,如图 5-44 所示。

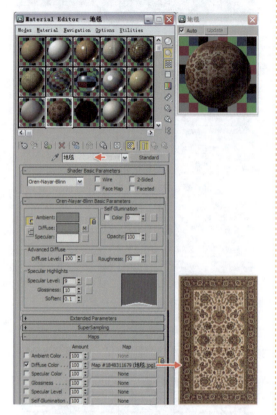

图 5-42 地毯材质

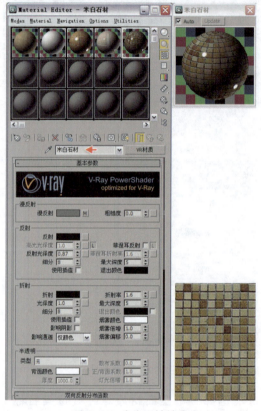

图 5-44 米白石材材质

08 调节视图的观看角度,单击主工具栏中的 快速渲染按钮,渲染场景的材质效果,如图 5-43 所示。

10 选择一个空白材质球并设置其名称为"深木",将材质类型切换为"VR材质"类型,在"漫反射"中赋予本书配套光盘中的"深木"贴图,再设置"反射光泽度"值为 0.8、反射"细分"值为 7、折射"细分"值为 7,如图 5-45 所示。

11 选择一个空白材质球并设置其名称为"不锈钢",将材质类型切换为"VR材质"类型,设置"漫反射"为浅灰色、"反射"为灰色,再设置"反射光泽度"值为 0.9,使其表面可以反射周围环境,如图 5-46 所示。

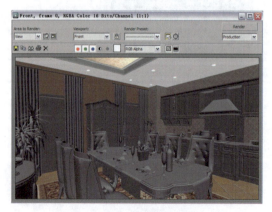

图 5-43 渲染场景材质效果

提示　　调节反射色块的灰度颜色,即可得到当前材质的反射效果。

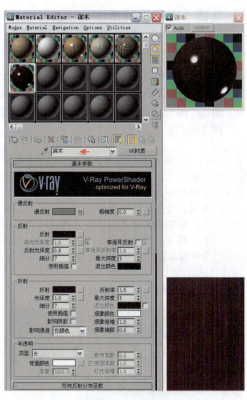

图 5-45 深木材质

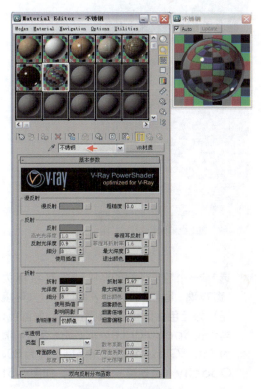

图 5-46 不锈钢材质

12 选择一个空白材质球并设置其名称为"玻璃-室内",设置 Ambient(环境光)为浅蓝色、Diffuse(漫反射)为浅蓝色,然后设置 Specular Level(高光级别)值为 146、Glossiness(光泽度)值为 41,再展开 Maps(贴图)卷展栏,在 Reflection(反射)和 Refraction(折射)中赋予"VR 贴图"材质,使其模拟出玻璃的反射和折射效果,如图 5-47 所示。

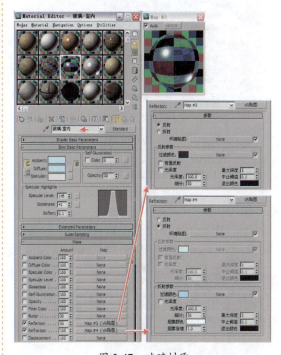

图 5-47 玻璃材质

13 选择一个空白材质球并设置其名称为"壶",将材质类型切换为"VR 材质"类型,设置"漫反射"为白色、"反射"为深灰色,再设置"反射光泽度"值为 0.75、反射"细分"值为 5、折射"细分"值为 5,如图 5-48 所示。

14 选择一个空白材质球并设置其名称为"台面",将材质类型切换为"VR 材质"类型,在"漫反射"中赋予本书配套光盘中的"台面"贴图,然后单击"高光光泽度"后的 L 按钮激活"高光光泽度",再设置"高光光泽度"值为 0.88,如图 5-49 所示。

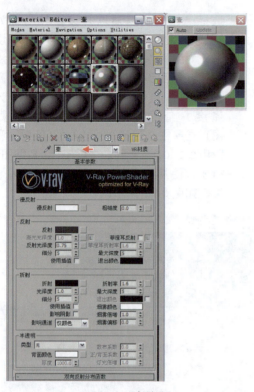

图 5-48 壶材质

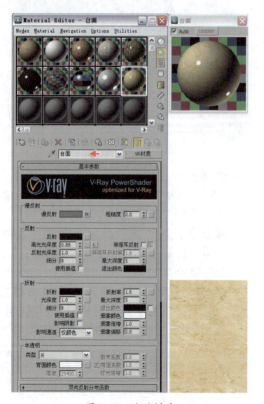

图 5-49 台面材质

15 选择一个空白材质球并设置其名称为"帘",将材质类型切换为"VR材质"类型,设置"漫反射"为白色、"折射"为灰色,再设置"折射率"值为1.011并选中"影响阴影"复选框设置"影响通道",用来模拟窗帘的半透明效果,如图5-50所示。

 提示

"影响阴影"项目主要控制物体产生透明的阴影效果,透明阴影的颜色取决于折射颜色和雾倍增器。在渲染玻璃或其他半透明与透明物体的时候得到的阴影总是黑的,而不是具有色彩以及半透明的阴影效果,利用"影响阴影"功能搭配折射色彩可以模拟出教堂多彩图案的玻璃投影效果。

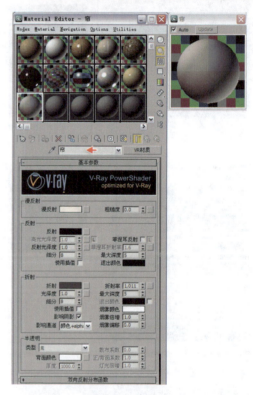

图 5-50 帘材质

16 选择一个空白材质球并设置其名称为"窗玻璃-客厅",设置Ambient(环境光)为蓝色、Diffuse(漫反射)为蓝色,再设置Specular Level(高光级别)值为110、Glossiness(光泽度)值为80、Opacity(透明度)值为20,如图5-51所示。

Chapter 05 室内房间制作案例

图 5-51 窗玻璃材质

17 选择一个空白材质球并设置其名称为"酒杯",将材质类型切换为"VR 材质"类型,设置"漫反射"为黑色、"反射"为灰色,然后设置反射"细分"值为 3、"折射"为白色、"折射率"值为 1.517,并选中"影响阴影"复选框设置"影响通道",再为"反射"赋予 Falloff(衰减)贴图,设置 Falloff Type(衰减类型)为 Fresnel(菲涅耳),如图 5-52 所示。

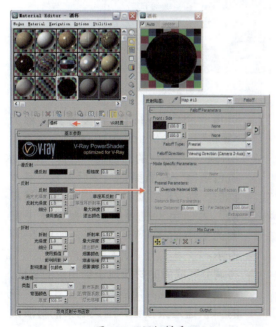

图 5-52 酒杯材质

18 选择一个空白材质球并设置其名称为"桌布",单击 Standard(标准)类型材质按钮,在弹出的对话框中选择"VR 材质包裹器"类型,先设置"接受全局照明"值为 1.5,然后在"基本材质"中赋予"VR 材质"贴图并设置"漫反射"为白色,在"漫反射"中赋予本书配套光盘中的"桌布"贴图,再设置"高光光泽度"值为 0.5,如图 5-53 所示。

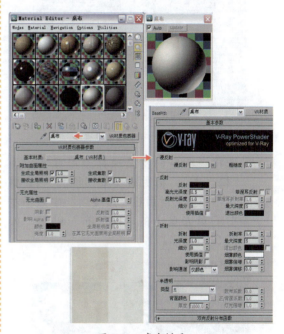

图 5-53 桌布材质

19 选择一个空白材质球并设置其名称为"布绒毛绿",使用 Standard(标准)材质类型,设置 Shader Basic Parameters(明暗器基本参数)为 Oren-Nayar-Blinn 类型,为 Diffuse 赋予本书配套光盘中的"天鹅绒布料"贴图,然后选中自发光的 Color(颜色)复选框并赋予 Mask(遮罩)贴图,在遮罩贴图的项目中赋予 Falloff(衰减)贴图,用于模拟布料产生反射光线的效果,如图 5-54 所示。

 提示　明暗器基本参数卷展栏可用于选择要用于标准材质的明暗器类型,主要影响材质光泽的显示方式。

137

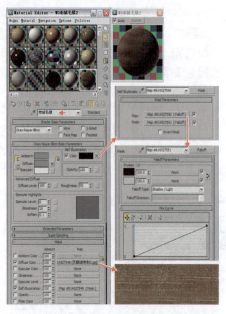

图 5-54　布绒毛绿材质

20 选择一个空白材质球并设置其名称为"椅子布",将材质类型切换为"VR 材质"类型,然后在"漫反射"中赋予本书配套光盘中的"椅子布"贴图,如图 5-55 所示。

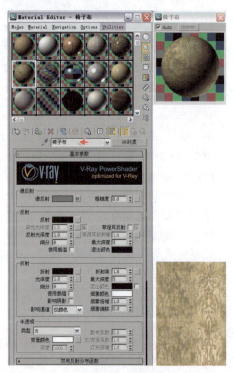

图 5-55　椅子布材质

21 选择一个空白材质球并设置其名称为"白釉-瓷",将材质类型切换为"VR 材质"类型,先设置"漫反射"为白色,再设置"高光光泽度"值为 0.86、"菲涅耳折射率"值为 1.48,模拟出陶瓷的表面光泽度,如图 5-56 所示。

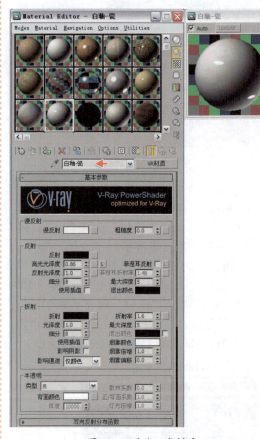

图 5-56　白釉-瓷材质

22 选择一个空白材质球并设置其名称为"餐布",单击 Standard(标准)类型材质按钮,在弹出的对话框中选择"VR 材质包裹器"材质类型,然后设置"基本材质"为 VR 材质类型,再设置"漫反射"为白色,在漫反射中赋予本书配套光盘中的"餐布"贴图,如图 5-57 所示。

23 将调节完成后的材质赋予到相应的物体,调节视图的观看角度,单击主工具栏中的 快速渲染按钮,渲染场景的材质效果,如图 5-58 所示。

Chapter 05 室内房间制作案例

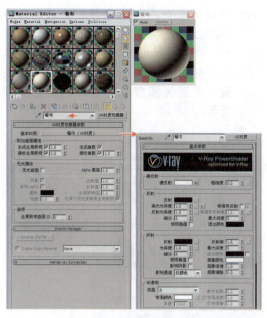

图 5-57 餐布材质

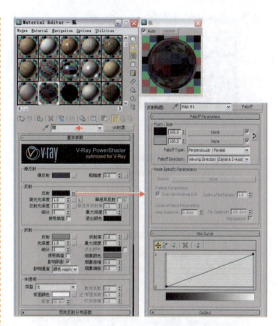

图 5-59 瓶材质

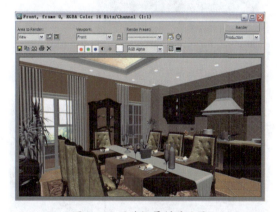

图 5-58 渲染场景材质效果

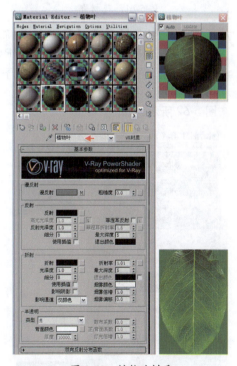

图 5-60 植物叶材质

24 选择一个空白材质球并设置其名称为"瓶",将材质类型切换为"VR 材质"类型,先设置"漫反射"为深蓝色,然后为"反射"赋予 Falloff(衰减)贴图,再设置反射"细分"值为 5、折射"细分"值为 5、"影响通道"为"颜色+alpha"类型,如图 5-59 所示。

25 选择一个空白材质球并设置其名称为"植物叶",将材质类型切换为"VR 材质"类型,在"漫反射"中赋予本书配套光盘中的"植物叶"贴图,再设置"折射率"为 1.01,作为场景中绿化植物叶子的材质,如图 5-60 所示。

26 选择一个空白材质球并设置其名称为"花",将材质类型切换为"VR 材质"类型,然后设置"漫反射"为粉色,在"漫反射"中赋予本书配套光盘中的"花"贴图,如图 5-61 所示。

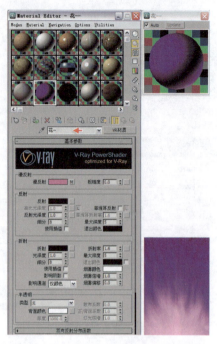

图 5-61 花材质

[27] 选择一个空白材质球并设置其名称为"植物茎",将材质类型切换为"VR材质"类型,然后在"漫反射"中赋予本书配套光盘中的"植物茎"贴图,如图 5-62 所示。

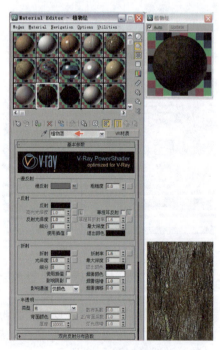

图 5-62 植物茎材质

[28] 选择一个空白材质球并设置其名称为"花盆边",将材质类型切换为"VR材质"类型,然后在"漫反射"中赋予本书配套光盘中的"花盆边"贴图,再设置"反射光泽度"为 0.55,如图 5-63 所示。

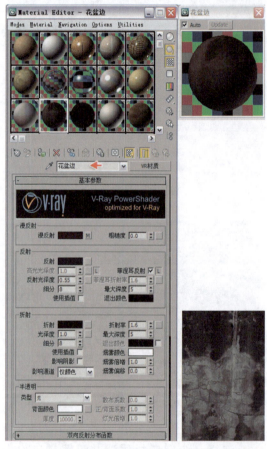

图 5-63 花盆边材质

[29] 选择一个空白材质球并设置其名称为"外",将材质类型切换为"VR材质"类型,在"漫反射"中赋予本书配套光盘中的"墙砖"贴图,然后设置"高光光泽度"值为 0.85、反射"细分"值为 7、折射"细分"值为 7,作为阳台区域的墙砖材质,如图 5-64 所示。

[30] 将调节完成后的材质赋予相应的物体,调节视图的观看角度,单击主工具栏中的 快速渲染按钮,渲染场景的材质整体效果,如图 5-65 所示。

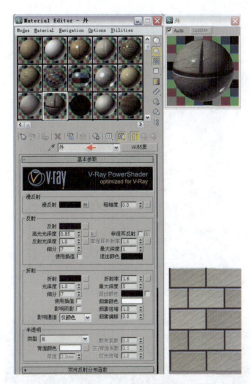

图 5-64 墙砖材质

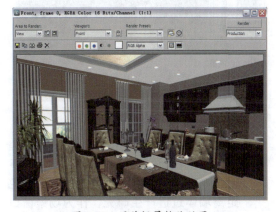

图 5-65 渲染场景整体效果

5.6.3 餐厅场景灯光设置

01 在创建面板中选择灯光面板，在下拉列表中选择 VRay 类型灯光，再使用"VR 灯光"命令在场景中建立灯光，模拟室外的太阳光源，如图 5-66 所示。

提示　　VRay 渲染器虽然是一款独立的插件系统，但它同样拥有自身的灯光及阴影系统，分别放置在 3ds Max 系统的对应位置。

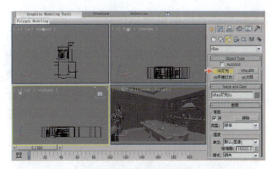

图 5-66 建立 VR 灯光

02 设置 VRay 灯光的"类型"为"球体"，然后设置"倍增器"值为 150000、"颜色"为橘色，如图 5-67 所示。

图 5-67 灯光参数设置

03 单击主工具栏中的快速渲染按钮，渲染、观察模拟室外的太阳光源的效果，如图 5-68 所示。

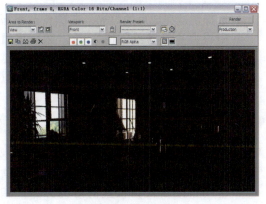

图 5-68 渲染灯光效果

04 在创建面板中选择灯光面板，在下拉列表中选择VRay类型灯光，再使用"VR灯光"命令并在"Front前视图"的阳台窗口位置建立灯光，设置灯光"类型"为"平面"，为了更好地模拟出室外灯光的照射，建立的灯光要比窗口尺寸稍大，如图5-69所示。

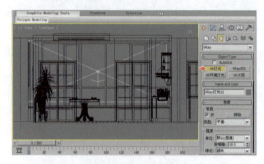

图5-69 建立阳台灯光

05 切换至"Left左视图"中观察灯光的照射方向，然后通过主工具栏中的旋转工具调节灯光角度和准确位置，使阳台窗口可以产生倾斜的灯光照射，如图5-70所示。

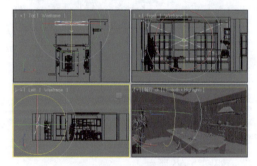

图5-70 调整灯光角度

06 选择创建完成后的灯光，在修改面板中设置"倍增器"值为19，然后设置"颜色"为蓝色并选中"不可见"复选框，再设置"细分"值为5，如图5-71所示。

提示：如果不选中"不可见"复选框，在渲染时将看到一个白色的平面灯光物体。

07 单击主工具栏中的快速渲染按钮，渲染场景阳台窗口位置的灯光效果，如图5-72所示。

图5-71 灯光参数设置

图5-72 渲染灯光效果

08 继续在"Front前视图"的窗口内部建立VR灯光，设置灯光的"类型"为"平面"，灯光尺寸要比窗口模型稍小，避免距离墙体过近产生曝光，作为场景窗口位置的辅助灯光，如图5-73所示。

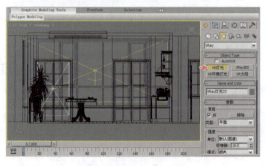

图5-73 建立辅助灯光

09 选择刚创建完成的 VR 灯光，在 修改面板中设置"倍增器"值为 19，然后设置"颜色"为蓝色并选中"不可见"复选框，如果建立的灯光照射方向不理想，可以用旋转工具来进行调整，如图 5-74 所示。

图 5-74　灯光参数设置

10 选择修改后的 VR 灯光，配合 Shift 键拖曳复制出另一侧窗口的灯光，如图 5-75 所示。

图 5-75　复制灯光

11 在视图中继续建立 VR 灯光，先设置其"类型"为"平面"，然后设置"倍增器"值为 1.9、"颜色"为浅蓝色，再将灯光照射至墙壁的方向，如图 5-76 所示。

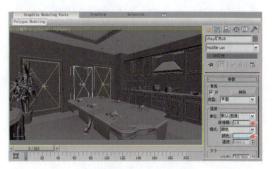

图 5-76　建立辅助灯光

12 在视图中继续建立 VR 灯光，先设置其"类型"为"平面"，然后设置"倍增器"值为 15、"颜色"为浅蓝色，再将灯光照射至顶棚的方向，如图 5-77 所示。

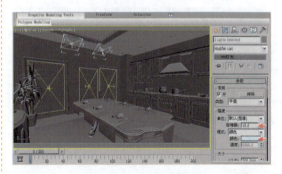

图 5-77　建立辅助光源

13 调节视图的观看角度，单击主工具栏中的 快速渲染按钮，渲染场景的灯光效果，如图 5-78 所示。

图 5-78　渲染灯光效果

14 在视图中继续建立 VR 灯光，用于弥补场景中距离窗口过远的右侧区域光照，如图 5-79 所示。

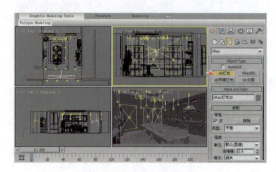

图 5-79 建立 VR 灯光

15 切换至"Left 左视图",先通过旋转工具调节灯光的照射角度,再通过移动工具调整灯光的准确位置,如图 5-80 所示。

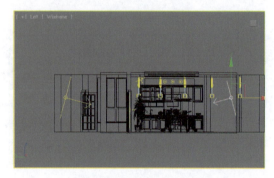

图 5-80 调节角度与位置

16 选择刚创建完成的 VR 灯光,在修改面板中设置"倍增器"值为 3.9,然后设置"颜色"为浅蓝色并选中"不可见"复选框,再设置"细分"值为 5,如图 5-81 所示。

图 5-81 灯光参数设置

17 调节视图的观看角度,单击主工具栏中的快速渲染按钮,渲染场景的灯光效果,如图 5-82 所示。

图 5-82 渲染灯光效果

18 在创建面板中选择灯光为 Photometric(光度学)类型,然后在"Left 左视图"中建立 Target Light(目标灯光),作为吊棚的筒灯照明灯光,如图 5-83 所示。

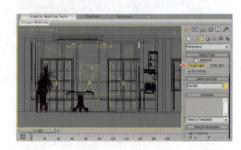

图 5-83 建立目标灯光

19 选择刚创建完成的 Target Light(目标灯光),在修改面板中先开启 Shadows(阴影)项目并设置为"VRay 阴影"类型,然后切换灯光分布类型为 Photometric Web(光域网)并在 Web 参数卷展栏下添加本书配套光盘中的"筒灯"光域网,再设置 Filter Color(过滤颜色)为橘黄色、Intensity(强度)值为 6500,如图 5-84 所示。

提示　光域网是光源的灯光强度分布的 3D 表示。平行光分布信息以 IES 格式存储在光度学数据文件中,而对于光度学数据采用 LTLI 或 CIBSE 格式。可以加载各个制造商所提供的光度学数据文件,将其作为 Web 参数。

Chapter 05 室内房间制作案例

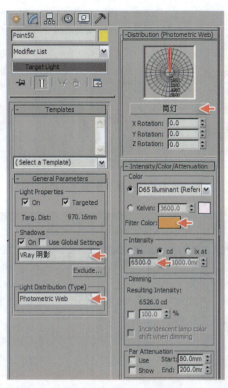

图 5-84 灯光参数设置

图 5-86 调节灯光位置

图 5-87 渲染整体灯光效果

20 选择刚创建完成的 Target Light（目标灯光），在"Top 顶视图"中配合 Shift 键复制移动到其他筒灯的位置，如图 5-85 所示。

图 5-85 复制目标灯光

21 将视图切换至"Perspective 透视图"中，调节 Target Light（目标灯光）在场景中筒灯模型的高度位置，如图 5-86 所示。

22 调节视图的观看角度，单击主工具栏中的快速渲染按钮，渲染场景的整体灯光效果，如图 5-87 所示。

5.6.4 窗帘开启动画设置

01 选择制作完成后的窗帘模型，单击层级面板下的 Affect Pivot Only（调整轴）按钮，然后使用移动工具将轴点移动到窗帘边缘靠墙的位置，如图 5-88 所示。

提示：轴的位置决定了窗帘开始缩放的基点，本例要制作窗帘从中间向两侧开启的动画效果，所以要让窗向两侧缩放。

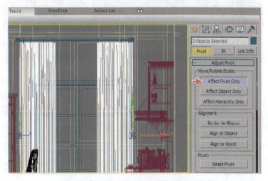

图 5-88 调整轴位置

[02] 首先使用缩放工具将窗帘沿 X 轴调整宽度，得到窗帘未开启时闭合的效果，单击 Auto Key（自动关键点）按钮，准备制作窗帘的动画，如图 5-89 所示。

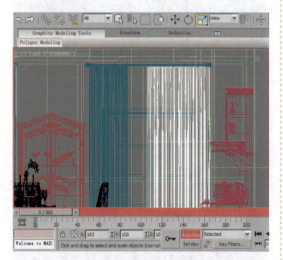

图 5-89　调整窗帘宽度

[03] 将时间滑块拖曳至第 40 帧的位置，然后使用缩放工具沿 X 轴调整窗帘开启时的宽度，如图 5-90 所示。

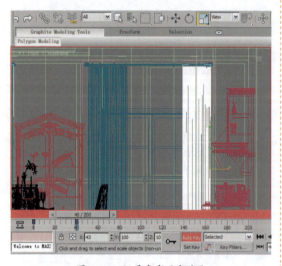

图 5-90　记录窗帘开启动画

[04] 继续使用缩放工具将另外一侧的其他窗帘记录动画，如图 5-91 所示。

[05] 拖曳时间滑块至第 0 帧的位置上，通过移动工具来调节连接窗帘与窗帘杆的金属环的位置，如图 5-92 所示。

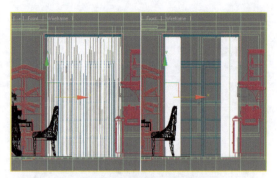

图 5-91　记录其他窗帘动画

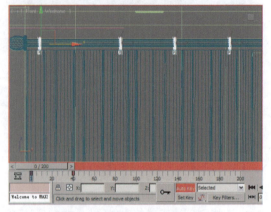

图 5-92　调节金属环位置

[06] 拖曳时间滑块至第 40 帧的位置，通过移动工具调节金属环与缩放后窗帘的位置关系，完成整体的窗帘开启动画效果，如图 5-93 所示。

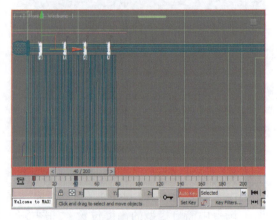

图 5-93　记录金属环动画

[07] 当窗帘的开启动画制作完成后，将时间滑块拖曳回第 0 帧的位置，然后播放，预览窗帘开启的动画效果，如图 5-94 所示。

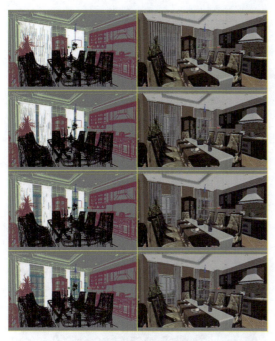

图 5-94 动画开启效果

5.6.5 摄影机镜头设置

`01` 在 创建面板 摄影机中选择 Standard（标准）选项，单击 Target（目标）令按钮，然后在"Perspective 透视图"中拖曳建立摄影机，如图 5-95 所示。

图 5-95 建立摄影机

`02` 选择建立的摄影机并保持在激活"Perspective 透视图"的状态，在菜单栏中选择 Views（视图）→ Create Camera From View（从视图创建摄影机）命令，将摄影机匹配到当前的视图角度与位置，如图 5-96 所示。

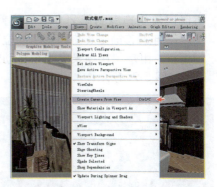

图 5-96 匹配摄影机位置

`03` 在"Perspective 透视图"左上角的提示文字处右击，在弹出的菜单中选择 Cameras（摄影机）→ Camera01（摄影机01）命令，将视图切换至摄影机视图，如图 5-97 所示。

 提示　除了通过选择命令方式将视图切换至摄影机视图外，也可以直接按 Ctrl+C 快捷键实现。

图 5-97 切换至摄影机视角

`04` 将视图切换至四视图显示模式，观察摄影机的位置，将时间滑块放置在第 0 帧位置，然后单击 Auto Key（自动关键点）按钮，准备记录摄影机摇移的动画，如图 5-98 所示。

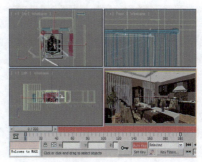

图 5-98 记录第 0 帧动画

05 将时间滑块拖曳到第 200 帧的位置上，然后使用移动工具将摄影机的位置进行调整，用来制作场景中视角移动的动画，如图 5-99 所示。

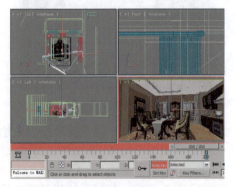

图 5-99　记录第 200 帧动画

06 在摄影机的位置上右击，在弹出的菜单中选择 Object Properties（对象属性）命令，然后选中 Trajectory（轨迹）复选框，可以预览到摄影的摇移范围，如图 5-100 所示。

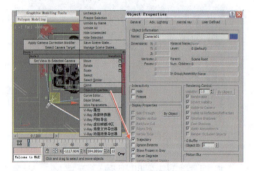

图 5-100　显示摄影机轨迹

07 如果摄影机的运动轨迹不理想，可以通过移动工具再次调节摄影机的位置，如图 5-101 所示。

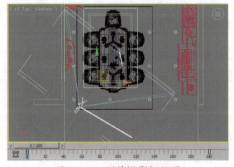

图 5-101　调节摄影机位置

08 通过拖曳时间滑块调节视图的观看角度，完成场景摄影机镜头的设置，如图 5-102 所示。

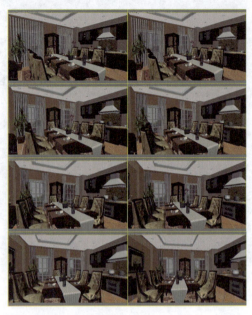

图 5-102　动画效果

5.6.6　餐厅场景渲染设置

01 在菜单栏中选择 Rendering（渲染）→ Render Setup（渲染设置）命令，然后在弹出的对话框中选择"间接照明"复选框，再开启 V-Ray 渲染器的间接照明选项，如图 5-103 所示。

图 5-103　开启间接照明

02 单击主工具栏中的 快速渲染按钮，渲染场景开启 V-Ray 渲染器间接照明后的效果，如图 5-104 所示。

图 5-104　渲染餐厅场景效果

03 在渲染设置面板中展开 V-Ray:: 全局开关【无名】卷展栏，然后将默认的 3ds Max 灯光关闭，如图 5-105 所示。

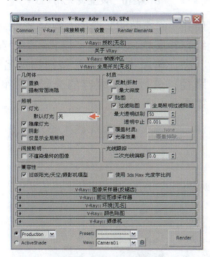

图 5-105　关闭默认灯光

04 在渲染设置面板中展开 V-Rdy:: 图像采样器（反锯齿）卷展栏，然后将图像采样器"类型"设置为"固定"模式，如图 5-106 所示。

提示　　固定比率采样器是 VRay 渲染器中最简单的采样器，对于每一个像素，它使用一个固定数量的样本，而且只有一个参数控制细分。当其取值为 1 时，意味着在每一个像素的中心使用一个样本；当取值大于 1 时，将按照低差异的蒙特卡罗序列来产生样本。

图 5-106　设置图像采样器

05 在渲染设置面板中展开 V-Rdy:: 间接照明（GI）卷展栏，将"全局照明引擎"设置为"灯光缓存"模式，然后设置 V-Rdy:: 发光图卷展栏的"当前预置"为"非常低"，再选中"显示计算相位"与"显示直接光"复选框，如图 5-107 所示。

图 5-107　设置间接照明与发光贴图

06 展开"间接照明"选项卡中的 V-Rdy:: 灯光缓存卷展栏，设置"细分"值为 200，再选中"储存直接光"与"显示计算机相位"复选框，如图 5-108 所示。

> **提示** 细分用于确定有多少条来自摄影机的路径被追踪。不过要注意的是，实际路径的数量是该参数的平方值，如该参数设置为2000，那么被追踪的路径数量是 2000×2000＝4000000。

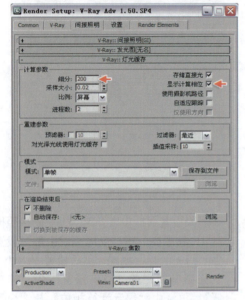

图 5-108　设置灯光缓存

[07] 单击主工具栏中的 快速渲染按钮，渲染设置后的效果，如图 5-109 所示。

图 5-109　渲染餐厅渲染效果

[08] 渲染测试完成后，展开"间接照明"选项卡中的 V-Rdy:: 发光图【无名】卷展栏，先设置"模式"为"增量添加到当前贴图"，然后再单击"浏览"按钮指定名称与路径，准备进行光子贴图的设置，避免在进行建筑动画渲染时产生闪烁效果，如图 5-110 所示。

图 5-110　设置发光图

[09] 展开"间接照明"选项卡的 V-Rdy:: 灯光缓存卷展栏，先设置"模式"为"穿行"状态，再单击"浏览"按钮指定名称与路径，进行灯光缓存的光子贴图设置，如图 5-111 所示。

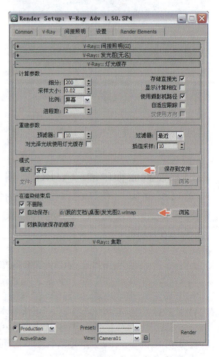

图 5-111　设置灯光缓存发光图

Chapter 05 室内房间制作案例

10 切换至 VRay 选项卡中的 V-Rdy:: 全局开关卷【无名】展栏，选中"不渲染最终的图像"复选框，如图 5-112 所示。

> 提示　选中"不渲染最终的图像"复选框，VRay 只计算相应的全局光照贴图（光子贴图、灯光贴图和发光贴图），这对于渲染动画过程很实用。

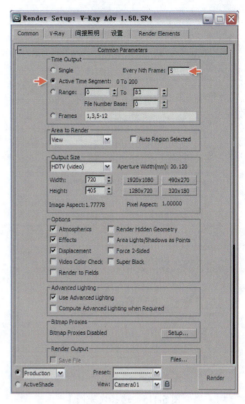

图 5-113　渲染光子设置

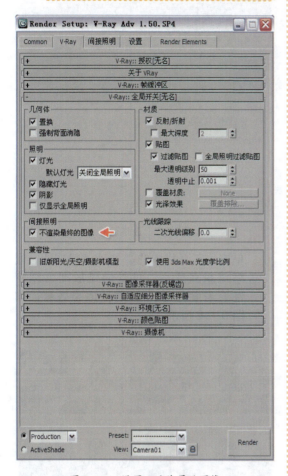

图 5-112　设置不渲染最终图像

图 5-114　查看文件

11 切换至 Common（公用）选项卡，设置输出的时间类型为 Active Time Segment（活动时间段），然后再设置 Ever Nth Frame（每 N 帧）值为 5，使光子贴图每间隔 5 帧进行一次运算，如图 5-113 所示。

12 单击主工具栏中的 快速渲染按钮，渲染完成后，在指定的存储路径位置会看到两个发光图文件，如图 5-114 所示。

13 切换至"间接照明"选项卡中的 V-Rdy::发光图卷【无名】展栏，设置"模式"为"从文件"，再单击"浏览"按钮选择预先计算的"发光图 1"，如图 5-115 所示。

14 展开 V-Rdy::灯光缓存卷展栏，设置"模式"为"从文件"，再单击浏览按钮选择预先计算的"发光图"2，如图 5-116 所示。

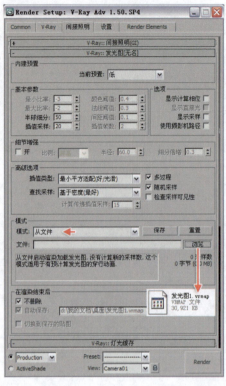

图 5-115　选择发光图 1

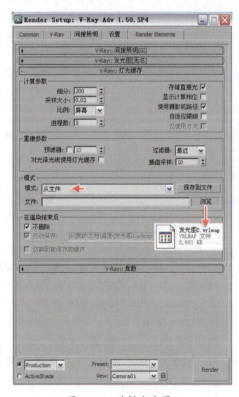

图 5-116　选择发光图 2

15 展开 V-Rdy:: 全局开关【无名】卷展栏取消选中"不渲染最终图像"复选框，然后切换至 Common（公用）面板，设置 Ever Nth Frame（每 N 帧）值为 1，并设置输出大小，保存路径信息，如图 5-117 所示。

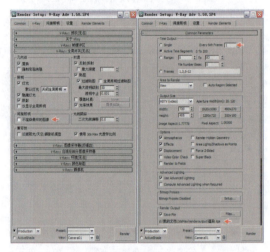

图 5-117　最终设置

16 单击主工具栏中的 快速渲染按钮，最终渲染完成后，可以通过后期合成软件查看餐厅最终的动画渲染效果，如图 5-118 所示。

图 5-118　餐厅最终渲染效果

5.7 范例——现代客厅

客厅也叫起居室，是主人与客人会面的地方，也是房子的门面，所以在进行建筑动画制作时必须作为重点表现。客厅宜用浅色，让客人有耳目一新的感觉。本范例的制作效果如图 5-119 所示。

图 5-119　现代客厅范例效果

【制作流程】

现代客厅范例的制作流程分为 6 步，包括客厅场景模型制作、客厅场景材质设置、客厅场景灯光设置、客厅场景渲染设置、添加家具动画设置和场景渲染输出设置，如图 5-120 所示。

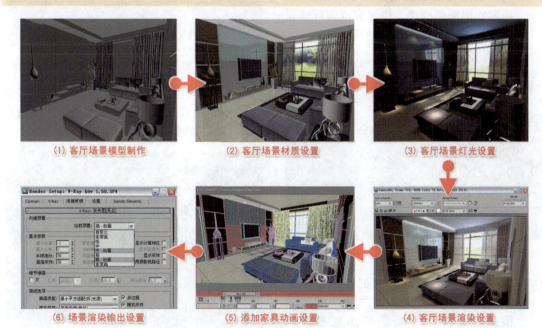

图 5-120　范例制作流程图

5.7.1 客厅场景模型制作

[01] 单击菜单栏中的 ⊙ 文件图标按钮，在弹出的菜单中选择 Import（输入）命令，将提前绘制好的 AutoCAD 平面图合并到当前的三维场景中，便于准确地定位尺寸比例与关系，如图 5-121 所示。

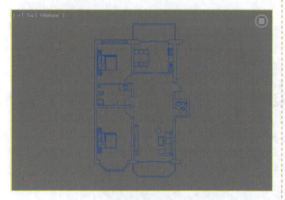

图 5-121　输入 AutoCAD 文件

[02] 通过 Edit Spline（编辑样条线）命令对输入的平面图形进行分离操作，然后选择分离出的地面图形，在 ⊙ 修改面板中添加 Extrude（挤出）命令，使地面产生厚度。同样对墙体图形进行挤出操作，然后在顶棚的位置搭建组合吊棚模型，再制作出筒灯模型，搭建完成客厅场景的框架模型，如图 5-122 所示。

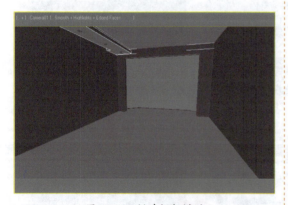

图 5-122　搭建框架模型

[03] 使用几何体先搭建阳台的塑钢窗框架模型，再添加几何体作为窗户的玻璃模型，使客厅的场景更加完整，如图 5-123 所示。

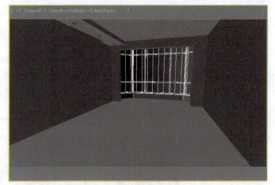

图 5-123　制作阳台模型

[04] 在 ⊙ 创建面板 ⊙ 图形中选择 Line（线）命令并绘制出窗帘布料波浪状的形状，然后结合 Extrude（挤出）命令制作窗帘模型，再通过 FFD（自由变形）命令手动修饰出更加自然的窗帘模型，使场景更加美观，如图 5-124 所示。

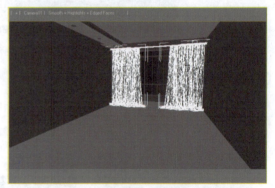

图 5-124　制作窗帘模型

[05] 将墙体模型转换为 Edit Poly（编辑多边形）模式，然后在墙壁上制作出凹进墙壁的装饰线条效果，如图 5-125 所示。

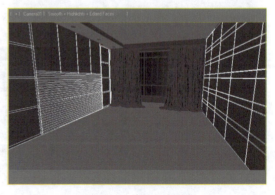

图 5-125　装饰线条模型

Chapter 05 室内房间制作案例

06 为了使客厅场景更加完整，在客厅场景中添加电视区域的模型，如图 5-126 所示。

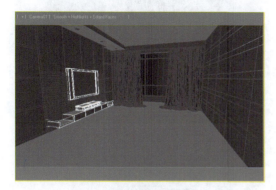

图 5-126　电视区域模型

07 在场景中地面位置建立 Box（长方体），然后添加 Edit Poly（编辑多边形）命令修饰地毯的模型，使地毯的边缘厚度小于中心厚度，如图 5-127 所示。

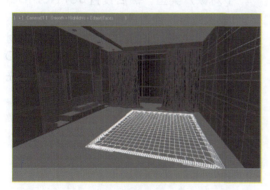

图 5-127　地毯模型

08 在客厅场景中添加沙发与茶几模型，使客厅场景的功能更加丰富，沙发的比例必须与客厅整体空间协调，如图 5-128 所示。

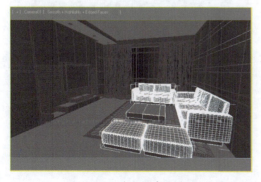

图 5-128　沙发与茶几模型

09 在场景中添加矮柜与台灯模型，使场景整体效果更加美观，如图 5-129 所示。

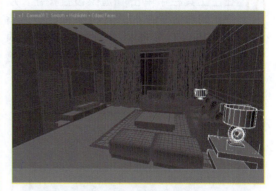

图 5-129　矮柜与台灯模型

10 在场景中添加装饰瓶、绿化、相框等装饰物模型，使客厅空间除了美观外更富生活气息，如图 5-130 所示。

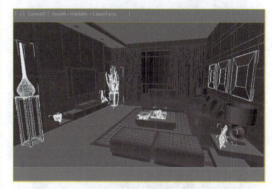

图 5-130　装饰模型

11 调节视图的观看角度，单击主工具栏中的 快速渲染按钮，渲染场景制作完成的模型效果，如图 5-131 所示。

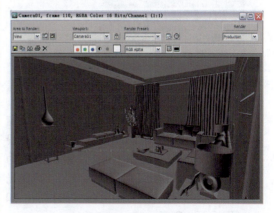

图 5-131　渲染场景效果

5.7.2 客厅场景材质设置

01 在主工具栏中单击 渲染设置按钮,从弹出的对话框的 Assign Renderer(指定渲染器)卷展栏中添加产品级别的 VRay 渲染器,将扫描线渲染器切换至第三方的 VRay 渲染器,如图 5-132 所示。

图 5-132 切换 VRay 渲染器

02 选择空白材质球并设置其名称为"外景",将材质类型切换为"VR 灯光材质"类型,设置"倍增"值为 3,单击颜色后的 None(无)按钮,赋予本书配套光盘中的"森林公园"贴图,如图 5-133 所示。

图 5-133 外景材质

03 选择空白材质球并设置其名称为"窗框",使用 Standard(标准)类型并设置"环境光"为深绿色、"漫反射"为深绿色、"高光级别"值为 30、"高光光滑"值为 20,作为阳台窗框的材质,如图 5-134 所示。

图 5-134 窗框材质

04 选择空白材质球并设置其名称为"筒灯-3",切换至 Muti/Sub-Object(多维/子对象)类型,然后设置 Set Number(设置数量)值为 3,再设置 ID 1 为"VR 材质"类型,设置 ID 2 为"VR 灯光材质"类型并设置其倍增值为 1.5,设置 ID 3 为"VR 材质"类型并设置其"反射光泽度"值为 0.9,如图 5-135 所示。

提示

> VRay 渲染器的灯光材质类型是一种特殊的自发光材质,其中拥有倍增功能,可以通过调节自发光的明暗来产生强弱不同的光效。

图 5-135 筒灯材质

Chapter 05 室内房间制作案例

05 单击主工具栏中的 快速渲染按钮，渲染当前场景中材质的效果，如图5-136所示。

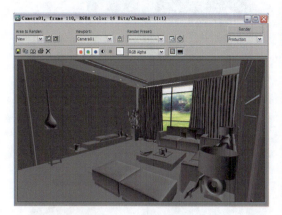

图 5-136 渲染材质效果

06 选择空白材质球并设置其名称为"地面石材"，将材质切换为"VR材质"类型，然后在"漫反射"中赋予本书配套光盘中的"地面米白"石材贴图，再设置"高光光泽度"值为0.85，如图5-137所示。

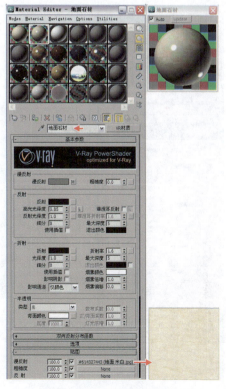

图 5-137 地面石材材质

07 选择空白材质球并设置其名称为"乳胶漆"，将材质切换为"VR材质"类型，再将"漫反射"颜色设置为白色，如图5-138所示。

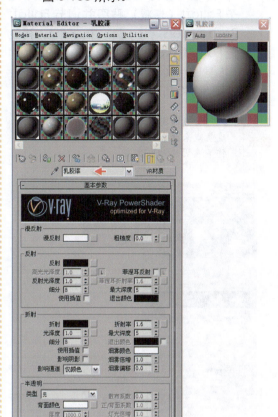

图 5-138 乳胶漆材质

08 单击主工具栏中的 快速渲染按钮，渲染当前场景中材质的效果，如图5-139所示。

图 5-139 渲染材质效果

09 选择空白材质球并设置其名称为"透纱窗帘",将材质切换为"VR材质"类型,然后设置"漫反射"颜色为白色、"折射率"值为1.01,在折射项目中赋予Falloff(衰减)贴图并调节Falloff Parameters(前:侧)中的颜色,再设置Falloff Type(衰减类型)为Fresnel(菲涅耳)和Mix Curve(混合曲线),如图5-140所示。

 提示　衰减贴图基于几何体曲面上面法线角度衰减来生成从白到黑的值,特别适合制作半透明的材质效果。

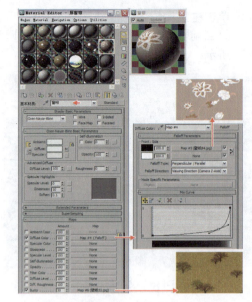

图 5-141　窗帘材质

11 选择空白材质球并设置其名称为"壁纸",将材质切换为"VR材质"类型,先在"漫反射"中赋予Falloff(衰减)贴图,然后在"凹凸"中赋予本书配套的"壁纸7331"贴图,如图5-142所示。

图 5-140　透纱窗帘材质

10 选择空白材质球并设置其名称为"窗帘",使用Standard(标准)材质类型,在Diffuse中赋予本书配套光盘中的壁纸贴图,在Maps(贴图)卷展栏中的Diffuse Color(漫反射颜色)中添加Falloff(衰减)贴图并调节Mix Curve(混合曲线),然后在Bumt(凹凸)项目中赋予本书配套光盘中的"壁纸"贴图,如图5-141所示。

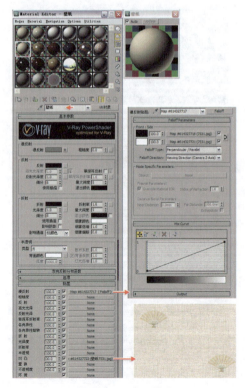

图 5-142　壁纸材质

[12] 单击主工具栏中的 快速渲染按钮,渲染场景窗帘与壁纸的材质效果,如图 5-143 所示。

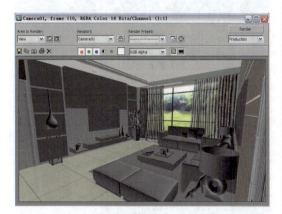

图 5-143　渲染场景材质效果

[13] 选择空白材质球并设置其名称为"茶镜",将材质切换为"VR材质"类型,然后设置"漫反射"与"反射"的颜色,再设置折射"细分"值为 9、"最大深度"值为 3,如图 5-144 所示。

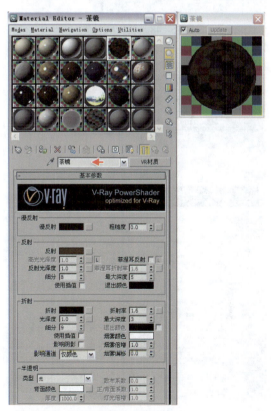

图 5-144　茶镜效果

[14] 选择空白材质球并设其置名称为"烤漆玻璃",将材质切换为"VR代理材质"类型,先单击基本材质后的 Standard(标准)按钮编辑基本材质的 Ambient(环境光)颜色为浅蓝色、Diffuse(漫反射)颜色为浅蓝色、Specular Level(高光级别)值为 56、Glossiness(光泽度)值为 88,然后在 Reflection(反射)项目中赋予"VR贴图"材质类型,得到华丽的反射材质效果,如图 5-145 所示。

提示

> VR代理材质类型一般用于控制材质的反射效果,往往在使用 3ds Max 材质球的时候搭配此贴图使用。

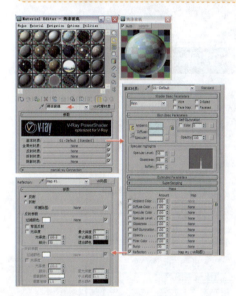

图 5-145　烤漆玻璃材质

[15] 将调节完成后的材质赋予相应的物体,单击主工具栏中的 快速渲染按钮,渲染场景的材质效果,如图 5-146 所示。

图 5-146　渲染场景材质效果

[16] 选择空白材质球并设置其名称为"木作",将材质切换为"VR材质"类型,在"漫反射"中赋予本书配套光盘中的"直纹樱桃一"贴图,再设置"反射光泽度"值为 0.8、"反射最大深度"值为 3、折射"最大深度"值为 3,如图 5-147 所示。

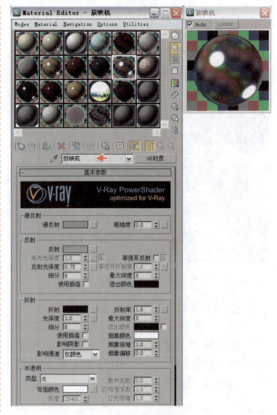

图 5-148 放映机材质

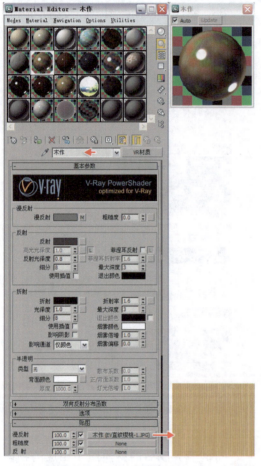

图 5-147 木作材质

[17] 选择空白材质球并设置其名称为"放映机",将材质切换为"VR材质"类型,再设置"漫反射"为浅灰色、"反射"为浅灰色、"反射光泽度"值为 0.75,如图 5-148 所示。

[18] 选择空白材质球并设置其名称为"电视屏",将材质切换为"VR材质"类型,再设置"漫反射"颜色为深蓝色、"反射"为灰色、"高光光泽度"值为 0.9,如图 5-149 所示。

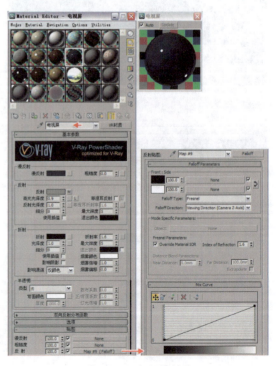

图 5-149 电视屏材质

Chapter 05 室内房间制作案例

19 选择空白材质球并设置其名称为"电银白",将材质切换为"VR材质"类型,再设置"漫反射"颜色为浅灰色、"反射光泽度"值为0.7、"细分"值为7,如图5-150所示。

然后在Diffuse(漫反射)中赋予本书配套光盘中的"白毛地毯"贴图,再打开Maps(贴图)卷展栏并在Bump(凹凸)中赋予本书配套光盘中的"绒毛地毯"贴图,如图5-152所示。

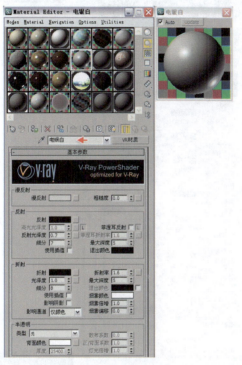

图 5-150　电银白材质

20 将调节完成后的材质赋予相应的物体,单击主工具栏中的 快速渲染按钮,渲染场景的材质效果,如图5-151所示。

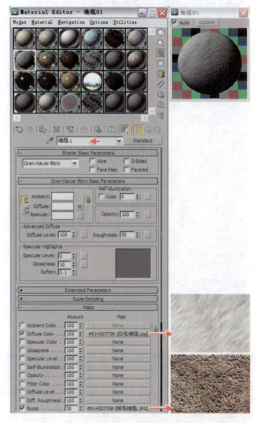

图 5-152　地毯1材质

22 选择空白材质球并设置其名称为"地毯2",使用Standard(标准)材质类型,在Diffuse(漫反射)中赋予本书配套光盘中的"绒毛地毯2"贴图,再打开Maps(贴图)卷展栏并在Bump(凹凸)中赋予本书配套的"绒毛地毯"贴图,如图5-153所示。

23 选择地毯模型并在 修改面板中添加UVW Mapping(贴图坐标)修改命令,用来调节贴图的大小与模型位置是否吻合,然后在 修改面板中继续添加"VRay置换模式"命令并设置"数量"值为50,用来制作地毯的绒毛效果,如图5-154所示。

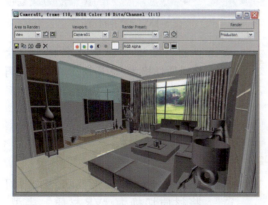

图 5-151　渲染场景材质效果

21 选择空白材质球并设置其名称为"地毯1",使用Standard(标准)材质类型,

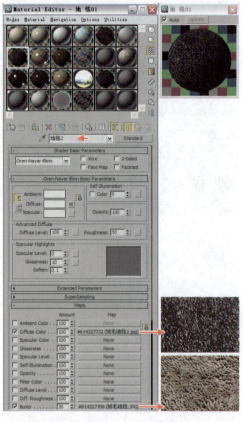

图 5-153 地毯 2 材质

图 5-155 黑漆材质

图 5-154 调节贴图

24 选择空白材质球并设置名其称为"黑漆",将材质切换为"VR 材质"类型,先设置"漫反射"颜色为黑色、"高光光泽度"值为 0.8、"反射光泽度"值为 0.8、"细分"值为 15,再打开 Maps(贴图)卷展栏并在 Bump(凹凸)中赋予本书配套的"深木纹 2"贴图,如图 5-155 所示。

25 选择空白材质球并设置其名称为"金属",将材质切换为"VR 材质"类型,再设置"漫反射"颜色为灰色、"反射"颜色为灰色,如图 5-156 所示。

提示　调节反射色块的灰度颜色,即可得到当前材质的反射效果。

26 选择空白材质球并设置其名称为"灯罩",将材质切换为"VR 材质"类型,再设置"漫反射"颜色为白色、"反射"颜色为深灰色、"折射率"值为 2,如图 5-157 所示。

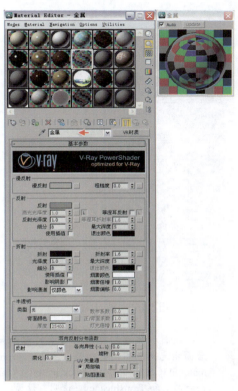

图 5-156 金属材质

27 选择空白材质球并设置其名称为"白色沙发垫",将材质切换为"VR材质"类型,先设置"漫反射"颜色为白色、"高光光泽度"值为 0.6、"反射光泽度"值为 0.7,再为"反射"赋予 Falloff(衰减)贴图并设置 Falloff Type(衰减类型)为 Fresnel(菲涅耳),如图 5-158 所示。

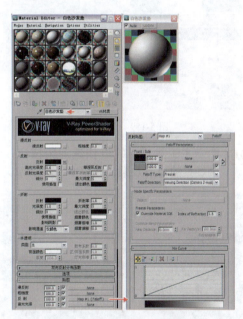

图 5-158 白色沙发垫材质

28 选择空白材质球并设置其名称为"沙发",将材质切换为 Blend(混合)材质类型,在 Material 1(材质1)中添加"VR材质"类型,在"凹凸"项目中赋予本书配套的"粗布纹"贴图并设置凹凸的倍增值为 80;在 Diffuse(漫反射)中赋予 Falloff(衰减)贴图并设置 Falloff Type(衰减类型)为 Fresnel(菲涅耳),在 Falloff Parameters(前:侧)中赋予 Smoke(烟雾)贴图,再调节 Size(大小)值为 50、Phase(相位)值为 20、Iterations(迭代次数)值为 4 并设置 Color 1 与 Color2 的颜色;回到 Blend(混合)材质类型,在 Material 2(材质2)中添加"VR材质"类型,然后在 Mask(遮罩)中赋予本书配套的"水泥地板锈石无缝"贴图,如图 5-159 所示。

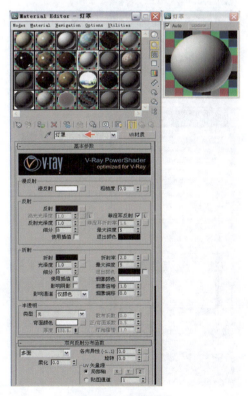

图 5-157 灯罩材质

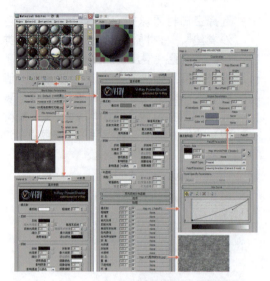

图 5-159 沙发材质

29 单击主工具栏中的 快速渲染按钮,渲染场景的材质效果,如图 5-160 所示。

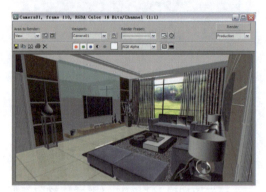

图 5-160 渲染场景材质效果

30 选择空白材质球并设置其名称为"画-1",使用 Standard(标准)材质类型,然后在 Diffuse(漫反射)中赋予本书配套光盘中的"装饰画 39"贴图,如图 5-161 所示。

31 选择空白材质球并设置其名称为"黑瓷",使用"VR 双面材质"类型,先设置"正面材质"为"VR 材质"类型,然后设置"漫反射"颜色为黑色,在"反射"中赋予 Falloff(衰减)贴图,再设置 Falloff Type(衰减类型)为 Fresnel(菲涅耳),在"环境"中赋予 Output(输出贴图)并设置 Output Amount(输出量)值为 3,如图 5-162 所示。

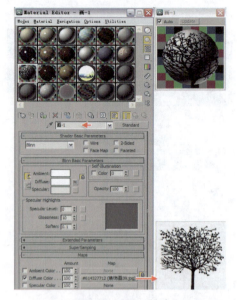

图 5-161 画-1 材质

 提示 双面材质类型可以向对象的前面和后面指定两个不同的材质,主要有 Front material(前面材质)、Back material(后面材质)和 Translucency(透明)设置。

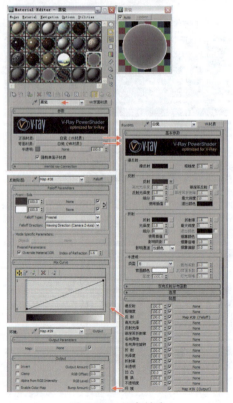

图 5-162 黑瓷材质

32 选择空白材质球并设置其名称为"茶几装饰盆",切换至 Multi/Sub-Object(多维材质)类型,首先设置 Set Number(设置数量)值为3,然后设置 ID1 的 Sub-Material(子材质)类型为 VR 材质,再将漫反射颜色设置为白色、反射光泽度值为 0.97、最大深度值为 3 并选中"影响阴影"复选框;设置 ID2 的 Sub-Material(子材质)类型为"VR 材质"、"漫反射"颜色为红色、"反射光泽度"值为 0.97、"最大深度"值为 3 并选中"影响阴影"复选框;设置 ID3 的 Sub-Material(子材质)类型为"VR 材质"、"漫反射"颜色为黑色、"反射光泽度"值为 0.97、最大深度值为 3 并选中"影响阴影"复选框,如图 5-163 所示。

33 选择空白材质球并设置其名称为"植物叶",将材质切换为"VR 材质"类型,在"漫反射"中赋予 Mix(混合)贴图,然后单击 Swap(交换)按钮并在 Color#1(颜色 1)、Color#2(颜色 2)和 Mix Amount(混合量)中分别赋予本书配套的"叶子"贴图,再设置材质折射的"光泽度"值为 0.2、"折射率"值为 1.01,如图 5-164 所示。

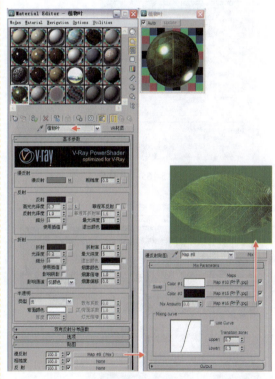

图 5-164　植物叶材质

图 5-163　茶几装饰盆材质

34 选择空白材质球并设置其名称为"书",使用 Standard(标准)材质类型,在 Diffuse(漫反射)中赋予本书配套光盘中的"杂志"贴图,再设置 Specular Level(高光级别)值为 15、Glossiness(光泽度)值为 45,如图 5-165 所示。

35 选择空白材质球并设置其名称为"书背",使用 Standard(标准)材质类型,在 Diffuse(漫反射)中赋予本书配套光盘中的"杂志"贴图,再设置 Specular Level(高光级别)值为 25、Glossiness(光泽度)值为 50,如图 5-166 所示。

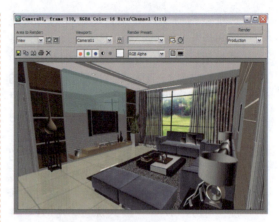

图 5-167 渲染场景材质效果

5.7.3 客厅场景灯光设置

[01] 在 创建面板 灯光面板的下拉列表中选择 VRay 灯光类型，单击"VR 灯光"按钮并在"Top 顶视图"中建立灯光，然后设置灯光"类型"为"球体"，继续在"Left 左视图"中使用 移动工具调整灯光的照射高度，如图 5-168 所示。

图 5-165 书材质

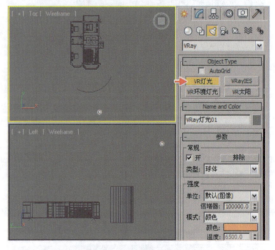

图 5-168 建立球形光

[02] 选择创建完成的灯光，在 修改面板中设置"倍增器"值为 100000、"颜色"为橘黄色，模拟出室外场景的太阳光源，如图 5-169 所示。

[03] 在 创建面板 系统面板中单击 Daylight（日光）按钮，然后在"Front 前视图"中建立日光，如图 5-170 所示。

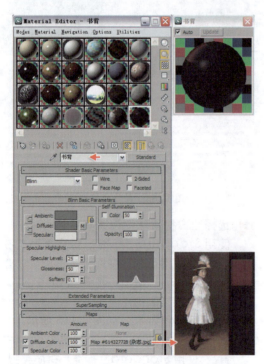

图 5-166 书背材质

[36] 将调节完成后的材质赋予相应的物体，单击主工具栏中的 快速渲染按钮，渲染场景整体材质效果，如图 5-167 所示。

图 5-169　设置灯光参数

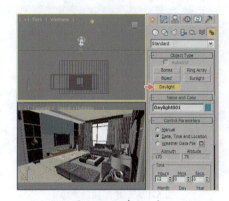

图 5-170　建立日光

04 选择创建完成的 Daylight（日光），在 修改面板中设置 Sunlight（太阳光）类型为 IES Sun（IES 太阳光）类型，如图 5-171 所示。

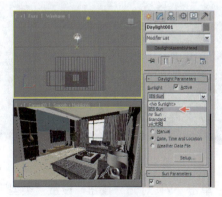

图 5-171　设置日光类型

05 先设置 Intensity（强度）值为 4500，在 Shadows（阴影）栏中选中 On（启用）复选框，再设置阴影类型为"VRay 阴影"，如图 5-172 所示。

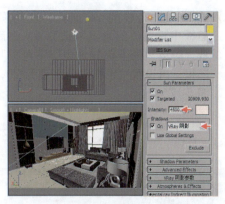

图 5-172　设置日光参数

06 单击主工具栏中的 快速渲染按钮，渲染场景中灯光的效果，如图 5-173 所示。

图 5-173　渲染灯光效果

07 单击"VR 灯光"按钮，在"Front 前视图"中窗口的位置建立平面类型灯光，为了更好地模拟室外灯光的照射，建立的灯光尺寸要比窗口尺寸稍大，如图 5-174 所示。

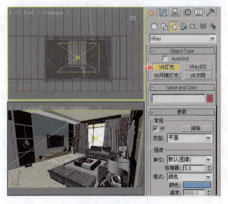

图 5-174　建立灯光

08 选择创建完成的 VR 灯光，在 修改面板中设置"倍增器"值为 5，然后设置"颜色"为蓝色并选中"不可见"复选框，再设置"采样细分"值为 20，如图 5-175 所示。

> 提示：如果建立的灯光照射方向不正确，可以用镜像工具或旋转工具来调整。

图 5-175　设置灯光参数

09 使用旋转工具配合 Shift 键复制 VR 灯光，然后调整其在视图中的位置与大小，再设置"倍增器"值为 7、"颜色"为浅蓝色、"采样细分"值为 9，并选中"不可见"复选框，如图 5-176 所示。

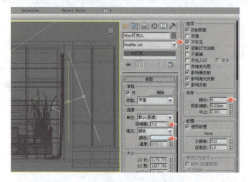

图 5-176　设置灯光参数

10 单击主工具栏中的快速渲染按钮，渲染场景中灯光的效果，如图 5-177 所示。

11 单击"VR 灯光"按钮，设置"类型"为"平面"，然后在"Top 顶视图"茶几的位置建立灯光，为了增强室内的亮度，先设置"倍增器"值为 2.5、"颜色"为黄色、采样"细分"值为 20，再选中"不可见"复选框，如图 5-178 所示。

图 5-177　渲染灯光效果

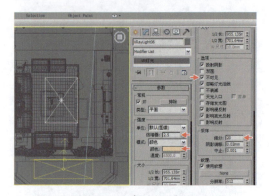

图 5-178　建立辅助光源

12 单击主工具栏中的快速渲染按钮，渲染场景室内灯光的效果，如图 5-179 所示。

图 5-179　渲染灯光效果

13 单击"VR 灯光"按钮，设置"类型"为"平面"，然后在"Top 顶视图"电视机的位置建立灯光，先设置"倍增器"值为 3、"颜色"为黄色、"采样细分"值为 15，再选中"不可见"复选框，作为吊棚区域的灯带照明，如图 5-180 所示。

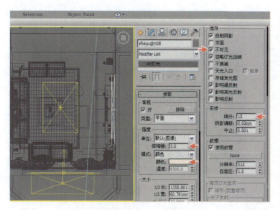

图 5-180　建立灯带灯光

[16] 选择 Target Light（目标灯光）并在修改面板中开启 Shadows（阴影）项目，设置为"VRay 阴影"类型，灯光分布类型为 Photometric Web（光域网），然后在 Web 参数卷展栏下添加本书配套光盘中的光域网，再设置 Filter Color（过滤颜色）为黄色、Intensity（强度）值为 12000，如图 5-183 所示。

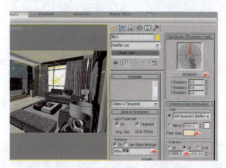

图 5-183　设置目标平行光

[14] 单击主工具栏中的 快速渲染按钮，渲染场景中灯光的效果，如图 5-181 所示。

图 5-181　渲染灯光效果

[17] 选择创建的 Target Light（目标灯光），在"Top 顶视图"中移动到筒灯的位置，再通过 Shift 键拖曳复制出多个目标灯光到所有的筒灯位置，如图 5-184 所示。

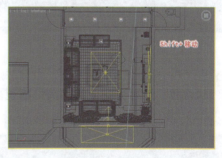

图 5-184　复制灯光

[15] 在 创建面板 灯光面板选择灯光类型为 Photometric（光度学），然后在"Left 左视图"中建立 Target Light（目标灯光），如图 5-182 所示。

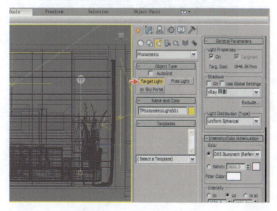

图 5-182　建立目标平行光

[18] 在 创建面板 灯光面板选择灯光类型为 Photometric（光度学），然后在"Perspective 透视图"中顶棚位置建立 Free Light（自由灯光），在 修改面板中先开启 Shadows（阴影）项目，然后设置为"VRay 阴影"类型，灯光分布类型为 Photometric Web（光域网），在 Web 参数卷展栏下添加本书配套光盘中的光域网，再设置 Filter Color（过滤颜色）为橘黄色、Intensity（强度）值为 13800，如图 5-185 所示。

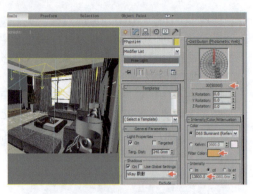

图 5-185 建立自由灯光

图 5-188 渲染灯光效果

[19] 选择刚建立的 Free Light（自由灯光），然后在"Top 顶视图"中移动位置，再通过 Shift 键拖曳复制出多个灯光，如图 5-186 所示。

5.7.4 客厅场景渲染设置

[01] 在菜单栏中选择 Rendering（渲染）→ Render Setup（渲染设置）命令，在 V-Ray:: 图像采样器（反锯齿）卷展栏中设置图像采样类型为"自适应确定性蒙特卡洛"，然后设置抗锯齿过滤器类型为 Catmull-Rom，再设置 V-Ray:: 颜色贴图卷展栏中的"类型"为"莱茵哈德"、"倍增器"值为 0.9、"加深"值为 0.6，如图 5-189 所示。

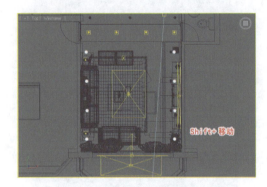

图 5-186 复制自由灯光

提示

> V-Ray:: 图像采样卷展栏主要负责图像的精确程度，使用不同的采样器会得到不同的图像质量，对纹理贴图使用系统内置的过滤器，可以进行抗锯齿处理。

[20] 在"Perspective 透视图"中调节灯光的位置，使灯光完全露出筒灯模型，如图 5-187 所示。

图 5-187 调整灯光位置

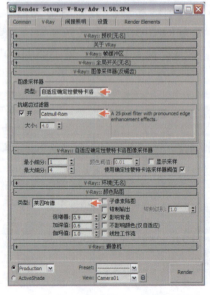

[21] 单击主工具栏中的 快速渲染按钮，渲染场景中室内灯光的效果，如图 5-188 所示。

图 5-189 设置采样类型与颜色贴图

Chapter 05 室内房间制作案例

02 选择"间接照明"选项卡，在 V-Ray::间接照明（GI）卷展栏中选中"开"复选框，再设置"首次反弹"的"倍增器"值为 1.18、"二次反弹"的"倍增器"值为 0.9，如图 5-190 所示。

5.7.5 添加家具动画设置

01 单击时间与动画栏中的时间配置按钮，在弹出的 Time Configuration（时间配置）对话框中设置 Frame Rate（帧速率）为 PAL 制式，然后再设置 Start Time（开始时间）值为 0、End Time（结束时间）值为 300，如图 5-192 所示。

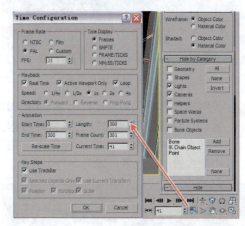

图 5-192 设置时间配置

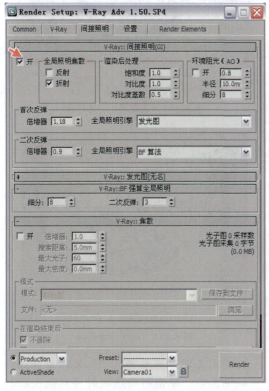

02 首先将时间滑块拖曳到轨迹栏上第 0 帧位置，单击 Auto Key（自动关键点）按钮开启动画记录模式，再将地毯使用 缩放工具调节到趋于不可见的状态，如图 5-193 所示。

图 5-193 开启自动关键点

图 5-190 设置间接照明

03 单击主工具栏中的 快速渲染按钮，渲染场景开启间接照明的整体效果，如图 5-191 所示。

03 将时间滑块拖曳到轨迹栏上第 5 帧的位置，然后使用 缩放工具将地毯模型进行拉伸，使其产生 5 帧的放大动画，如图 5-194 所示。

图 5-191 渲染间接照明效果

171

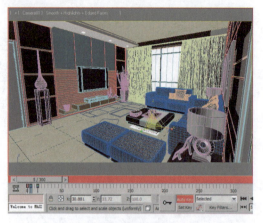

图 5-194　缩放地毯动画

04　将时间滑块拖曳到轨迹栏上第 15 帧的位置上，继续使用 缩放工具将地毯模型拉伸至正常的模型大小，制作出地毯由小变大的动画效果，如图 5-195 所示。

图 5-195　记录地毯动画

05　使用 移动工具在视图中调节饰品与茶几的高度，将时间滑块拖曳到轨迹栏上第 25 帧的位置，使用 移动工具在视图中将饰品与茶几移动回原来位置，制作出饰品与茶几下落的动画效果，如图 5-196 所示。

06　先将靠墙一侧的沙发移动到墙壁外侧，使其在视图中不可见，单击时间滑块并将其拖曳到轨迹栏上第 45 帧的位置，再将沙发移动回原来位置，将第 0 帧的关键点移动到第 25 帧的位置，制作出沙发在第 25 帧到第 45 帧从墙中移动出来的动画效果，如图 5-197 所示。

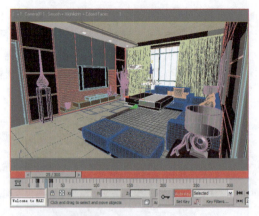

图 5-196　记录茶几下落动画

图 5-197　记录沙发动画

07　使用 移动工具将其他沙发模型移动到地面下，单击时间滑块并将其拖曳到轨迹栏上第 50 帧的位置，然后使用 移动工具将沙发模型移动回原来位置，再将第 0 帧的关键点移动到第 30 帧的位置，制作出沙发由地面冒出的动画效果，如图 5-198 所示。

图 5-198　记录沙发动画

Chapter 05 室内房间制作案例

08 使用移动工具将电视机模型移动到墙壁外,单击时间滑块并将其拖曳到轨迹栏上第60帧的位置,然后使用移动工具将电视机模型移动回原来位置,再将第0帧的关键点移动到第40帧的位置,制作出电视机由墙面中移动出来的动画效果,如图5-199所示。

图 5-199 记录电视机动画

09 使用移动工具将床头柜和台灯模型向上移动到顶棚外,单击时间滑块并将其拖曳到轨迹栏上第66帧的位置,然后使用移动工具将仙人掌模型与床头柜和台灯模型移动回原来位置,再将第0帧的关键点移动到第50帧的位置,制作出床头柜和台灯模型下落的动画效果,如图5-200所示。

图 5-200 记录床头柜动画

10 使用移动工具将植物模型向上移动到顶棚外,单击时间滑块并将其拖曳到轨迹栏上第80帧的位置,然后使用移动工具将植物模型移动回原来位置,再将第0帧的关键点移动到第50帧的位置,制作出植物模型下落的动画效果,如图5-201所示。

图 5-201 记录植物动画

11 继续使用相同的方式记录其他装饰模型下落的动画,如图5-202所示。

图 5-202 记录装饰模型动画

12 选择装饰画模型,单击时间滑块并将其拖曳到轨迹栏上第100帧的位置,然后单击钥匙按钮创建第100帧的静止关键点,如图5-203所示。

13 单击时间滑块并将其拖曳到轨迹栏上第80帧的位置,然后通过移动工具调节装饰画的位置,再通过旋转工具调节装饰画的角度,制作出装饰画产生旋转并移动的动画效果,如图5-204所示。

173

5.7.6 场景渲染输出设置

01 单击 创建面板 摄影机中 Standard（标准）面板下的 Target（目标摄影机）按钮，建立摄影机并在视图中调节视角，然后在菜单栏中选择 Views（视图）→ Create Camera From View（从视图创建摄影机）命令，将摄影机匹配到当前视图的位置，如图 5-206 所示。

图 5-203　设置关键点

 提示　从视图创建摄影机除了在菜单中进行选择外，也可以直接使用 Ctrl+C 快捷键执行。

图 5-204　记录装饰画动画

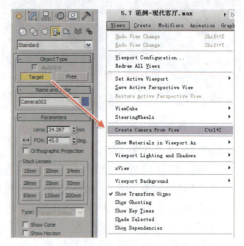

图 5-206　创建并匹配摄影机

14 单击拖曳时间滑块，预览场景中产生的动画效果，如图 5-205 所示。

02 在"Perspective 透视图"左上角提示文字处右击，在弹出的菜单中选择 Cameras（摄影机）→ Camera01（摄影机 01）命令，将视图切换至摄影机视图，如图 5-207 所示。

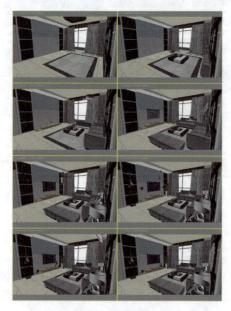

图 5-205　预览动画效果

图 5-207　切换至摄影机视图

03 单击时间滑块并将其拖曳到轨迹栏上第110帧的位置，然后单击钥匙按钮创建第110帧的静止关键点，如图5-208所示。

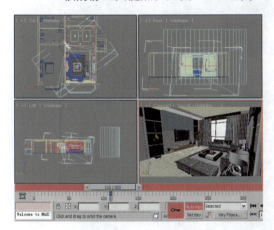

图5-208　设置关键点

04 单击时间滑块并将其拖曳到轨迹栏上第300帧的位置，然后通过视图控制工具调节摄影机构图，制作出摄影机视角平移的动画效果，如图5-209所示。

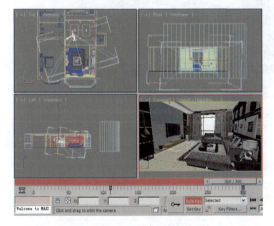

图5-209　记录摄影机动画

05 在菜单栏中选择 Rendering（渲染）→ Render Setup（渲染设置）命令，选择"间接照明"选项卡并在 V-Ray::发光图【无名】卷展栏中设置"当前预置"为"中-动画"或"高-动画"，如图5-210所示。

 提示　"当前预置"中的选项将直接影响渲染质量与运算速度，可以根据所需进行自定义设置。

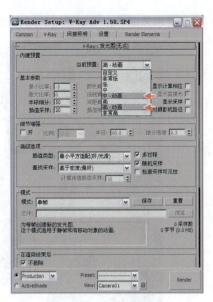

图5-210　设置发光图

06 切换至 Common（公共）选项卡并选择 Active Time Secment（活动时间段）模式，然后设置 Output Size（输出大小）为 HDTV（video）类型，再单击 Files（文件）按钮指定文件的存储路径，设置完成后单击 Render（渲染）按钮开始渲染输出，如图5-211所示。

图5-211　设置动画输出

[07] 最终渲染完成后,可以通过后期合成软件查看客厅最终的动画渲染效果,如图 5-212 所示。

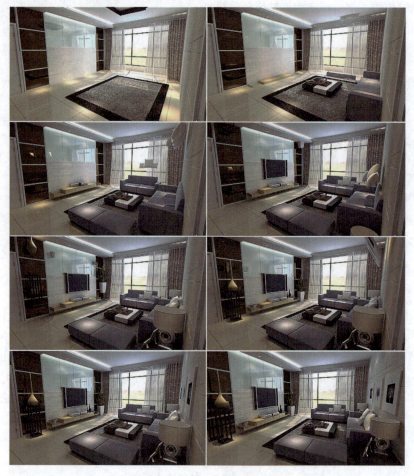

图 5-212　客厅最终渲染效果

5.8　本章小结

　　本章主要针对建筑动画场景中的室内房间设计,先对室内设计的发展趋势、当今流行装饰风格、室内设计与施工流程、设计师的人体工程学和空间与色彩关系进行讲解,然后再通过"欧式餐厅"和"现代客厅"范例对实际的应用进行讲解,使读者在明确制作思路的同时又对基础理论有所掌握。

Chapter 06

楼体建筑制作案例

 **重点提要**

　　楼体建筑是建筑动画中的核心部分，设计者按照建设任务把可能发生的问题事先做好设想，并拟定解决这些问题的办法、方案，用图纸和文件表达出来，使建成的建筑物满足使用者和社会所期望的各种要求。

本章索引

※ 建筑设计的科学范畴
※ 建筑设计工作的核心
※ 建筑设计工作指南
※ 范例——室外楼体建筑

建筑设计是指建造建筑物之前，设计者按照建设任务把施工过程和使用过程中所存在的或可能发生的问题事先做好通盘的设想，并拟定好解决问题的办法、方案，用图纸和文件表达出来，作为备料、施工组织工作和各工种在制作、建造工作中互相配合协作的共同依据，便于整个工程在预定的投资限额范围内，按照周密考虑的预定方案顺利进行，并使建成的建筑物满足使用者和社会所期望的各种要求。

6.1 建筑设计的科学范畴

广义的建筑设计是指设计一个建筑物或建筑群所要做的全部工作。随着科学技术的发展，在建筑设计中利用各种科学技术的成果越来越广泛、深入，设计工作常涉及建筑学、结构学以及给水、排水、供暖、空气调节、电气、燃气、消防、防火、自动化控制管理、建筑声学、建筑光学、建筑热工学、工程估算和园林绿化等方面的知识，需要各科学技术人员的密切协作。

通常所说的建筑设计，是指建筑学范围内的工作，它所要解决的问题包括建筑物内部各种使用功能和使用空间的合理安排、建筑物与周围环境及各种外部条件的协调配合、内部和外表的艺术效果、各个细部的构造方式、建筑与结构和各种设备等相关技术的综合协调，以及如何以更少的材料、更少的劳动力、更少的投资、更少的时间来实现上述各种要求，其最终目的是使建筑物适用、经济、坚固、美观。

以建筑学为专业、擅长建筑设计的专家称为建筑师。建筑师除了精通建筑学专业，做好本专业工作之外，还要善于综合各种有关专业提出的要求，正确地解决设计与各个技术工种之间的矛盾。建筑楼体设计效果图如图 6-1 所示。

图 6-1　建筑楼体设计

6.2 建筑设计工作的核心

建筑师在进行建筑设计时面临的矛盾主要有内容和形式之间的矛盾、需要和可能之间的矛盾、投资者与设计师考虑角度不同而产生的矛盾、建筑物单体和群体之间技术要求上的矛盾、建筑的适用性与美观之间的矛盾等，而且每个工程中各种矛盾的构成又各有其特殊性。所以，建筑设计工作的核心就是要寻找解决上述各种矛盾的最佳方案。通过长期的实践，建筑设计者创造、积累了一整套科学的方法和手段，可以用图纸、建筑模型或其他手段将设计意图确切地表达出来，充分暴露隐藏的矛盾，从而发现问题，然后同有关专业技术人员交换意见，使矛盾得到解决。

此外，为了寻求最佳的设计方案，还需要提出多种方案进行比较。方案比较是建筑设计中常用的方法，从整体到每一个细节，设计者一般都要设想多个解决方案，并进行反复推敲和比较。即使问题得到初步解决，也还要不断设想有无更好的解决方式，使设计方案臻于完善。建筑设计方案示例如图6-2所示。

图6-2 建筑设计方案

6.3 建筑设计工作指南

建筑设计是一种需要有预见性的工作，要预见到拟建建筑物存在的和可能发生的各种问题。这种预见，往往是随着设计过程的进展而逐步清晰、深化的。为了使建筑设计顺利进行，少走弯路与差错，取得良好的成果，在众多矛盾和问题中大体上要有个程序。根据长期实践得出的经验，设计工作的着重点常是从宏观到微观、从整体到局部、从大处到细节、从功能体型到具体构造步步深入的。

为此，设计工作的全过程分为几个工作阶段，分别是搜集资料、初步方案、初步设计、技术设计施工图和详图等，循序进行就是基本的设计程序。

设计者在动手设计之前，首先要了解并掌握各种有关的外部条件和客观情况：自然条件，包括地形、气候、地质、自然环境等；城市规划对建筑物的要求，包括用地范围的建筑红线、建筑物高度和密度的控制等；城市的人为环境，包括交通、供水、排水、供电、供燃气、通信等各种条件和情况；使用者对拟建建筑物的要求，特别是对建筑物所应具备的各项使用内容的要求；对工程经济估算的依据和所能提供的资金、材料施工技术和装备等，以及可能影响工程的其他客观因素，这个阶段通常称为搜集资料阶段。

设计者在对建筑物主要内容的安排有了大概的布局设想后，首先要考虑和处理建筑物与城市规划的关系，包括建筑物和周围环境的关系、建筑物与城市交通或城市其他功能的关系等，该工作阶段通常叫做初步方案阶段。通过这一阶段的工作，建筑师可以同使用者和规划部门充分交换意见，最后使自己所设计的建筑物获得规划部门的认同，成为城市有机整体的组成部分。对于不太复杂的工程，这一阶段可以省略，把有关的工作并入初步设计阶段。

技术设计阶段是设计过程中的一个关键性阶段，也是整个设计构思基本成型的阶段。初步设计中首先要考虑建筑物内部各种使用功能的合理布置，要根据不同的性质和用途合理安排，各得其所。这不仅出于功能上的考虑，同时也要从艺术效果的角度来设计，技术设计图纸如图6-3所示。

图6-3 技术设计图纸

与使用功能布局同时考虑的，还有大小和高低空间的合理安排问题。这不只是为了节省面积和体积，也是为了内部空间取得良好的艺术效果。艺术效果不但要与使用相结合，而且还应该和结构的合理性相统一。至于建筑物形式，常是上述许多内容安排的合乎逻辑的结果，虽然有它本身的美学法则，但应与建筑物内容形成一个有机的统一体。脱离内容的外形美，是经不起时间考验的，而扎根于建筑物内在因素的外形美，即内在美、内在哲理的自然表露，才是经得起时间考验的美。

　　技术设计的内容包括整个建筑物和各个局部的具体做法、各部分确切的尺寸关系、内外装修的设计、结构方案的计算和具体内容、各种构造和用料的确定、各种设备系统的设计和计算、各技术工种之间各种矛盾的合理解决和设计预算的编制等，这些工作都是在各有关技术工种共同商议之下进行的，并应相互认可。技术设计的着眼点，除体现初步设计的整体意图外，还要考虑施工的方便易行，以省事、省时、省钱的办法求取最好的使用和艺术效果。对于不太复杂的工程，技术设计阶段可以省略，可把该阶段的一部分工作纳入初步设计阶段，另一部分工作则留待施工图设计阶段进行。

　　施工图和详图主要是通过图纸把设计者的意图和全部的设计结果表达出来，作为工人施工制作的依据。该阶段是设计工作和施工工作的桥梁。施工图和详图不仅要解决各个细部的构造方式和具体做法，还要从艺术上处理细部与整体的相互关系，包括思路、逻辑上的统一性、造型、风格、比例和尺度上的协调等，细部设计的水平常在很大程度上影响整个建筑的艺术水平，建筑设计图纸如图6-4所示。

　　对于每一个具体建筑物来说，上述各种因素的组合和构成又是各不相同的。如果设计者能够虚心体察客观实际，综合各种条件，善于利用其有利方面，避免其不利方面，那么所设计的每一个建筑物就不仅能取得最好的效果，而且会显示出各自的特色和风格，避免千篇一律。

　　当前，计算机的应用越来越广泛、深入，计算机辅助建筑设计正在促使建筑设计这门科学技术向新的领域发展。建筑设计的"方法论"已成为一门新学科，即研究建筑设计中错综复杂的各种矛盾和问题的规律，研究它们之间的逻辑关系和程序关系，从而建立某种数学模式或图像模式，利用计算机帮助设计者省时、省力地正确解决极为复杂的问题，并替代人力完成设计工作中繁重的计算和绘图工作（计算机设计图纸如图6-5所示）。虽然该动向目前尚处于初始阶段，但其发展必将为建筑设计工作开辟崭新的境界。

图6-4　建筑设计图纸　　　　　　　　　图6-5　计算机设计图纸

6.4 范例——室外楼体建筑

室外楼体是建筑动画中最重要的部分，本例从地面至楼体逐一建立，涉及完整的制作过程，然后再设置材质、灯光、摄影机和后期合成。本范例的制作效果如图6-6所示。

图6-6 室外楼体建筑范例效果

【制作流程】

室外楼体建筑范例的制作流程分为6步，包括场景基座模型制作、高层楼体模型制作、多层楼体模型制作、场景材质设置、灯光与渲染设置和场景路径动画设置，如图6-7所示。

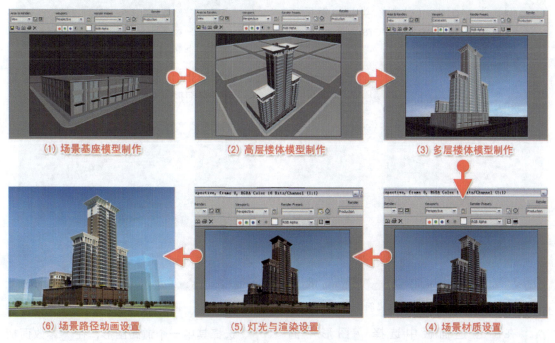

(1) 场景基座模型制作　　(2) 高层楼体模型制作　　(3) 多层楼体模型制作

(6) 场景路径动画设置　　(5) 灯光与渲染设置　　(4) 场景材质设置

图6-7 范例制作流程图

6.4.1 场景基座模型制作

01 打开 3ds Max 软件，在菜单栏中选择 Customize（自定义菜单）→ Units Setup（单位设置）命令，如图 6-8 所示。

提示　Units Setup（单位设置）对话框建立单位显示的方式，通过该对话框可以在通用单位和标准单位（英尺和英寸还是公制）间进行选择，也可以创建自定义单位，这些自定义单位可以在创建任何对象时使用。

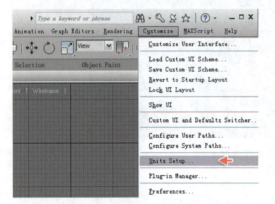

图 6-8　Units Setup（单位设置）命令

02 设置 Display Unit Scale（显示单位比例）为 Metric（公制）类型，然后再设置单位为 Centimeters（厘米），如图 6-9 所示。

图 6-9　设置单位比例

03 在创建面板中选择图形中的 Rectangle（矩形）命令，然后在"Top 顶视图"中绘制，作为场景内的道路图形，如图 6-10 所示。

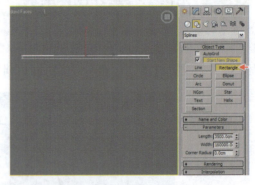

图 6-10　绘制道路图形

04 选择道路图形并使用"Shift+旋转"组合键复制出 Y 轴方向的道路图形，如图 6-11 所示。

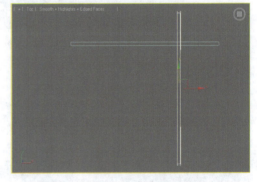

图 6-11　旋转复制图形

05 使用"Shift+移动"组合键复制所有交汇的道路图形，如图 6-12 所示。

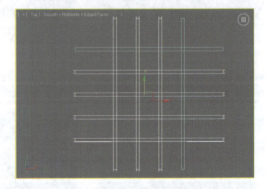

图 6-12　复制图形

06 选择其中一个道路图形，在修改面板中添加 Edit Spline（编辑样条线）命令，然后通过 Attach（附加）按钮将其他 Rectangle（矩形）添加成为同一个图形，如图 6-13 所示。

 提示　　二维图形布尔运算操作的前提是必须对同一物体间的不同样条线进行处理，所以将多个矩形进行附加操作。

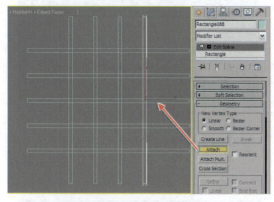

图 6-13　附加为同一图形

07 选择道路图形并在 修改面板中切换至 Spline（样条线）模式，在 Geometrl（几何体）卷展栏中使用 Boolean（布尔运算）制作出道路图形，如图 6-14 所示。

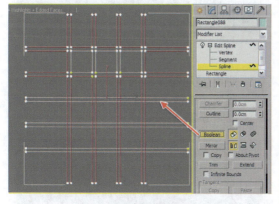

图 6-14　布尔街道图形

08 选择道路图形并在 修改面板中切换至 Vertex（顶点）模式，选择中心位置的编辑点，在 Geometrl（几何体）卷展栏中设置 Fillet（圆角）值为 1200，使街道交汇的位置呈现转折圆角效果，如图 6-15 所示。

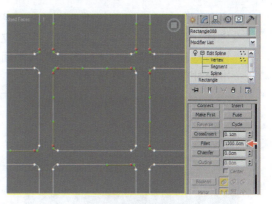

图 6-15　道路圆角操作

09 选择道路图形并在 修改面板中添加 Extrude（挤出）命令，使其产生地面厚度，然后在 创建面板 几何体中选择 Box（长方体）命令，在"Top 顶视图"中建立地面模型，如图 6-16 所示。

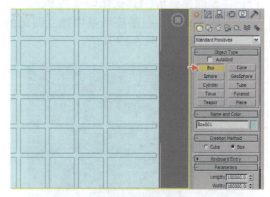

图 6-16　建立地面模型

10 调节地面模型与道路模型的颜色，再将道路模型与地面位置准确对齐，如图 6-17 所示。

图 6-17　对齐模型

11 在创建面板◎几何体中选择Box（长方体）命令，在"Top顶视图"中建立楼体基础地面模型，然后再将其与地面准确对齐，如图6-18所示。

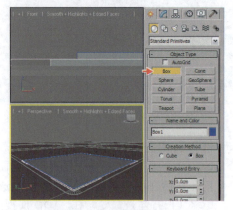

图6-18　建立楼体基础地面

12 在创建面板◎几何体中选择Box（长方体）命令，在基座场景中建立四角的立柱模型，如图6-19所示。

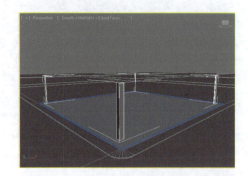

图6-19　建立立柱模型

13 在创建面板◎几何体中选择Box（长方体）命令并在"Top顶视图"中建立二层的地面模型，如图6-20所示。

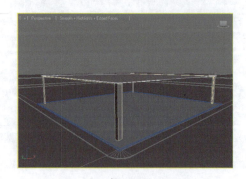

图6-20　建立二层地面模型

14 在创建面板◎几何体中选择Box（长方体）命令，在楼体正门位置建立正门两侧的立柱模型，如图6-21所示。

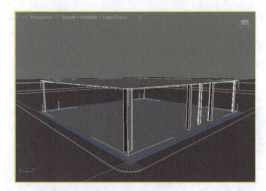

图6-21　建立立柱模型

15 在创建面板◎几何体中选择Box（长方体）命令，在场景中建立墙体与辅助立柱模型，如图6-22所示。

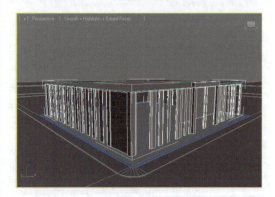

图6-22　建立墙体模型

16 使用◎几何体中的Box（长方体）命令在场景中横梁位置建立楼体的横梁模型，如图6-23所示。

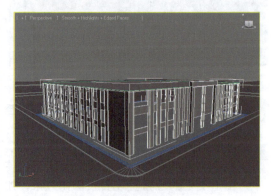

图6-23　建立横梁模型

17 在 创建面板的 图形中选择 Rectangle（矩形）命令，然后在二层地面位置绘制出滴水檐的形状，如图 6-24 所示。

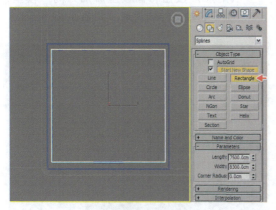

图 6-24 绘制矩形图形

18 切换至 修改面板并在 Rendering（渲染）卷展栏中选中 Enable In Renderer（在渲染中启用）与 Enable In Viewport 复选框，然后选中 Rectangular（矩形）单选按钮并设置 Length（长度）值为 40、Width（宽度）值为 60，如图 6-25 所示。

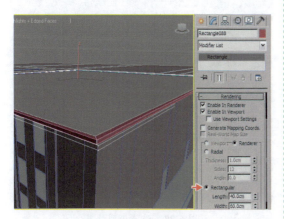

图 6-25 滴水檐模型设置

19 将视图切换至"Perspective 透视图"并观察模型对齐状态，便于进行更加精确的调整，如图 6-26 所示。

20 调节视图的观看角度，然后单击主工具栏中的 快速渲染按钮，渲染搭建基座模型的效果，如图 6-27 所示。

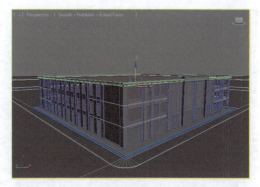

图 6-26 观察模型效果

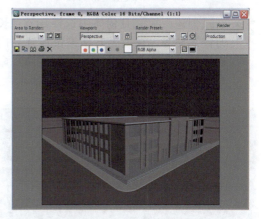

图 6-27 渲染基座模型效果

21 使用几何体命令在一楼镂空门的位置建立一楼的门模型，如图 6-28 所示。

图 6-28 创建门模型

22 在 创建面板的 图形中选择 Rectangle（矩形）命令，然后在装饰条位置绘制出装饰条形状，在 修改面板中添加 Edit Poly（编辑多边形）命令，制作出楼体每层外侧的装饰条模型，如图 6-29 所示。

图 6-29　创建装饰条模型

[23] 在 创建面板 几何体中选择 Box（长方体）命令，在门上方横梁位置建立门挡模型，再使用 Cylinder（圆柱体）命令建立出斜拉杆模型，如图 6-30 所示。

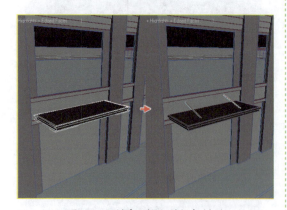

图 6-30　创建门挡和斜拉杆模型

[24] 选择门挡模型并通过"Shift+ 移动"组合键复制出所有的门挡模型，如图 6-31 所示。

图 6-31　复制门挡模型

[25] 在 创建面板的 几何体中选择 Box（长方体）命令，然后在窗口位置建立窗户模型，在 修改面板中添加 Edit Poly（编辑多边形）命令，再单击 Attach（附加）按钮将窗模型添加为同一模型，便于场景文件的管理，如图 6-32 所示。

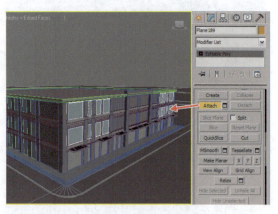

图 6-32　创建窗户模型

[26] 调节视图的观看角度，单击主工具栏中的 快速渲染按钮，渲染当前基座模型的效果，如图 6-33 所示。

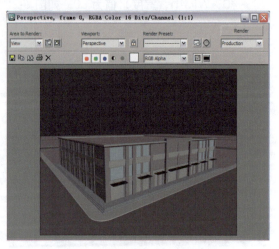

图 6-33　渲染模型效果

6.4.2　高层楼体模型制作

[01] 在 创建面板的 几何体中选择 Box（长方体）命令，在"Top 顶视图"中建立高层楼体的基本模型，如图 6-34 所示。

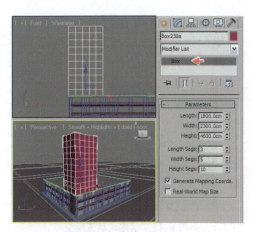

图 6-34　创建楼体模型

02 选择楼体的基本模型并在 修改面板中添加 Edit Poly（编辑多边形）命令，然后通过对顶点的调节控制阳台、墙、窗之间的位置，如图 6-35 所示。

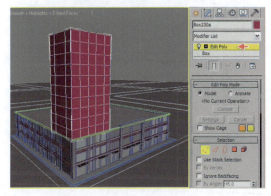

图 6-35　添加"编辑多边形"命令

03 在 修改面板中切换至 Polygon（多边形）模式并选择阳台区域的多边形，再按 Delete 键将其删除，如图 6-36 所示。

图 6-36　删除多边形

04 在 修改面板中切换至 Edge（边）模式，然后选择墙体上的水平边，如图 6-37 所示。

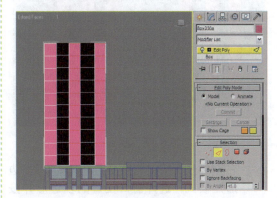

图 6-37　选择边

05 在 Edit Edges（编辑边）卷展栏中选择 Connect（连接）工具，再设置 Segments（分段）值为 2、Pinch（收缩）值为 44，为楼体增加更多的边，如图 6-38 所示。

 提示　使用连接工具可在每对选定边之间创建新边，而对于创建或细化边循环特别有用。注意只能连接同一多边形上的边，连接不会让新的边进行交叉。

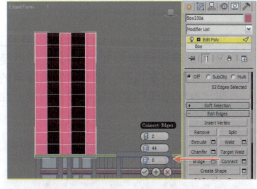

图 6-38　连接边

06 在 Selection 卷展栏下选择 Ring（环形）工具选择墙体四周的垂直线，在 Edit Edges（编辑边）卷展栏下选择 Connect（连接）工具，再设置 Segments（分段）值为 2、Pinch（收缩）值为 40，得到控制窗口的边，如图 6-39 所示。

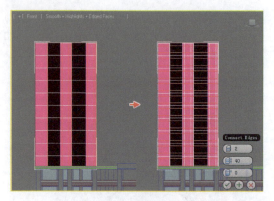

图 6-39 连接边

07 在 修改面板中切换至 Polygon（多边形）模式，选择窗口位置的多边形并按 Delete 键将其删除，如图 6-40 所示。

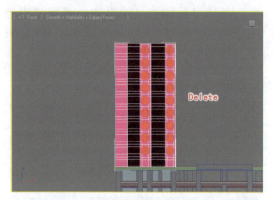

图 6-40 删除多边形

08 在 修改面板中通过 Connect（连接）工具在墙角位置添加边，然后切换至 Polygon（多边形）模式并删除多余的面，得到楼角位置的镂空阳台效果，如图 6-41 所示。

图 6-41 制作高层楼体框架模型

09 使用 几何体在窗口处建立玻璃窗模型，然后将其与楼体准确对齐，如图 6-42 所示。

图 6-42 创建玻璃窗模型

10 调节视图的观看角度，单击主工具栏中的 快速渲染按钮，渲染高层楼体的基本模型效果，如图 6-43 所示。

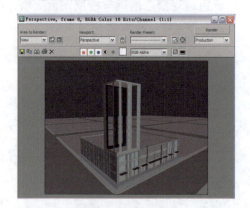

图 6-43 渲染模型效果

11 在 创建面板的 图形中选择 Line（线）命令，在"Top 顶视图"中阳台位置处绘制出阳台的图形，然后通过 移动工具调整位置，如图 6-44 所示。

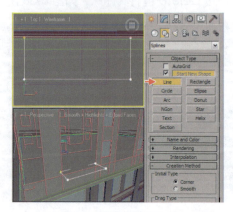

图 6-44 绘制阳台图形

12 选择阳台图形并在 🛠 修改面板中添加 Extrude（挤出）命令，使图形产生阳台墙体的高度，如图 6-45 所示。

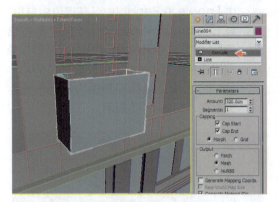

图 6-45　创建阳台模型

13 在 ✱ 创建面板的 ⌒ 图形中选择 Line（线）命令，在阳台位置绘制出阳台截面形状，如图 6-46 所示。

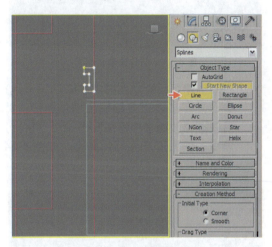

图 6-46　绘制装饰条形状

14 在 ✱ 创建面板的 ⬭ 几何体中选择 Compound Objects（复合对象）下的 Loft（放样）命令，然后选择装饰条图形并单击 Get Shape（获取图形）按钮，再拾取绘制的装饰条截面图形，制作出阳台装饰条的模型，如图 6-47 所示。

提示　放样对象是沿着第 3 个轴挤出的二维图形，这些样条线之一会作为路径，其余的样条线会作为放样对象的横截面或图形，沿着路径排列图形时，3ds Max 会在图形之间生成曲面。

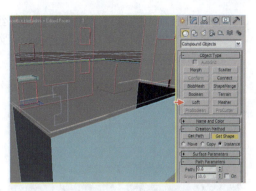

图 6-47　拾取截面图形

15 选择阳台装饰条模型并切换至 🛠 修改面板，打开 Skin Parameters（蒙皮参数）卷展栏，设置 Shape Steps（图形步数）值为 0、Path Steps（路径步数）值为 0，减少放样操作产生的线段数，如图 6-48 所示。

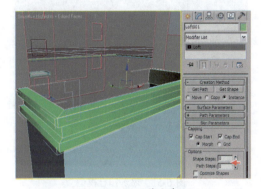

图 6-48　设置蒙皮参数

16 选择阳台装饰条模型，通过"Shift+移动"组合键沿 Y 轴复制出阳台底部的装饰条模型，再使用 ✥ 移动工具将两端的装饰条模型与阳台两端准确对齐，如图 6-49 所示。

图 6-49　复制装饰条模型

17 选择阳台模型并通过"Shift+移动"组合键沿 Y 轴复制出单排的阳台模型，如图 6-50 所示。

图 6-50　复制阳台模型

18 在场景中继续添加阳台模型，使场景中的楼体更加完整，如图 6-51 所示。

图 6-51　添加阳台模型

19 调节视图的观看角度，单击主工具栏中的 快速渲染按钮，渲染高层楼体的基本模型效果，如图 6-52 所示。

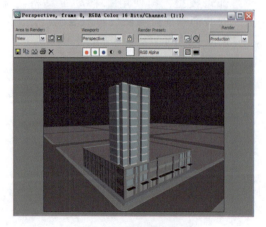

图 6-52　渲染模型效果

20 在 创建面板的 图形中选择 Line（线）命令，在楼体上方绘制出滴水檐的图形，在 Rendering（渲染）卷展栏中选中 Enable In Renderer（在渲染中启用）与 Enable In Viewport（在视图中启用），然后选中 Rectangular（矩形）单选按钮并设置 Length（长度）与 Width（宽度），使二维图形转换为三维的滴水檐模型，如图 6-53 所示。

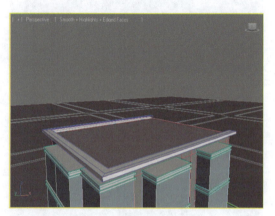

图 6-53　制作滴水檐模型

21 在 创建面板的 图形中选择 Line（线）命令并在楼体上方绘制出墙体图形，然后在 修改面板中添加 Extrude（挤出）命令，使图形产生墙体高度，如图 6-54 所示。

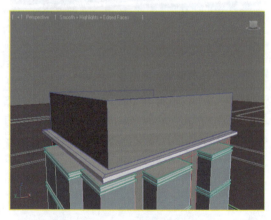

图 6-54　挤出墙体

22 使用几何体命令墙体上方搭建出楼体顶盖模型，使楼体模型更加完整，如图 6-55 所示。

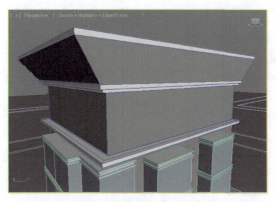

图 6-55 创建顶盖模型

23 使用几何体命令在墙体与楼体顶盖之间位置搭建隔板装饰模型，如图 6-56 所示。

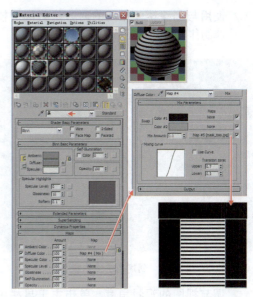

图 6-57 条材质

图 6-56 创建隔板装饰模型

24 在主工具栏中单击 材质编辑器按钮，选择一个空白材质球并设置其名称为"条"，使用 Standard（标准）类型材质并为 Diffuse（漫反射）赋予 Mix（混合）贴图，在 Mix Amount（混合量）中赋予本书配套光盘中的 mask_tiao 贴图，如图 6-57 所示。

图 6-58 条材质效果

提示　通过混合贴图可以将两种颜色或材质合成在曲面的一侧，也可以将混合数量参数设为动画，然后画出使用变形功能曲线的贴图来控制两个贴图随时间混合的方式。

25 将"条"材质赋予墙体模型，再调节视图角度观察材质效果，如图 6-58 所示。

26 调节视图的观看角度，单击主工具栏中的 快速渲染按钮，渲染高层楼体的模型效果，如图 6-59 所示。

提示　在楼梯庞大的网格数量面前，可以通过贴图的方式解决模型细节与网格数量间的关系。

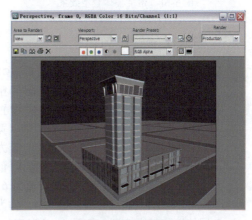

图 6-59 渲染模型效果

27 使用与创建楼体相同的对方法将高层楼体制作完成，如图6-60所示。

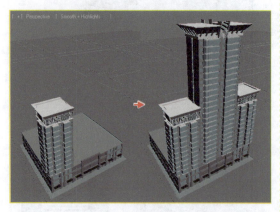

图6-60　创建高层楼体模型

28 调节视图的观看角度，单击主工具栏中的 快速渲染按钮，渲染高层楼体的模型效果，如图6-61所示。

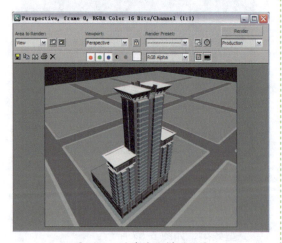

图6-61　渲染楼体模型效果

6.4.3　多层楼体模型制作

01 在 创建面板的 几何体中选择Box（长方体）命令，在"Top顶视图"中建立多层楼体的基本模型，然后设置Length（长度）值为1450、Width（宽度）值为2650、Height（高度）值为1850、Length Segs（长度分段）值为3、Width Segs（宽度分段）值为6、Height Segs（高度分段）值为4，作为多层的楼体基本模型，如图6-62所示。

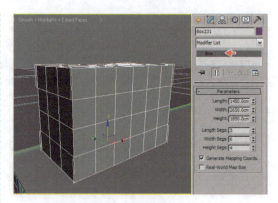

图6-62　创建基本模型

02 选择刚创建的多层楼体的基本模型，然后在视图区单击鼠标右键，选择Convert To Editable Poly（转换为编辑多边形）命令，如图6-63所示。

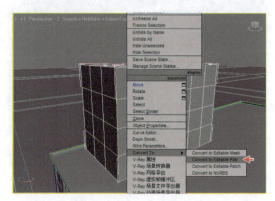

图6-63　转换为编辑多边形

03 在 修改面板切换至Vertex（顶点）模式，然后通过 移动工具调节点的位置，使网格与楼体的层数、阳台、窗口等结果相匹配，如图6-64所示。

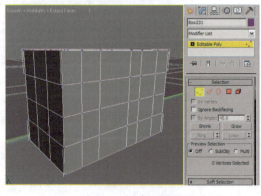

图6-64　调节点的位置

04 切换至 Edge（边）模式，然后选择模型顶部的垂直边，准备添加更多的模型网格，如图 6-65 所示。

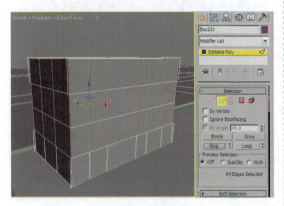

图 6-65 选择边

05 单击 Edit Edges（编辑边）卷展栏中的 Connect（连接）按钮，然后设置 Segments（分段）值为 2、Pinch（收缩）值为 52，增加两组水平边控制窗口的区域，如图 6-66 所示。

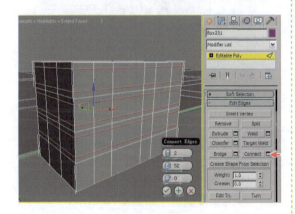

图 6-66 连接边

06 在 修改面板中切换至 Polygon（多边形）模式并选择窗口处的多边形，然后按 Delete 键将其删除，得到镂空的窗口效果，如图 6-67 所示。

07 单击 Edit Edges（编辑边）卷展栏中的 Connect（连接）按钮，继续划分出阳台与门处的多边形，然后切换至 Polygon（多边形）模式并选择阳台与门处的多边形，再按 Delete 键将其删除，如图 6-68 所示。

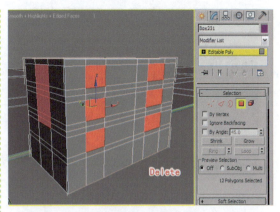

图 6-67 删除多边形

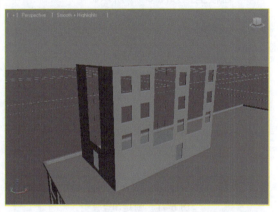

图 6-68 制作楼体窗口

08 使用几何体在楼体模型上方搭建出楼体顶盖模型，使楼体模型更加完整，如图 6-69 所示。

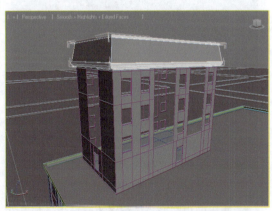

图 6-69 创建楼体顶盖模型

09 使用几何体在多层楼体场景中创建窗、台阶与门挡模型，如图 6-70 所示。

图 6-70 创建辅助模型

10 使用几何体在场景中创建多层楼体的阳台模型,如图 6-71 所示。

图 6-71 创建阳台模型

11 在 创建面板的 图形中选择 Rectangel(矩形)命令,然后在楼体上方绘制出阁楼窗户图形,如图 6-72 所示。

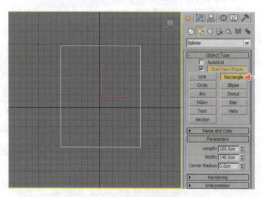

图 6-72 绘制阁楼窗户图形

12 选择窗户图形,在 修改面板中添加 Edit Spline(编辑样条线)命令,然后切换至 Vertex(顶点)模式,再调节顶部边的弧度,如图 6-73 所示。

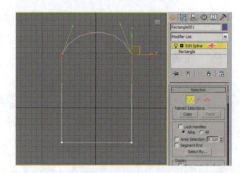

图 6-73 调节阁楼窗户图形

13 在 Rendering(渲染)卷展栏中选中 Enable In Renderer(在渲染中启用)与 Enable In Viewport(在视图中启用)复选框,然后选中 Rectangular(矩形)单选按钮并设置 Length(长度)值为 6、Width(宽度)值为 8,得到阁楼窗户模型的边缘效果,如图 6-74 所示。

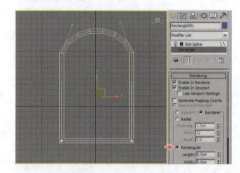

图 6-74 绘制阁楼窗户模型的边缘效果

14 选择阳台窗户二维线并单击鼠标右键,选择 Convert To Editable Poly(转换为编辑多边形)命令,将图形转换为纯粹的三维模型,如图 6-75 所示。

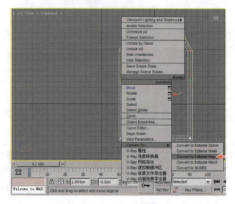

图 6-75 转换为编辑多边形

Chapter 06 楼体建筑制作案例

15 切换至 Polygon（多边形）模式并选择模型上多余的面将其删除，再切换至 Vertex（顶点）模式，将点与楼体墙面准确对齐，如图 6-76 所示。

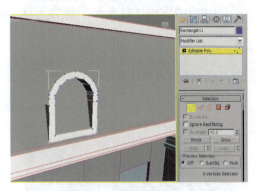

图 6-76　编辑阁楼窗户模型

16 使用 Box（长方体）命令在窗口上方位置建立窗户装饰沿模型并在 修改面板中添加 Edit Poly（编辑多边形）命令，效果如图 6-77 所示。

图 6-77　创建装饰沿模型

17 使用几何体命令添加窗口区域的玻璃模型，然后选择阁楼窗模型与装饰沿模型，在菜单栏中选择 Group（组）→ Group（成组）命令将模型成组，便于后期的模型整理与复制操作，如图 6-78 所示。

图 6-78　将阁楼窗模型成组

18 选择阁楼窗模型并使用"Shift+ 移动"组合键复制出阁楼上所有的阁楼窗模型，如图 6-79 所示。

图 6-79　复制阁楼窗模型

19 选择多层楼体的所有模型，使用"Shift+ 移动"组合键复制出另一侧的楼体模型，再使用 镜像工具对称模型，如图 6-80 所示。

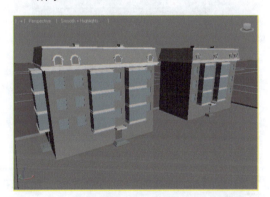

图 6-80　复制楼体模型

20 在多层楼体的场景中添加路灯模型，使场景更加美观与真实，如图 6-81 所示。

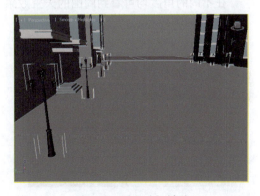

图 6-81　添加路灯模型

21 在不同视图观察模型效果，查看楼体模型间连接是否准确，如果不准确可以继续进行调整，如图 6-82 所示。

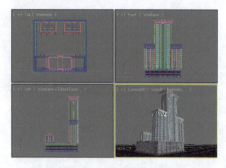

图 6-82　观察模型效果

22 调节视图的观看角度，单击主工具栏中的快速渲染按钮，渲染整体楼体的模型效果，如图 6-83 所示。

图 6-83　渲染模型效果

23 在"Top 顶视图"中建立球体，然后在修改面板中添加 Edit Poly（编辑多边形）命令，再将下半部的面与顶部的面删除，用来建立包裹天空模型，使场景在不同的角度均可看到周围的天空效果，如图 6-84 所示。

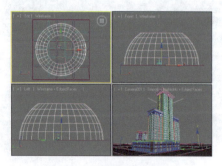

图 6-84　创建包裹天空模型

24 选择一个空白材质球并设置其名称为"天"，使用 Standard（标准）类型材质并为 Diffuse（漫反射）赋予本书配套光盘中的 sky-4 贴图，再设置 Self-Illumination（自发光）值为 100，如图 6-85 所示。

提示　自发光的设置主要是使天空不管接受到场景内的任何灯光照射都可以被渲染可见。

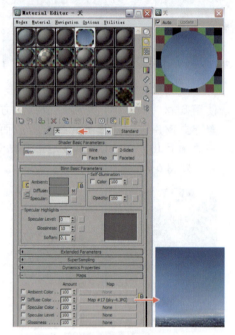

图 6-85　天材质

25 选择包裹天空模型，在修改面板中添加 Normal（法线）命令，使其可以在视图中观察到模型内部，如图 6-86 所示。

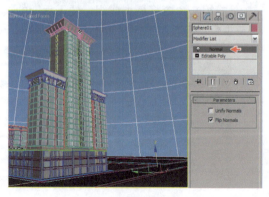

图 6-86　翻转天空模型法线

26 在 ⬛ 修改面板中添加 UVW Mapping（坐标贴图）命令，然后调节贴图与天空模型相吻合，如图 6-87 所示。

配套光盘中的 roadoo 贴图，如图 6-90 所示。

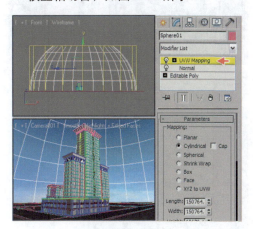

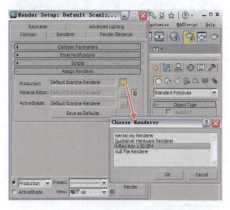

图 6-89　切换 VRay 渲染器

图 6-87　调节天空贴图

27 调节视图的观看角度，单击主工具栏中的 ⬛ 快速渲染按钮，渲染楼体与天空的材质效果，如图 6-88 所示。

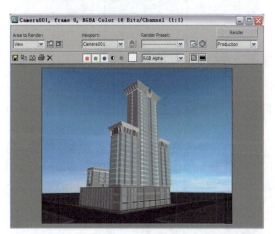

图 6-88　渲染效果

6.4.4　场景材质设置

01 在主工具栏中单击 ⬛ 渲染设置按钮，从弹出的对话框的 Assign Renderer（指定渲染器）卷展栏中添加产品级别的 VRay 渲染器，将扫描线渲染器切换至第三方的 VRay 渲染器，如图 6-89 所示。

02 选择一个空白材质球并设置其名称为"道路"，使用 Standard（标准）类型材质并为 Diffuse（漫反射）赋予本书

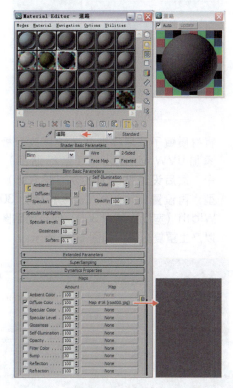

图 6-90　道路材质

03 选择一个空白材质球并设置其名称为"草坪"，使用 Standard（标准）类型材质并设置 Specular Level（高光级别）值为 10。打开 Maps（贴图）卷展栏，在 Diffuse（漫反射）和 Bump（凹凸）中赋予本书配套光盘中的 ground_016 贴图，如图 6-91 所示。

图 6-91 草坪材质

04 将材质赋予草坪模型并在 修改面板中添加 UVW Mapping（坐标贴图）命令，然后设置贴图为 Box（长方体）类型，再设置 Length（长度）值为 300、Width（宽度）值为 300，使草地贴图可以产生重复分配，如图 6-92 所示。

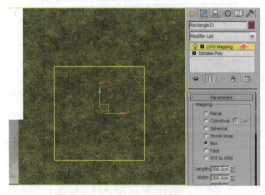

图 6-92 调节草坪贴图

05 选择一个空白材质球并设置其名称为"人行道"，使用 Standard（标准）类型材质并为 Diffuse（漫反射）赋予本书配套光盘中的"人行道"贴图，如图 6-93 所示。

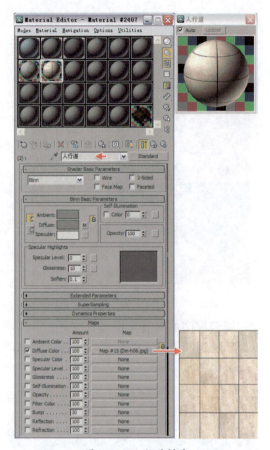

图 6-93 人行道材质

06 将材质赋予人行道模型并在 修改面板中添加 UVW Mapping（坐标贴图）命令，然后设置贴图为 Box（长方体）类型，再设置 Length（长度）值为 300、Width（宽度）值为 300，如图 6-94 所示。

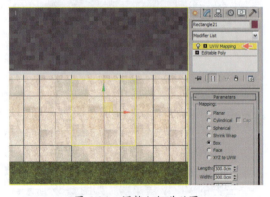

图 6-94 调整人行道贴图

07 选择一个空白材质球并设置其名称为"地面"，使用 Standard（标准）类型材质并为 Diffuse（漫反射）与 Bump（凹凸）赋予本书配套光盘中的"地面砖"贴图，如图 6-95 所示。

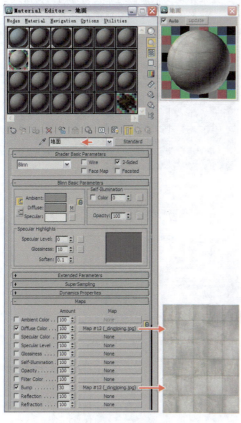

图 6-95　地面材质

08 调节视图的观看角度，单击主工具栏中的快速渲染按钮 ，渲染地面场景材质效果，如图 6-96 所示。

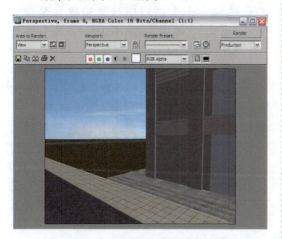

图 6-96　渲染场景材质效果

09 调节视图的观看角度，单击主工具栏中的 快速渲染按钮，渲染草坪场景的材质效果，如图 6-97 所示。

图 6-97　渲染场景材质效果

10 选择底座基础楼体模型并在 修改面板中添加 UVW Mapping（坐标贴图）命令，然后设置贴图为 Box（长方体）类型，以在赋予材质时与模型相匹配，如图 6-98 所示。

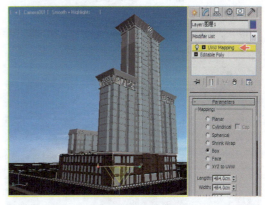

图 6-98　匹配贴图

11 选择一个空白材质球并设置其名称为"理石砖"，使用 Standard（标准）类型材质并为 Diffuse（漫反射）赋予本书配套光盘中的"金阳砖 3"贴图，为 Reflection（反射）赋予"VR 贴图"，再设置 Specular Level（高光级别）值为 10、Glossiness（光泽度）值为 20，如图 6-99 所示。

199

12 调节视图的观看角度，单击主工具栏中的快速渲染按钮，渲染理石砖的材质效果，如图6-100所示。

提示　在3ds Max中每个面都是单面的，前端是带有曲面法线的面，其后端对于渲染器不可见，这意味着从后面进行观察时，显示缺少该面。通常使用外向曲面法线创建对象，但是也可能使用翻转的面来创建对象或导入面法线不统一的复杂几何体。

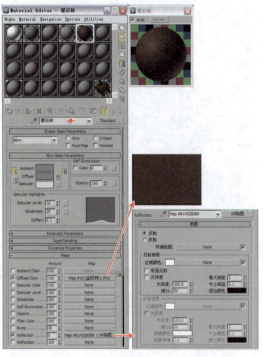

图6-99　理石砖材质

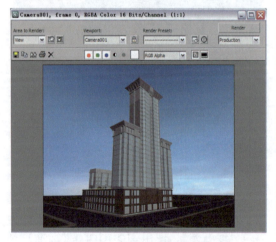

图6-100　渲染理石砖材质效果

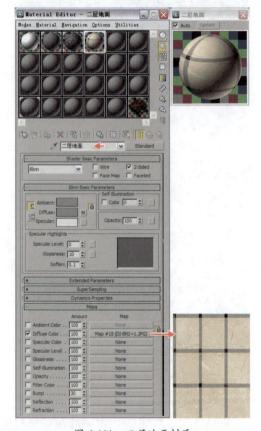

图6-101　二层地面材质

13 选择一个空白材质球并设置其名称为"二层地面"，使用Standard（标准）类型材质并为Diffuse（漫反射）赋予本书配套光盘中的贴图，然后再选中2-Sided（双面）复选框，如图6-101所示。

14 选择一个空白材质球并设置其名称为"棚顶"，使用Standard（标准）类型材质并为Diffuse（漫反射）赋予本书配套光盘中的"棚顶"贴图，然后再选中2-Sided（双面）复选框，确保可以被渲染器正确地显示，如图6-102所示。

15 选择一个空白材质球并设置其名称为"瓦"，使用Standard（标准）类型材质并为Diffuse（漫反射）和Bump（凹凸）赋予本书配套光盘中的"瓦"贴图，选中2-Sided（双面）复选框再设置Specular Level（高光级别）值为11，如图6-103所示。

16 调节视图的观看角度，单击主工具栏中的 快速渲染按钮，渲染场景的材质效果，如图 6-104 所示。

图 6-104　渲染场景材质效果

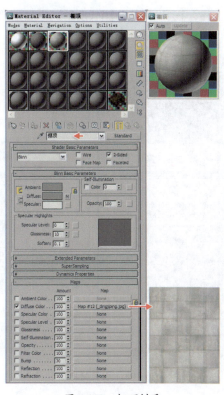

图 6-102　棚顶材质

17 选择一个空白材质球并设置其名称为"白楼体"，使用 Standard（标准）类型材质并设置 Diffuse（漫反射）颜色为白色、Specular Level（高光级别）值为 21，模拟出白色的乳胶漆材质，如图 6-105 所示。

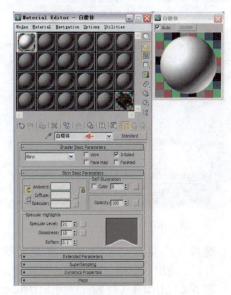

图 6-105　白楼体材质

18 选择一个空白材质球并设置其名称为"褐楼体"，使用 Standard（标准）类型材质并设置 Diffuse（漫反射）颜色为褐色，如图 6-106 所示。

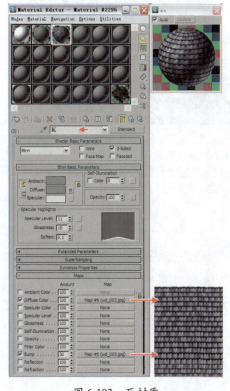

图 6-103　瓦材质

图 6-106　褐楼体材质

19 调节视图的观看角度，单击主工具栏中的 ❂ 快速渲染按钮，渲染楼体的材质效果，如图 6-107 所示。

图 6-107　渲染楼体材质效果

20 选择一个空白材质球并设置其名称为"门"，使用 Blend（混合）类型材质，设置 Material 1（材质 1）为 Standard（标准）类型材质并设置 Diffuse（漫反射）颜色为深灰色、Opacity（不透明度）值为 50、Specular Level（高光级别）值为 100、Glossiness（光泽度）值为 50，然后再打开 Maps（贴图）卷展栏，在 Reflection（反射）中赋予 "VR贴图"，如图 6-108 所示。

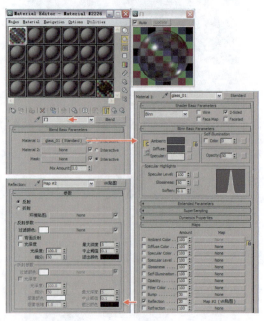

图 6-108　设置材质 1

21 设置 Material 2（材质 2）为 Standard（标准）类型材质并设置 Diffuse（漫反射）颜色为黑色，如图 6-109 所示。

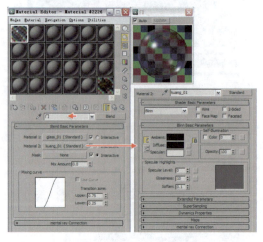

图 6-109　设置材质 2

22 在 Mask（遮罩）中赋予本书配套光盘中的"黑白门"贴图，如图 6-110 所示。

提示　　贴图中的黑色区域将显示材质 1，而白色区域显示材质 2，灰度值表示中度混合。

度）值为 50，然后再打开 Maps（贴图）卷展栏，在 Reflection（反射）中赋予"VR 贴图"，设置 Material 2（材质 2）为 Standard（标准）类型材质并设置 Diffuse（漫反射）颜色为黑色，如图 6-113 所示。

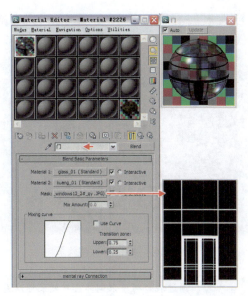

图 6-110　门材质

图 6-112　渲染材质效果

23 调节视图的观看角度，单击主工具栏中的快速渲染按钮，渲染门的材质效果，如图 6-111 所示。

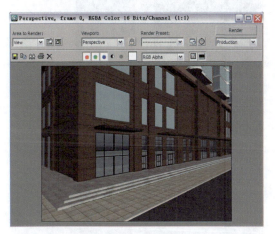

图 6-111　渲染门材质效果

24 调节视图的观看角度，单击主工具栏中的快速渲染按钮，渲染楼体的材质效果，如图 6-112 所示。

25 选择一个空白材质球并设置其名称为"窗户 1"，使用 Blend（混合）类型材质，设置 Material 1（材质 1）为 Standard（标准）类型材质并设置 Diffuse（漫反射）颜色为深灰色、Opacity（不透明度）值为 50、Specular Level（高光级别）值为 100、Glossiness（光泽

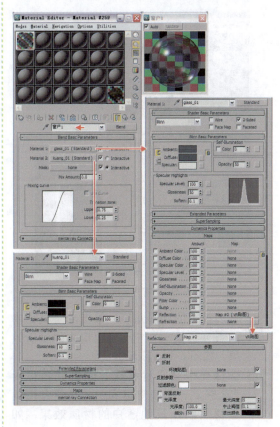

图 6-113　窗户 1 材质（1）

26 调节视图的观看角度，单击主工具栏中的快速渲染按钮，渲染窗户玻璃材质效果，如图 6-114 所示。

图 6-116 渲染窗户材质效果

> 提示：通过混合材质来制作窗户效果可以避免使用多个几何体组合模型，从而减少场景的网格数量。

图 6-114 渲染材质效果

27 在 Mask（遮罩）中赋予本书配套光盘中的"黑白窗"贴图，控制材质 1 与材质 2 的显示，如图 6-115 所示。

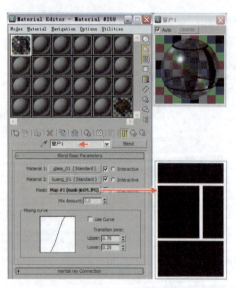

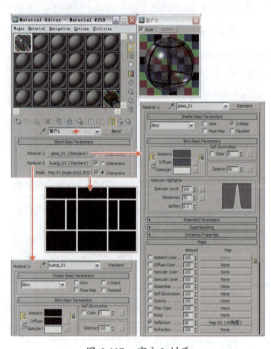

图 6-115 窗户 1 材质（2）

图 6-117 窗户 2 材质

28 调节视图的观看角度，单击主工具栏中的快速渲染按钮，渲染窗户的材质效果，如图 6-116 所示。

29 选择一个空白材质球并设置其名称为"窗户 2"，继续使用 Blend（混合）类型材质制作其他窗户的材质效果，如图 6-117 所示。

30 调节视图的观看角度，单击主工具栏中的快速渲染按钮，渲染窗户的材质效果，如图 6-118 所示。

31 调节视图的观看角度，单击主工具栏中的快速渲染按钮，渲染楼体整体的材质效果，如图 6-119 所示。

图 6-118 渲染窗户 2 材质效果

图 6-119 渲染楼体材质效果

32 在 创建面板 几何体中选择 Tube（管状体）命令，在人行道位置建立树底部地面模型，如图 6-120 所示。

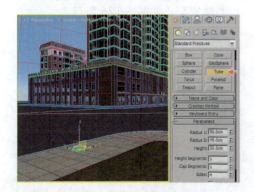

图 6-120 创建树底部地面模型

33 将视图切换至"Front 前视图"并在树底部地面位置建立 Plane（平面）作为人行道的树模型，然后再调整位置与树底部地面模型准确对齐，如图 6-121 所示。

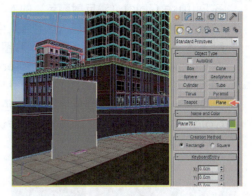

图 6-121 创建树模型

34 选择一个空白材质球并设置其名称为"树"，使用 Standard（标准）类型材质并设置 Self-Illumination（自发光）值为 30、Opacity（不透明度）值为 0，设置 Diffuse（漫反射）颜色为深绿色并赋予 Mix（混合）贴图，然后再打开 Maps（贴图）卷展栏，为 Opacity（不透明度）赋予 Falloff（衰减）贴图，如图 6-122 所示。

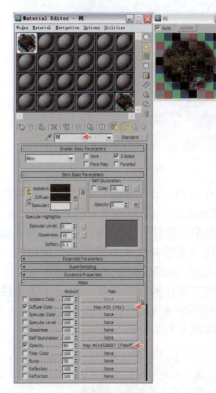

图 6-122 树材质

35 打开 Maps（贴图）卷展栏，单击打开 Diffuse Color（漫反射颜色）的 Mix（混合）贴图，在 Color#1（颜色 1）中赋予本书配套光盘中的"绿树"贴图，在 Color#2（颜色 2）中赋予 Gradient（渐变）贴图并设置 Color#1（颜色 #1）为浅灰色、Color#2（颜色 #2）为灰色、Color#3（颜色 #3）为深灰色，制作深浅层次的树效果，如图 6-123 所示。

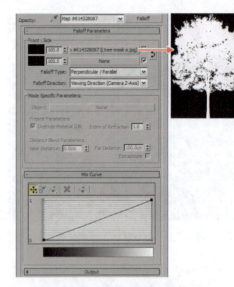

图 6-124　衰减贴图

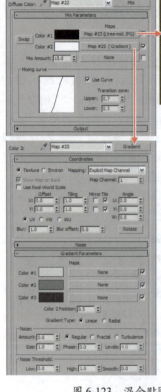

图 6-123　混合贴图

36 打开 Maps（贴图）卷展栏，单击打开 Opacity（不透明度）的 Falloff（衰减）贴图，设置 Front：Side（前：侧）颜色均为黑色并赋予本书配套光盘中的"黑白树"贴图，如图 6-124 所示。

37 调节视图的观看角度，单击主工具栏中的 快速渲染按钮，渲染树的材质效果，如图 6-125 所示。

 提示　单面透明贴图可以得到模拟树的效果，但是会受到渲染角度的限制，所以常使用交叉复制的方式解决。

图 6-125　渲染树材质效果

38 将视图切换至"Top 顶视图"，通过"Shift+ 旋转"组合键复制出人行道树的整体模型，如图 6-126 所示。

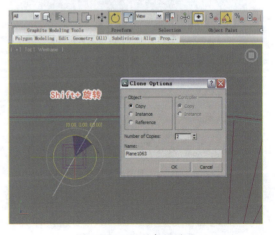

图 6-126　旋转复制模型

Chapter 06 楼体建筑制作案例

39 选择树模型中的一个 Plane（平面）并在 修改面板中添加 Edit Poly（编辑多边形）命令，然后单击 Attach（附加）按钮将树模型的其他 Plane（平面）添加成为同一个模型，如图 6-127 所示。

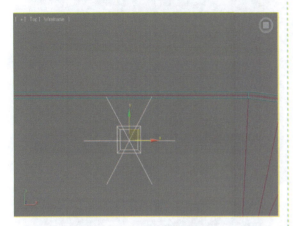

图 6-127 附加同一模型

40 调节视图的观看角度，单击主工具栏中的 快速渲染按钮，渲染整体树的材质效果，如图 6-128 所示。

图 6-128 渲染树材质效果

41 首先选择树模型与树底部地面模型，然后在菜单栏中选择 Group（组）→ Group（成组）命令，再设置 Group name（组名称）为"Group 树"，如图 6-129 所示。

42 在道路场景中通过"Shift+ 移动"组合键复制出另一侧的树模型，如图 6-130 所示。

图 6-129 将模型成组

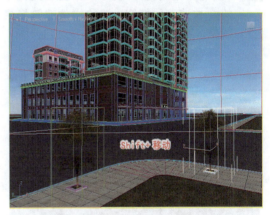

图 6-130 复制树模型

43 将视图切换至"Top 顶视图"，通过"Shift+ 移动"组合键复制出道路两侧所有树的模型，如图 6-131 所示。

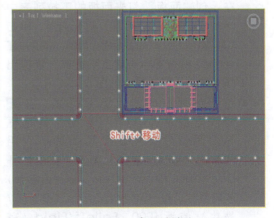

图 6-131 复制树模型

44 调节视图的观看角度，单击主工具栏中的快速渲染按钮，渲染整体树的效果，如图 6-132 所示。

图 6-132　渲染树效果

45 调节视图的观看角度，单击主工具栏中的快速渲染按钮，渲染楼体建筑场景效果，如图 6-133 所示。

图 6-133　渲染场景效果

6.4.5　灯光与渲染设置

01 在创建面板灯光面板的下拉列表中选择 Standard（标准）灯光类型，单击 Target Direct（目标平行光）按钮并在"Front 前视图"中建立平行光，模拟出场景内的太阳效果，如图 6-134 所示。

02 选择创建完成的目标平行光，在修改面板中选中 On（启用）复选框开启阴影效果并设置 Shadows（阴影）为"VRay 阴影"类型，然后打开 Dirctional Parameters（聚光灯参数）卷展栏并设置 Hotspot/Beam（聚光区／光束）值为 6000、Falloff/Field（衰减区／区域）值为 25000，如图 6-135 所示。

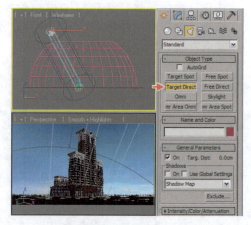

图 6-134　创建目标平行光

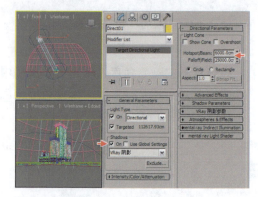

图 6-135　设置灯光参数

03 将视图切换至四视图模式，然后使用移动工具调整灯光的位置与照射方向，如图 6-136 所示。

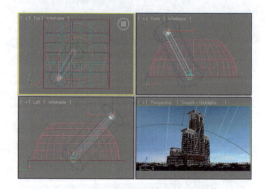

图 6-136　调整灯光

04 调节视图的观看角度，单击主工具栏中的快速渲染按钮，渲染楼体建筑在场景内的灯光效果，如图6-137所示。

图6-137　渲染场景灯光效果

`05` 切换至修改面板并打开Intensity/Color/Attenuation（强度/颜色/衰减）卷展栏，然后设置Multiplier（倍增）值为1.5、颜色为米黄色，如图6-138所示。

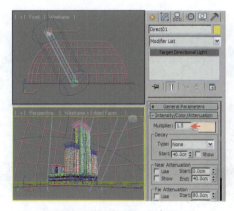

图6-138　设置灯光参数

`06` 调节视图的观看角度，单击主工具栏中的快速渲染按钮，渲染楼体建筑场景的灯光效果，如图6-139所示。

图6-139　渲染场景灯光效果

`07` 在菜单栏中选择Rendering（渲染）→Render Setup（渲染设置）命令，然后在V-Ray::图像采样器（反锯齿）卷展栏中设置图像采样器类型为"自适应确定性蒙特卡洛"和抗锯齿过滤器，再切换至V-Ray::环境【无名】卷展栏中开启全局照明环境（天光）覆盖，如图6-140所示。

提示

> V-Ray::环境【无名】卷展栏主要用来模拟周围的环境，如天空效果和室外场景，该卷展栏可以使用全局照明、反射以及折射时使用的环境颜色和贴图。如果没有指定环境颜色和贴图，那么3ds Max的环境颜色和贴图将被采用。

图6-140　设置VRay图像采样器

`08` 调节视图的观看角度，单击主工具栏中的快速渲染按钮，渲染设置后的楼体建筑场景效果，如图6-141所示。

图6-141　渲染场景效果

09 切换至"间接照明"选项卡,展开VRay::间接照明(GI)卷展栏并开启间接照明,再设置"二次反弹"的"倍增器"值为0.85,然后打开V-Ray::发光图【无名】卷展栏,设置"当前预置"为"中-动画"并选中"显示计算机相位"与"显示直接光"复选框,如图6-142所示。

图6-142 设置间接照明

10 调节视图的观看角度,单击主工具栏中的 快速渲染按钮,渲染楼体建筑场景最终灯光效果,如图6-143所示。

图6-143 渲染最终效果

11 为了解决周围场景的配合问题,在 创建面板 几何体中选择Box(长方体)命令,在场景中建立辅助楼模型,如图6-144所示。

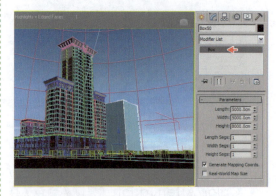

图6-144 建立辅助楼模型

12 在场景中继续建立辅助楼模型,使场景更具层次感,如图6-145所示。

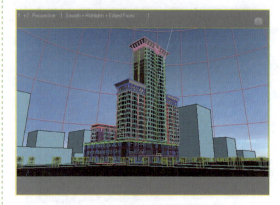

图6-145 继续添加简体楼模型

13 选择一个空白材质球并设置其名称为"辅助楼",使用Standard(标准)类型材质并设置Diffuse(漫反射)颜色为浅蓝色、Opacity(不透明度)值为40、Specular Level(高光级别)值为19,然后再打开Extended Parameters(扩展参数)卷展栏并设置Amt(数量)值为50,如图6-146所示。

提示

Extended Parameters(扩展参数)卷展栏中的Falloff(衰减)主要控制在内部还是在外部进行衰减以及衰减的程度。In(内)是向着对象的内部增加不透明度,就像在玻璃瓶中一样;out(外)是向着对象的外部增加不透明度,就像在烟雾云中一样。

Chapter 06 楼体建筑制作案例

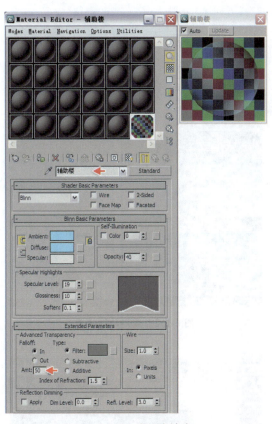

图6-146 辅助楼材质

14 调节视图的观看角度，单击主工具栏中的 快速渲染按钮，渲染楼体建筑场景的最终效果，如图6-147所示。

图6-147 渲染场景最终效果

6.4.6 场景路径动画设置

01 在 创建面板中选择 图形中的 Helix（螺旋线）命令，在"Top 顶视图"中建立摄影机的路径，然后设置 Radius 1（半径1）值为22400、Radius 2（半径2）值为1000、Height（高度）值为20000、Turns（圈数）值为0.75，作为摄影机运动的路径，如图6-148所示。

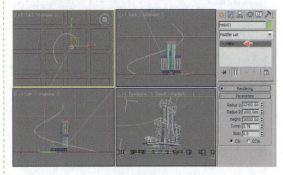

图6-148 建立摄影机路径

02 单击 创建面板 摄影机中 Standard（标准）面板下的 Target（目标摄影机）按钮，在视图中建立摄影机并设置 Lens（镜头）值为24.287，如图6-149所示。

 提示　镜头是以mm为单位设置摄影机的焦距的，与传统摄影中的镜头完全相同。

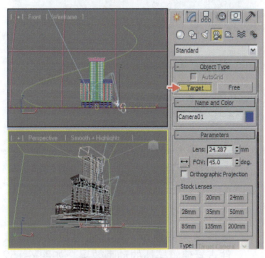

图6-149 建立摄影机

03 选择 运动面板并打开 Assign Controller（指定控制器）卷展栏，选择 Position : Position XYZ（位置：位置 XYZ）选项并单击 控制器按钮选择 Path Constraint（路径约束）选项，如图6-150所示。

211

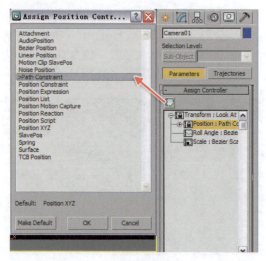

图 6-150　选择路径约束

04 选择摄影机并单击 Add Path（添加路径）按钮，然后将建立完成的 Helix（螺旋线）添加给 Target（目标摄影机），作为 Target（目标摄影机）的运动路径，如图 6-151 所示。

图 6-152　最终动画效果

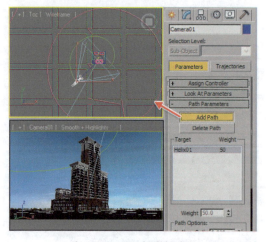

图 6-151　添加摄影机路径

05 最终渲染完成后，可以通过后期合成软件查看建筑楼体的动画效果，如图 6-152 所示。

06 打开 After Effects 软件，在菜单栏中选择 Composition（合成）→ New Composition（新建合成）命令，然后设置 Composition Name（合成名称）为"镜头合成"并单击 OK 按钮，如图 6-153 所示。

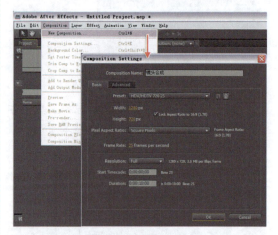

图 6-153　新建合成

07 将渲染完成的动画导入到 After Effects 中，在菜单栏中添加 Brightness&Contrast（亮度和对比度）特效命令并设置 Brightness（亮度）值为 8、Contrast（对比度）值为 6，在菜单栏中添加 Hue/Saturation（色相/饱和度）特效命令并设置 Master Saturation（主饱和度）值为 10，如图 6-154 所示。

08 选择导入的层，使用圆角矩形工具在画面中建立遮罩，控制画面边缘的效果，如图 6-155 所示。

图 6-154　调节画面颜色

图 6-155　建立遮罩

09 打开 Mask 1（遮罩 1）卷展栏，设置 Mask Feather（遮罩羽化）值为 334、Mask Opacity（遮罩透明）值为 60、Mask Expansion（遮罩扩展）值为 53，再设置 Mode（模式）项目中的层叠加，得到柔和的边缘效果，如图 6-156 所示。

图 6-156　设置遮罩参数

10 在菜单栏中选择 Effect（特效）→KnollLight Factory（灯光工厂）特效命令，模拟出天空的太阳光效果，如图 6-157 所示。

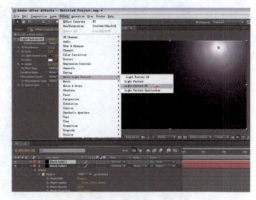

图 6-157　灯光工厂特效

11 设置灯光工厂特效的参数和 Mode（模式）项目中的层叠加，如图 6-158 所示。

图 6-158　设置特效

12 在菜单栏中选择 Composition（合成）→Make Movie（制作影片）命令，将合成的效果进行输出，如图 6-159 所示。

图 6-159　制作影片

[13] 输出完成的最终效果如图 6-160 所示。

图 6-160　最终合成效果

6.5　本章小结

本章主要针对建筑动画场景中的室外楼体设计，先对建筑设计科学范畴、工作核心和工作指南等基础知识进行讲解，然后再通过"室外楼体建筑"范例对实际的应用进行介绍。

Chapter 07

交通配饰制作案例

重点提要

　　交通配饰对于建筑动画设计来说，主要起到了点缀画面作用，可以为生硬的建筑环境添加生气，又会对建筑动画项目的交通区位和道路特征进行说明。

本章索引

※ 2D平面交通模型
※ 简体交通模型
※ 精细交通模型
※ 范例——街道上运行的汽车

交通配饰主要包括汽车、公交站台、红绿灯、街牌和隔离带等，由于是场景中的配饰部分，常常被建筑动画设计师所忽略，在完成的作品中往往呈现出主体建筑制作精细，而配饰部分多采用平面贴图的方式设置，大大降低了作品的整体质量。

交通配饰部分的设置应按建筑动画作品所要求的镜头进行简繁搭配，远景处的交通设施可使用平面贴图方式设置，中景处的交通设施可使用简体模型加贴图的方式设置，近景处的交通设施则全部使用三维精细模型方式设置，此种配合既节约网格资源，又不会由于配饰的简单而影响整体作品的效果。

7.1 2D平面交通模型

2D平面交通模型主要是使用位图文件或程序贴图生成部分透明的对象，贴图的浅色（白色）区域将渲染为不透明，深色（黑色）区域渲染为透明，之间（灰色）的区域渲染为半透明，黑、白、灰颜色将直接影响透明的程度。

如果使用透明贴图的方式来制作交通配饰，首先要制作合适的图像，并在Photoshop软件中将原图像复制，再处理为黑白的位图，黑色的颜色区域将进行透明处理，如图7-1所示。

在3ds Max中制作交通配饰时，先建立平面几何体，然后为Diffuse（漫反射）赋予颜色贴图，为Opacity（不透明度）赋予黑白贴图即可。以此种方式制作的交通模型因受到平面图像的限制，较适合作为侧面单向的模型，具有透视效果的则不适用，如图7-2所示。

图7-1　2D平面汽车图像

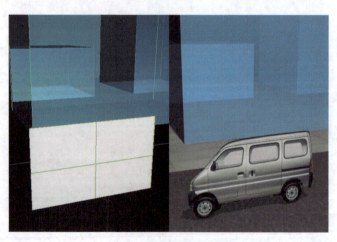

图7-2　场景与渲染效果

7.2 简体交通模型

此外，为了寻求最佳的设计方案，还可以使用简体的方案制作交通模型。通过标准几何体进行 Edit Poly（编辑多边形）处理，得到大概的模型效果即可，目的是节约场景的网格运算，如图 7-3 所示。

为使简体交通模型与贴图配合更加紧密，可使用 UVW Mapping（坐标贴图）和 Unwrap UVW（展开坐标）修改命令控制相互的匹配，如图 7-4 所示。

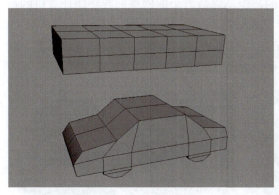 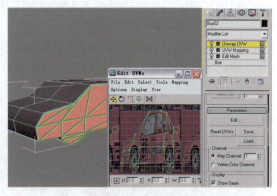

图 7-3　简体交通模型　　　　　　　　　图 7-4　坐标修改命令

简体交通模型在渲染后虽然具有三维的空间关系，但因转折生硬而不适合放置在距离镜头较近的区域，如图 7-5 所示。

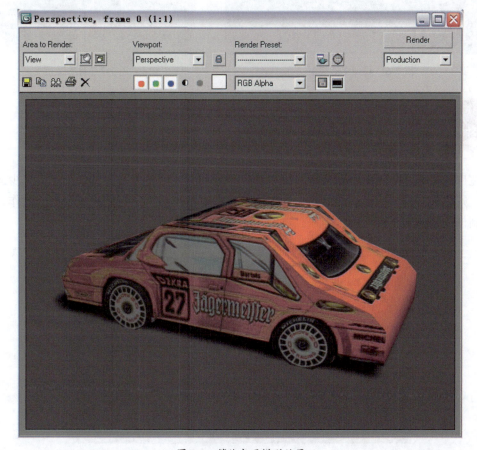

图 7-5　简体交通模型效果

7.3 精细交通模型

精细交通模型在表现效果上无疑是最优秀的，但动辄数万个的网格面数将使计算机的运算能力面临考验，如图 7-6 所示。

精细交通模型的优势不仅体现在模型细节上，，还体现在材质的设置和反射效果上，配合渲染器与灯光设置可得到理想的交通配饰效果，如图 7-7 所示。

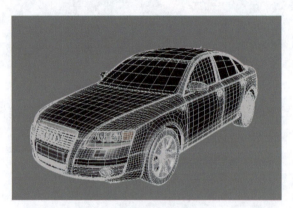
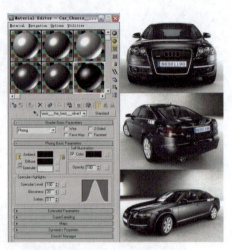

图 7-6　精细交通模型　　　　　　　　图 7-7　材质设置

7.4 范例——街道上运行的汽车

宽广的街道和优美的生态环境是表现建筑动画的必要因素之一，如果街道上缺少运行的汽车，则很难提升建筑动画的品质，所以本节重点讲解街道上运行的汽车模型的制作。本范例的制作效果如图 7-8 所示。

图 7-8　街道上运行的汽车范例效果

【制作流程】

街道上运行的汽车范例的制作流程分为 6 步，包括场景地面制作、添加楼体与绿化、添加道路设施、设置手动车线、设置路径车线和场景渲染设置，如图 7-9 所示。

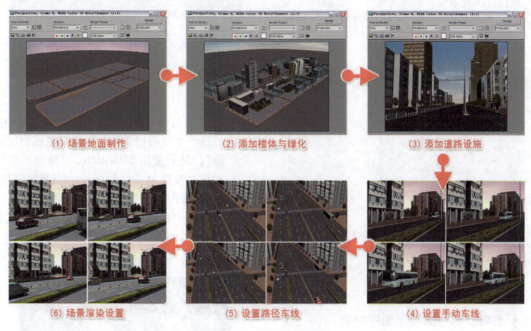

图 7-9　范例制作流程图

7.4.1　场景地面制作

01 打开 AutoCAD 软件，在软件中绘制出街道图形，便于创建灯光比例与尺寸更加准确的三维场景，如图 7-10 所示。

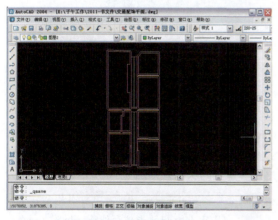

图 7-10　绘制街道图形

02 在菜单栏中单击 文件图标按钮，然后在弹出的菜单中选择 Import（输入）命令，再选择 AutoCAD 绘制完成的 DWG 格式图形文件，如图 7-11 所示。

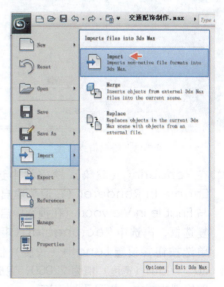

图 7-11　输入图形文件

03 在工具栏中打开捕捉工具，然后使用鼠标右键打开捕捉设置面板，再选中 Vertex（顶点）复选框，如图 7-12 所示。

> 提示　开启顶点捕捉项目后，3ds Max 可以按照 AutoCAD 所绘制图形的结构描绘新图形。

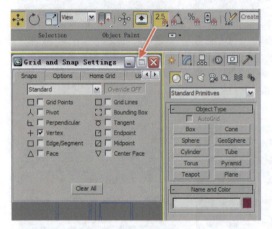

图 7-12　设置捕捉参数

04 选择 创建面板 图形中的 Line（线）命令，在"Top 顶视图"中绘制出主道路的形状，如图 7-13 所示。

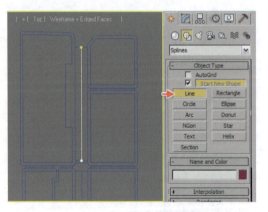

图 7-13　绘制街道曲线

05 在 Rendering（渲染）卷展栏中选中 Enable In Renderer（在渲染中启用）与 Enable In Viewport（在视图中启用）复选框，再选中 Rectangular（矩形）单选按钮并设置 Length（长度）值为 20、Width（宽度）值为 22000，完成道路模型的制作，如图 7-14 所示。

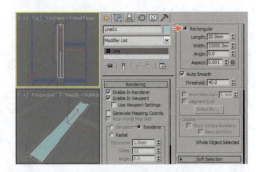

图 7-14　道路模型制作

06 在主工具栏中单击 材质编辑器按钮，选择一个空白材质球并设置其名称为"道路"，然后使用 Standard（标准）类型材质并设置 Specular Level（高光级别）值为 10，再打开 Maps（贴图）卷展栏为 Diffuse（漫反射）赋予本书配套光盘中的 road 贴图，如图 7-15 所示。

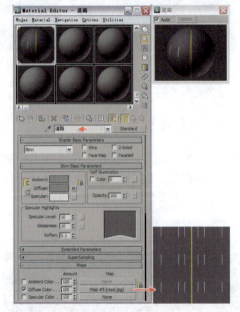

图 7-15　街道材质

07 在 修改面板中为模型添加 UVW Xform（坐标变换修改器）命令，然后调节贴图重复的次数，如图 7-16 所示。

> 提示　使用坐标变换修改器可以调整现有 UVW 坐标中的平铺和偏移。如果有一个对象已经应用了复杂的 UVW 坐标，那么可以应用这一修改器来进一步调整对象的坐标。

Chapter 07 交通配饰制作案例

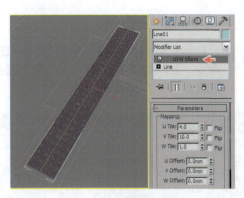

图 7-16 贴图重复控制

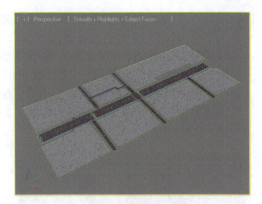

图 7-19 制作地面模型

08 继续使用 Line（线）命令绘制出辅助街道模型，进行显示设置后完成辅助道路模型制作，如图 7-17 所示。

11 继续使用样条线命令沿地面周围进行绘制，产生人行道模型样条线，然后使用"挤出"命令进行操作，创建人行道模型，如图 7-20 所示。

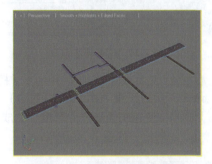

图 7-17 辅助街道模型制作

09 选择 创建面板 图形中的 Line（线）命令，在"Top 顶视图"中绘制出道路两侧地面曲线，如图 7-18 所示。

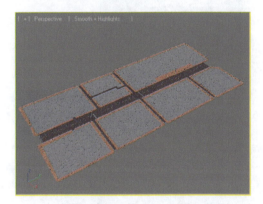

图 7-20 创建人行道模型

12 在场景中建立球体，然后在 修改面板中添加 Edit Poly（编辑多边形）命令，再将下半部的面删除，用来建立包裹天空模型并与地面对齐，如图 7-21 所示。

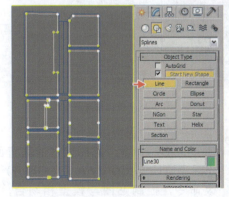

图 7-18 绘制地面曲线

10 选择道路的样条线，在 修改面板中添加 Extrude（挤出）命令，使图形产生地面的厚度，用来制作地面模型，如图 7-19 所示。

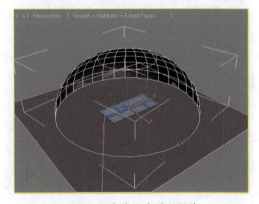

图 7-21 包裹天空模型制作

221

13 选择一个空白材质球并设置其名称为"天",使用 Standard(标准)类型材质并为 Diffuse(漫反射)赋予本书配套光盘中的 tian 贴图,再设置 Self-Illumination(自发光)值为 100,使天空贴图不会受到场景灯光的控制,如图 7-22 所示。

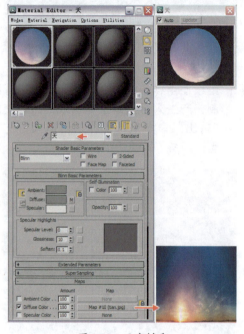

图 7-22　天空材质

14 调整"Perspective 透视图"角度,然后单击主工具栏中的 快速渲染按钮,观察模型是否出错便于及时修改,如图 7-23 所示。

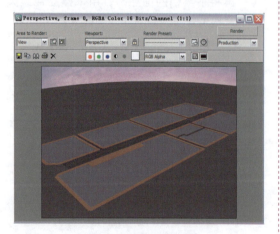

图 7-23　渲染天空效果

7.4.2　添加楼体与绿化

01 选择 创建面板 图形中的 Line(线)命令,在"Top 顶视图"中绘制出楼房形状,如图 7-24 所示。

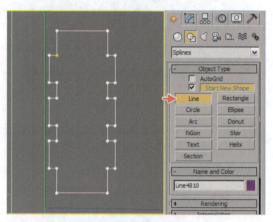

图 7-24　绘制楼房形状

02 在 修改面板中添加 Extrude(挤出)命令,然后设置 Amount(数量)值为 15000,使轮廓图形产生厚度,完成楼房模型的制作,如图 7-25 所示。

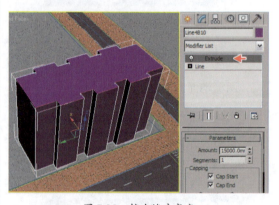

图 7-25　挤出楼房高度

03 继续在 修改面板中添加 Edit Poly(编辑多边形)命令,选择楼房的垂直面,然后添加 Unwrap UVW(坐标展开)修改命令,控制贴图与模型相吻合,如图 7-26 所示。

04 选择一个空白材质球并设置其名称为"筒体楼",使用 Standard(标准)类型材质并为 Diffuse(漫反射)赋予本书配套光盘中的"楼体_15"贴图,再设置

Self-Illumination（自发光）值为100，如图7-27所示。

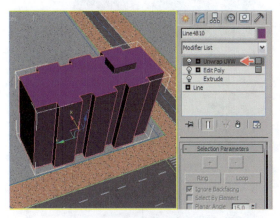

图7-26　增加修改命令

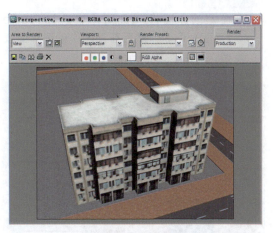

图7-28　渲染材质效果

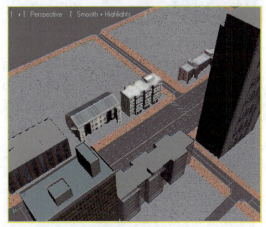

图7-29　创建楼房模型

07 调整"Perspective 透视图"角度，观察模型是否出错便于及时修改，如图7-30所示。

图7-27　简体楼材质

05 调整视图的角度，然后单击主工具栏中的 快速渲染按钮，预览简体楼模型的材质效果，如图7-28所示。

06 继续在道路两侧创建楼房模型，然后调整视图的角度，观察增加楼房模型效果，如图7-29所示。

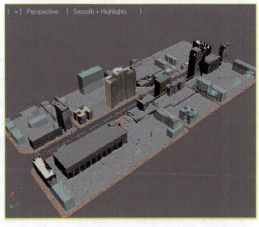

图7-30　观察楼房模型

08 在 ☀ 创建面板 ◯ 几何体中选择Plane（平面）命令，然后在视图中创建平面模型，如图7-31所示。

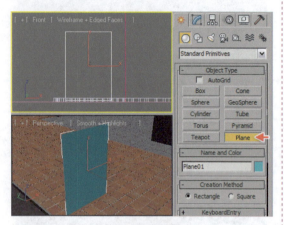

图7-31 创建平面模型

09 选择平面模型并配合"Shift+旋转"组合键沿Z轴复制，在弹出的Clone Options（克隆选项）对话框中选择Copy（复制）模式，如图7-32所示。

图7-32 复制平面模型

10 选择一个空白材质球并设置其名称为"树"，使用Standard（标准）类型材质并设置Self-Illumination（自发光）值为30，然后设置Diffuse（漫反射）颜色为深绿色并赋予Mix（混合）纹理增加树贴图与渐变纹理，再为Opacity（不透明度）赋予Falloff（衰减）纹理并赋予黑白树贴图，如图7-33所示。

11 调整视图的角度，然后单击主工具栏中的 ◯ 快速渲染按钮，预览树的材质效果，如图7-34所示。

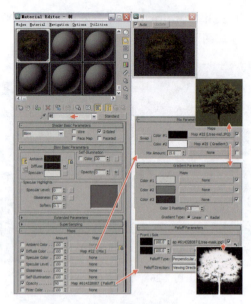

图7-33 树材质

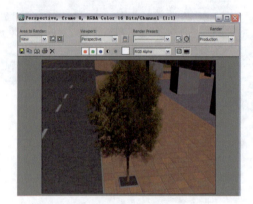

图7-34 制作树模型

12 选择树模型并配合"Shift+移动"组合键沿道路两侧进行复制，生成人行道上的所有绿化，如图7-35所示。

图7-35 复制树模型

Chapter 07　交通配饰制作案例

13 继续对树模型进行复制，然后单击主工具栏中的 快速渲染按钮，预览完成的场景中绿化模型效果，如图 7-36 所示。

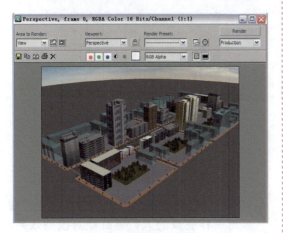

图 7-36　渲染绿化模型

7.4.3　添加道路设施

01 先使用几何体搭建出护栏的立柱模型，然后添加平面几何体作为护栏模型，使道路场景更加完整，如图 7-37 所示。

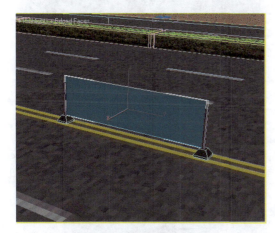

图 7-37　制作护栏模型

02 在主工具栏中单击 材质编辑器按钮，选择一个空白材质球并设置其名称为"护栏"。使用 Standard（标准）类型材质并设置 Diffuse（漫反射）颜色为白色、Self-Illumination（自发光）值为 60，然后再为 Opacity（不透明度）赋予本书配套光盘中的"护栏"贴图，如图 7-38 所示。

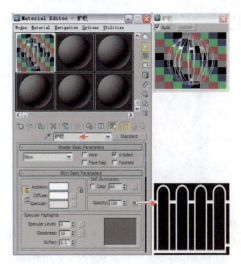

图 7-38　护栏材质

03 单击主工具栏中的 快速渲染按钮，预览护栏材质的效果，如图 7-39 所示。

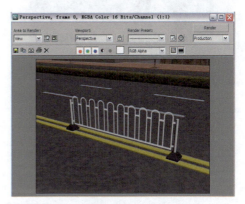

图 7-39　预览护栏材质

04 选择护栏模型配合"Shift+ 移动"组合键复制出街道所有的护栏模型，如图 7-40 所示。

图 7-40　复制护栏模型

05 在场景中创建几何体,然后搭建出红绿灯杆模型,如图 7-41 所示。

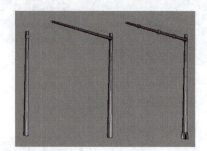

图 7-41　制作灯杆模型

06 在场景中创建几何体模型,然后使用"编辑多边形"命令制作红绿灯模型,如图 7-42 所示。

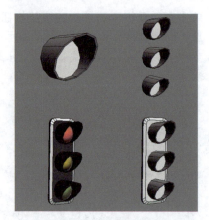

图 7-42　制作红绿灯模型

07 单击主工具栏中的 快速渲染按钮,预览制作完成的红绿灯模型效果,如图 7-43 所示。

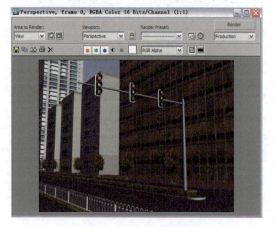

图 7-43　渲染红绿灯模型

08 在场景中继续使用几何体搭建出人行道的红绿灯模型,使场景更加完整,如图 7-44 所示。

图 7-44　人行道红绿灯模型

09 单击主工具栏中的 快速渲染按钮,预览制作完成的人行道红绿灯模型效果,如图 7-45 所示。

图 7-45　渲染红绿灯模型

10 在场景中继续使用几何体搭建出公交站台模型,丰富街道场景的效果,如图 7-46 所示。

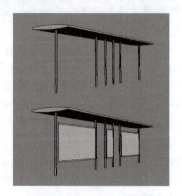

图 7-46　公交站模型

11 在材质编辑器中使用材质调节出公交站台材质效果，再单击主工具栏中的快速渲染按钮，预览制作完成的公交站台模型效果，如图7-47所示。

图7-47 渲染公交站台效果

12 调整"Perspective透视图"角度，然后单击主工具栏中的快速渲染按钮，观察制作完成的场景模型与材质效果，如图7-48所示。

图7-48 渲染场景效果

7.4.4 设置手动车线

01 在工具栏中单击时间配置按钮，在弹出的时间配置面板中设置Frame Rate（帧速率）为PAL制式，再设置Animation（动画）的Length（长度）值为250帧，如图7-49所示。

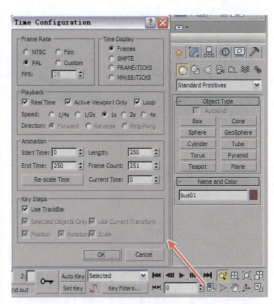

图7-49 设置时间配置

02 在菜单栏中单击文件图标按钮，在弹出的菜单中选择Import（输入）命令，然后再选择公交车模型，如图7-50所示。

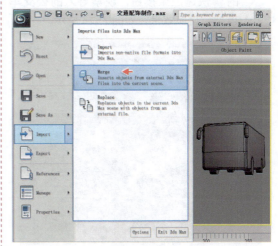

图7-50 输入模型文件

03 选择一个空白材质球并设置其名称为"公交车"，使用Standard（标准）类型材质并设置Specular Level（高光级别）值为30、Glossiness（光泽度）值为31，然后打开Maps（贴图）卷展栏，为Diffuse（漫反射）赋予本书配套光盘中的"公交车"贴图，如图7-51所示。

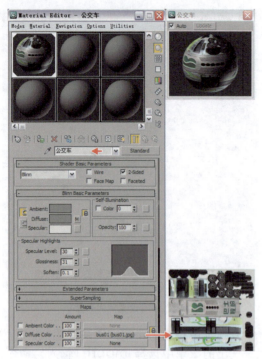

图 7-51　公交车材质

04 调整视图的角度，然后单击主工具栏中的 快速渲染按钮，观察导入的公交车模型与材质效果，如图 7-52 所示。

图 7-52　渲染公交车

05 拖曳时间滑块至第 0 帧的位置，单击动画记录按钮，准备制作公交车行驶动画，如图 7-53 所示。

06 拖曳时间滑块至第 120 帧的位置，通过 移动工具沿 Y 轴拖曳公交车模型移动，完成公交车位移的动画制作，如图 7-54 所示。

图 7-53　记录公交车动画

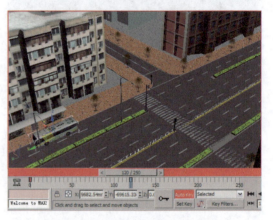

图 7-54　记录公交车动画

07 单击拖曳时间滑块，预览场景中产生的动画效果，如图 7-55 所示。

图 7-55　公交车动画效果

08 选择公交车模型，在工具栏中单击 曲线编辑按钮，然后在弹出的运动轨迹面板中调节公交车运动曲线，控制动画的速度变化，如图 7-56 所示。

Chapter 07 交通配饰制作案例

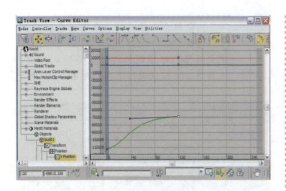

图 7-56 调节运动曲线

09 调节视图的观察角度，预览制作完成的公交车行驶动画，如图 7-57 所示。

图 7-57 公交车动画

7.4.5 设置路径车线

01 选择场景内所有模型，在 显示面板中单击 Hide Selected（隐藏当前选择）按钮，将选择模型进行隐藏，提高场景的运算速度，如图 7-58 所示。

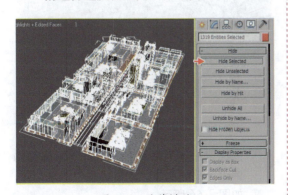

图 7-58 隐藏模型

02 在菜单栏中单击 文件图标按钮，在弹出的菜单中选择 Import（输入）命令，然后选择汽车模型，如图 7-59 所示。

图 7-59 输入模型文件

03 在 创建面板选择 图形中的 Line（线）命令，在"Top 顶视图"中绘制出汽车行驶路径，如图 7-60 所示。

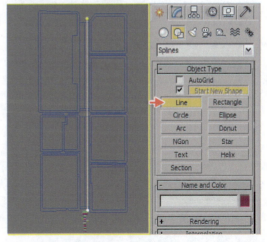

图 7-60 绘制行驶路径

04 选择场景中的汽车模型，在 运动面板中展开 Assign Controller（指定控制器）卷展栏，选择 Position（位置）控制器，如图 7-61 所示。

提示　Assign Controller（指定控制器）卷展栏向单个对象指定并追加不同的变换控制器，也可以在轨迹视图中指定控制器。

229

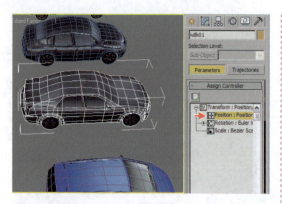

图 7-61 指定控制器

05 单击 指定控制器按钮，在弹出的对话框中选择 Path Constraint（路径约束）命令，为选择汽车模型增加路径约束，如图 7-62 所示。

提示 路径约束会对一个对象沿着样条线或在多个样条线间的平均距离间的移动进行限制。

提示 如果想要设置关键点来将对象放置于沿路径特定百分比的位置，要启用自动关键点项目，移动到想要设置关键点的帧，并调整沿路径微调器来移动对象。

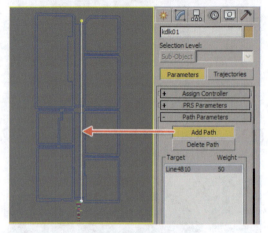

图 7-63 拾取路径

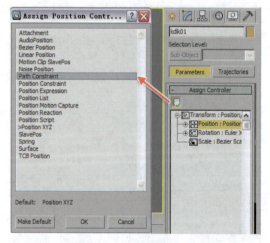

图 7-62 添加路径约束

06 展开 Path Parameters（路径参数）卷展栏，单击 Add Path（添加路径）按钮，然后在场景中拾取绘制出的汽车行驶路径曲线，完成场景内汽车行驶动画，如图 7-63 所示。

07 单击动画记录按钮并拖曳时间滑块至第 0 帧的位置，调节 Along Path（沿路径）值为 95，设置汽车位移的动画，如图 7-64 所示。

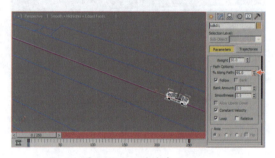

图 7-64 记录汽车动画

08 拖曳时间滑块至第 250 帧的位置，再调节 Along Path（沿路径）值为 87，完成汽车位移的动画，如图 7-65 所示。

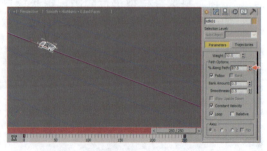

图 7-65 记录汽车动画

09 选择另一辆汽车模型，同样使用路径约束进行动画制作，丰富场景中汽车动画，如图 7-66 所示。

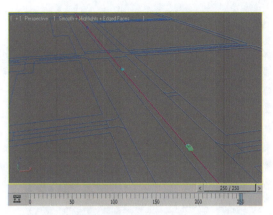

图 7-66　增加汽车动画

10 在 创建面板选择 图形中的 Line（线）命令，在"Top 顶视图"中绘制出多条汽车行驶路径，如图 7-67 所示。

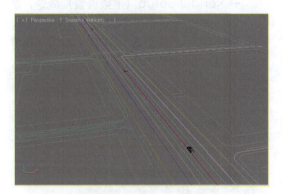

图 7-67　绘制行驶路径

11 继续使用路径约束对场景中的汽车模型进行动画制作，完成场景中汽车行驶动画的制作，如图 7-68 所示。

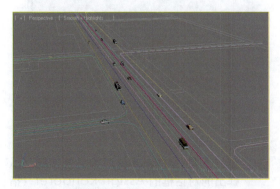

图 7-68　制作汽车行驶动画

12 拖曳时间滑块，预览场景中产生的动画效果，如图 7-69 所示。

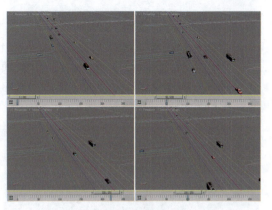

图 7-69　预览动画效果

13 选择场景内所有模型，在 显示面板中单击 Unhide All（全部取消隐藏）按钮，显示隐藏的模型，如图 7-70 所示。

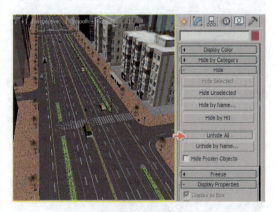

图 7-70　显示模型

14 拖曳时间滑块，预览场景中产生的动画效果，如图 7-71 所示。

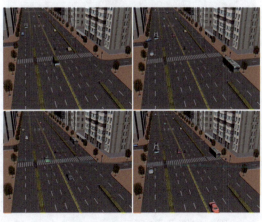

图 7-71　预览动画效果

7.4.6 场景渲染设置

01 在创建面板选择灯光中的 Target Direct（目标平行灯）命令，在"Top 顶视图"中拖曳建立平行光，作为场景中的照明光源，如图 7-72 所示。

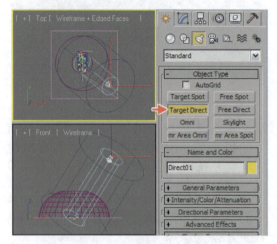

图 7-72　建立目标平行光

02 单击创建面板摄影机中 Standard（标准）面板下的 Target（目标）摄影机命令按钮，然后在"Perspective 透视图"中拖曳建立摄影机，如图 7-73 所示。

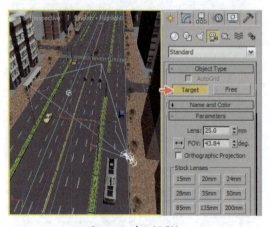

图 7-73　建立摄影机

03 在"Perspective 透视图"左上角提示文字处右击，在弹出的菜单中选择 Cameras（摄影机）→Camera01（摄影机 01）命令，将视图切换至摄影机视图，如图 7-74 所示。

图 7-74　切换至摄影机视图

04 在菜单栏中选择 Rendering（渲染）→Render Setup（渲染设置）命令，然后在弹出的对话框中设置 Output Size（输出大小）类型为 HDTV(video)（高清视频），如图 7-75 所示。

提示：中国标清电视分辨率为 720×576、大高清为 1920×1080、小高清为 1280×720，可根据需要和渲染速度进行合理选择。

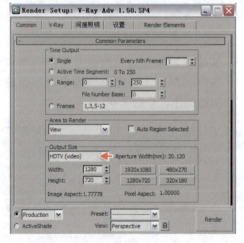

图 7-75　渲染尺寸

05 在主工具栏中单击渲染设置按钮，从弹出的对话框的 Assign Renderer（指定渲染器）卷展栏中添加产品级别的 VRay 渲染器，将扫描线渲染器切换至第三方的 VRay 渲染器，如图 7-76 所示。

图 7-76　切换 VRay 渲染器

06 展开 V-Ray:: 图像采样器（反锯齿）卷展栏，设置抗锯齿过滤器类型为 Catmull-Rom，再展开 V-Ray:: 环境【无名】卷展栏，开启"全局照明环境（天光）覆盖"项目，如图 7-77 所示。

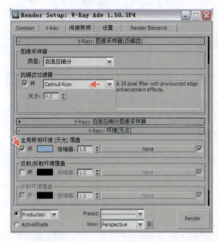

图 7-77　设置采样类型与环境

07 单击主工具栏中的 快速渲染按钮，渲染场景开启全局照明的整体效果，如图 7-78 所示。

图 7-78　渲染全局照明效果

08 选择"间接照明"选项卡，在 V-Ray:: 间接照明（GI）卷展栏中选中"开"复选框，再设置全局照明引擎方式为"BF 算法"，如图 7-79 所示。

> 提示　间接照明卷展栏主要控制是否使用全局光照、全局光照渲染引擎使用什么样的搭配方式以及对间接照明强度的全局控制。此外还可以对饱和度、对比度进行简单交接。

图 7-79　设置间接照明

09 展开 V-Ray:: 发光图【无名】卷展栏，设置"当前预置"为中，如图 7-80 所示。

> 提示　系统提供了 8 种系统预设的模式供用户选择，如无特殊情况，这几种模式应该可以满足一般需要。

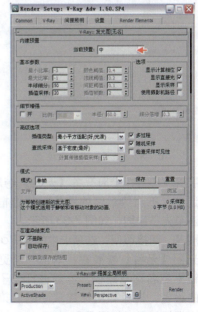

图 7-80　设置发光图

10 单击主工具栏中的 快速渲染按钮，渲染场景开启间接照明与发光图后的整体效果，如图7-81所示。

图7-81 渲染间接照明与发光图效果

11 选择Common（公用）选项卡，设置输出的时间类型为Active Time Segment（活动时间段），然后设置Ever Nth Frame（每N帧）值为5，使光子贴图每间隔5帧进行一次运算，如图7-82所示。

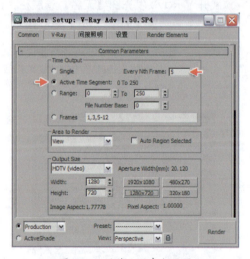

图7-82 渲染公用参数设置

12 展开VRay::全局开关【无名】卷展栏，选中"不渲染最终的图像"复选框，只渲染光子贴图，如图7-83所示。

13 展开"间接照明"选项卡中的V-Ray::发光图【无名】卷展栏，单击"浏览"按钮指定名称与路径，准备进行光子贴图的设置，避免在进行建筑动画渲染时产生闪烁效果，如图7-84所示。

图7-83 开启不渲染最终的图像

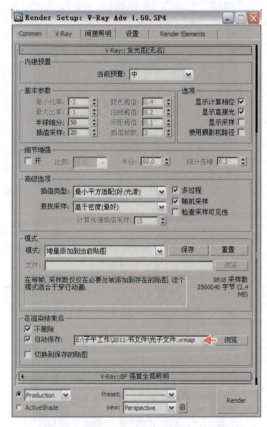

图7-84 设置发光图

14 切换至Common（公共）选项卡并单击Files（文件）按钮指定文件的存储路径，设置完成后单击Render（渲染）按钮开始渲染输出，如图7-85所示。

Chapter 07　交通配饰制作案例

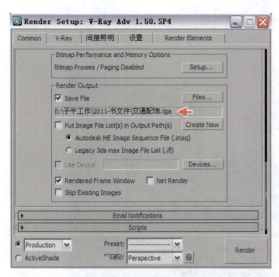

图 7-85　设置动画输出

15 展开 V-Ray 选项卡中的 V-Ray:: 全局开关【无名】卷展栏，取消选中"不渲染最终的图像"复选框，准备渲染最终的图像，如图 7-86 所示。

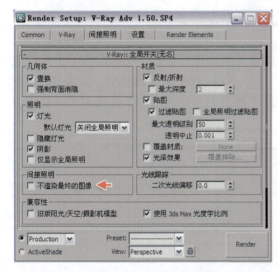

图 7-86　取消选中"不渲染最终的图像"复选框

16 展开"间接照明"选项卡中的 V-Ray:: 发光图【无名】卷展栏，设置"模式"为"从文件"，再单击"浏览"按钮选择预先计算的"光子文件"，如图 7-87 所示。

17 选择 Common（公用）选项卡，设置 Ever Nth Frame（每 N 帧）值为 1，设置完成后单击 Render（渲染）按钮开始渲染输出，如图 7-88 所示。

图 7-87　选择发光文件

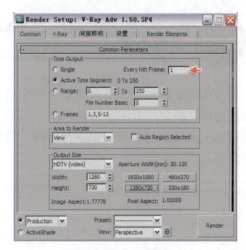

图 7-88　设置动画输出

18 最终渲染完成后，播放动画，预览渲染产生的动画效果，如图 7-89 所示。

图 7-89　预览动画效果

[19] 使用后期合成软件对渲染完成的动画进行合成，最终完成交通配饰的动画渲染效果，如图 7-90 所示。

图 7-90　最终合成效果

7.5　本章小结

本章主要针对建筑动画场景中的交通配饰的设计制作进行讲解，交通配饰部分的设置应按建筑动画作品所要求的镜头进行简繁搭配，本章先对 2D 平面交通模型、简体交通模型和精细交通模型的基础知识进行讲解，然后通过"街道上运行的汽车"范例对实际应用进行介绍。

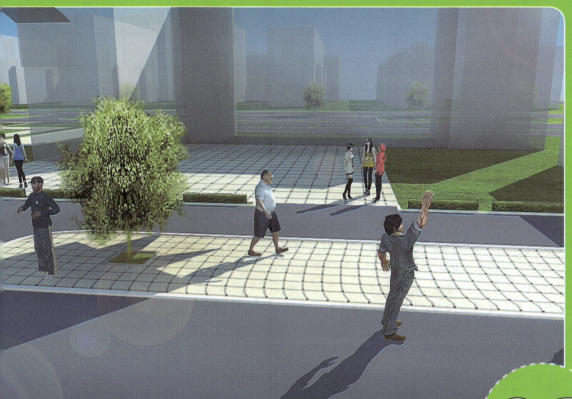

Chapter 08

生物角色制作案例

 重点提要

为了使制作的建筑动画更加真实自然,需要加入一些动态或静态的人物、动物和昆虫等。加入的生物角色类型可以分为3种,一种是计算机模拟制作的角色;另一种是对拍摄的真实角色进行合成;再一种是以RPC全息模型库方式制作的角色。

本章索引

※ 生物角色的种类
※ 不透明贴图方式生物角色
※ RPC模型库方式生物角色
※ 三维模型方式生物角色
※ 范例——三维生物角色
※ 范例——贴图生物角色

在使用 3ds Max 制作建筑动画时，在场景中表现生物角色的方式有很多种，如果使用计算机来模拟，则可以使用不透明贴图方式和三维模型方式。除此之外，还有 RPC 全息模型库的方式。

8.1 生物角色的种类

以不透明贴图方式制作生物角色方便快捷，能够有效地减少场景中网格的数量。这种方式可以使用真实生物角色的照片作为贴图，但是它不能够表现出空间 360°的展示，只能单一的朝向摄影机镜头方向，还增加了灯光与动画的调整难度。不透明贴图方式大多适用于表现次要或远景中的生物角色，如广场上的人群等，如图 8-1 所示。

三维模型方式的生物角色可以使用摄影机运动而不受任何限制，但要求制作者具有一定的建模、蒙皮、骨骼和动画能力。在建筑动画中，三维模型方式生物角色一般用于动作变化较大的场景及离镜头较近的生物角色造型，如图 8-2 所示。

图 8-1　不透明贴图方式生物角色

图 8-2　三维模型方式生物角色

RPC 全息模型库是制作建筑动画不可缺少的利器之一，其功能强大，可以轻松地为三维场景添加人物、动物或植物等有生命的配景以及车辆、动态喷泉和各种生活中常用的设施。该软件操作简单，直接使用鼠标拖曳即可完成模型的创建工作，并能在灯光下产生真实的投影和反射效果，动态的模型库甚至可以轻而易举地给人物、车辆等创建动作，且渲染速度非常快，为建筑动画的制作提供了极大的方便。RPC 全息模型库方式生物角色如图 8-3 所示。

图 8-3　RPC 全息模型库方式生物角色

8.2 不透明贴图方式生物角色

位图文件或程序贴图可以生成部分透明的对象，贴图的浅色（白色）区域将渲染为不透明，深色（黑色）区域渲染为透明，之间（灰色）的区域渲染为半透明，黑、白、灰颜色将直接影响透明的程度，如图8-4所示。

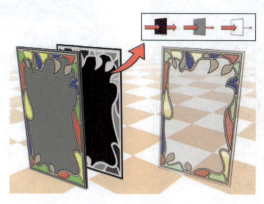

图8-4 透明贴图

8.2.1 透明贴图的设置

如果使用透明贴图的方式来制作静态角色，首先要制作合适的图像，并在Photoshop中将原图像复制，再处理为黑白的位图，黑色的颜色区域将进行透明处理，如图8-5所示。

制作图像后，要明确位图的长宽比例，便于在3ds Max中进行准确的模型建立。如可以通过ACDSee预览图像的信息，"人-颜色"图像的分辨率为500×550，如图8-6所示。

图8-5 透明贴图处理

图8-6 图像分辨率比例

8.2.2 三维场景设置

启动3ds Max软件，在创建面板几何体中选择Plane（平面）命令，然后在"Front前视图"中建立平面，并设置其长度和宽度与原图像大小相同（长度和宽度值即是原图像的分辨率值），如图 8-7 所示。

在主工具栏中单击 材质编辑器工具按钮并选择一个空白材质球，然后为 Diffuse（漫反射）赋予颜色贴图，为 Opacity（不透明度）赋予黑白贴图，如图 8-8 所示。

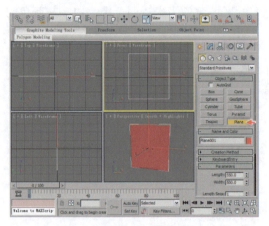

图 8-7　建立平面

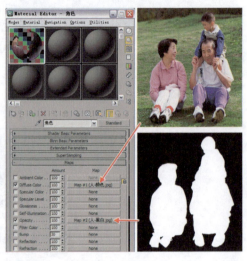

图 8-8　添加贴图

在材质编辑器中选择材质球，再选择建立的角色平面模型，单击 赋予材质按钮，将设置的材质球赋予场景中的模型，然后单击 显示材质按钮，在场景中显示设置材质后的效果，如图 8-9 所示。

在主工具栏中单击 渲染工具按钮，渲染赋予贴图后场景中的效果，可以看到角色已经添加到建筑场景中，如图 8-10 所示。

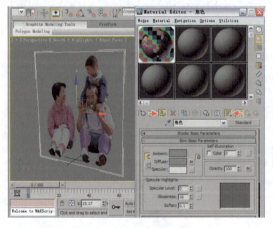

图 8-9　赋予并显示贴图

图 8-10　渲染贴图效果

8.2.3　三维灯光设置

在 创建面板 灯光中选择 Target Spot（目标聚光灯）命令，然后在"Left 左视图"中建立灯光，为了模拟与建筑场景相同的光源效果，在 General Parameters（基础参数）卷展栏中开启 Shadows（阴影）的开关，如图 8-11 所示。

在主工具栏中单击 渲染工具按钮，渲染建立灯光后场景中的效果，可以看到角色的模型按照原始形态产生阴影，而不是按照透明出的轮廓产生阴影，如图8-12所示。

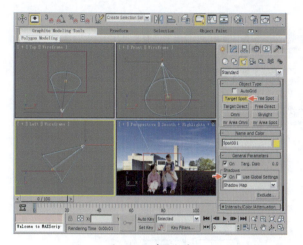

图8-11　建立灯光　　　　　　　　　　　图8-12　渲染灯光效果

在灯光 General Parameters（基础参数）栏中将阴影类型切换为 Ray Traced Shadows（光线跟踪阴影），如图8-13所示。除此之外，高级光线跟踪和区域阴影也支持透明度和不透明度贴图。高级光线跟踪比阴影贴图更慢，且不支持柔和阴影；区域阴影则使用很少的内存，建议对复杂场景使用一些灯光或面。

在主工具栏中单击 渲染工具按钮，渲染测试灯光阴影后的效果，场景已经按照透明的出的轮廓产生准确的阴影，如图8-14所示。

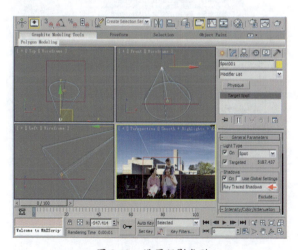

图8-13　设置阴影类型　　　　　　　　　图8-14　渲染阴影效果

8.3　RPC模型库方式生物角色

RPC三维全息模型库采用了 Arch Vision 公司革命性的技术，它利用一种特殊技术将不同角度的图像序列合成在一起，生成一套图像模型库。目前 RPC 模型角色库分为 3D 静态、2.5D 动态和 3.5D 等几种。RPC 三维全息模型库属于第三方插件程序，拓展了 3ds Max 的功能，但需要单独安装，如图 8-15 所示。

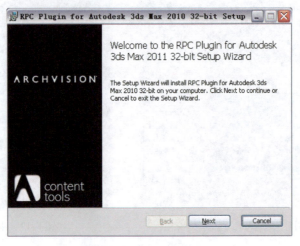

图 8-15　RPC 插件的安装

8.3.1　RPC 模型库的配置

3ds Max 可以使用插件将 RPC 三维全息模型库直接调入使用，还可以分别对高度、接受反射、接受阴影、运动速度等进行参数调节。当安装完成 RPC for 3ds Max 插件后，还需要将 RPC 格式的模型素材复制到硬盘中，然后在 3ds Max 的菜单栏中选择 Customize（自定义）→ Configure User Path（配置用户路径）命令，再设置 External Files（外部文件）调用 RPC 模型库的路径，建议不要在路径中使用中文字符，否则 RPC 模型库是无法使用的，如图 8-16 所示。

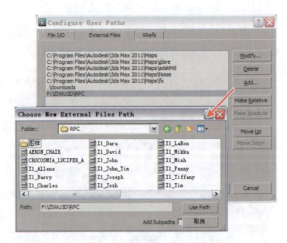

图 8-16　RPC 插件的配置

8.3.2　RPC 模型库的建立

在创建面板几何体中选择 RPC 三维全息模型库命令，再在 RPC Selection（RPC 选择）卷展栏中的 RPC 库中进行选择并预览角色效果，然后在"Perspective 透视图"中建立，还可以根据自己需要的角色角度对建立后的 RPC 进行选择调节，这完全脱离了 2D 模式角色贴图只能单角度显示的劣势，如图 8-17 所示。

如果还没有载入三维全息模型库，可进入 Configure Content（配置内容），单击 Update（更新）按钮即可，如图 8-18 所示。

Chapter 08 生物角色制作案例

图 8-17　RPC 插件的建立

图 8-18　更新 RPC 插件

8.3.3　RPC 模型库的设置

确认新建立的 RPC 模型处于选择状态，在 修改面板 RPC Edit Tools（RPC 编辑工具）卷展栏中单击 Mass Edit（集中编辑）按钮，可以在弹出的对话框中对 RPC 模型进行编辑，如图 8-19 所示。

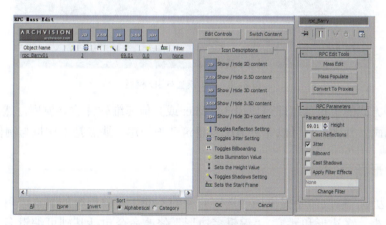

图 8-19　RPC Mass Edit（RPC 集中编辑）对话框

在 RPC Mass Edit（RPC 集中编辑）对话框中，所有项目都是用图标表示的， 用于显示或隐藏各类别的模型， 用于打开或关闭 RPC 模型接受反射， 用于设定 RPC 节省系统资源而加快渲染速度， 用于设定 RPC 在视图中只显示单面效果， 用于调节 RPC 的亮度效果， 用于调节 RPC 高度的设置， 用于打开或关闭 RPC 模型接受阴影投射， 针对动态 RPC 模型进行运动设置。

8.4　三维模型方式生物角色

2D 模型与 3D 模型的区别在于是否可以根据摄影机的变化而转动。2D 模型不管场景如何转动,在渲染图像时都只显示单一角度的模型效果;3D 模型是一个单一的静态动作,可以显示 360°不同角度的动作,如图 8-20 所示。

图 8-20　2D 模型与 3D 模型

三维模型方式的生物角色即是使用 3ds Max 或其他三维软件建立模型,然后建立骨骼再设置蒙皮与动画,其优点是可以完美地配合建筑动画创建,缺点是工作量与制作难度增大。

8.4.1　多边形角色模型

"编辑多边形"修改命令提供用于选定对象的不同子对象层级的显式编辑工具,主要有顶点、边、边框、多边形和元素。"编辑多边形"修改命令包括基础可编辑多边形对象的大多数功能,但顶点颜色信息、细分曲面卷展栏、权重和折缝设置及细分置换卷展栏除外。使用该命令可设置子对象变换和参数更改的动画,由于它是一个修改命令,所以可保留对象创建参数并在以后更改。

高精度模型也称为高多边形模型(High Polygon Model)或多面数模型,简称为 HPM 模型。由于面数多,HPM 模型的边角看上去很平滑,而且材质指定方式与 LPM 模型不同,将 HPM 模型导入程序中后,计算机的运算速度将减慢,因此现阶段多数用于游戏演示动画中来展示视频特效,如用在动画片头或游戏的过场动画及游戏的宣传片中。高多边形角色模型如图 8-21 所示。

低多边形模型(Low Polygon Model)也称为低面数模型,简称为 LPM 模型。LPM 模型主要体现在三维建模中,是在制作模型时以很少的面数来构造模型的方法,其原则是划分面数要以精简面为主。低多边形模型主要用于三维游戏和虚拟现实设计操作中,便于快速控制模型移动。也可用于产品互动演示、房地产展示、军事、医疗、教育和考古学领域等，会大大提高计算机的运算速度。低多边形角色模型如图 8-22 所示。

图 8-21　高多边形角色模型

图 8-22　低多边形角色模型

8.4.2　Poser 软件模型

第三方软件和插件可以辅助 3ds Max 更快地完成三维作品，在众多辅助软件中，不得不提的就是 Poser 软件。

Poser 是一个面向数码艺术和动画的 3D 人物动画和模型设计工具，可以通过一系列高清晰的 3D 人体动物模型和服装创建电影、图像和各种姿势的 3D 造型。使用 Poser 可以快捷地摆放造型和制作动画，通过使用导出的、设置好的造型，可以为三维世界注入新的活力。Poser5 用户界面如图 8-23 所示。

开启 Poser 软件，软件默认的场景是一男人模型。可以在 Figures（体形）面板中选择需要的角色模型，在 Poses（动作）面板中选择所需动作分类，如图 8-24 所示。在 Poser 软件的菜单栏中选择 File（文件）→ Export（输出）→ 3D Studio 命令，可以把 Poser 软件中的三维模型进行转换。

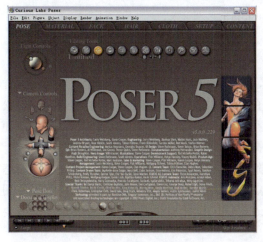

图 8-23　Poser 软件

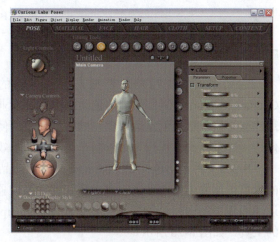

图 8-24　软件工作界面

开启 3ds Max 软件,然后在菜单栏中选择 File(文件)→ Import(输入)命令,选择 Poser 软件输出的 3DS 文件,然后在对话框中选择 Merge objects with current scene(合并对象到当前场景)选项,可以将文件导入至 3ds Max 软件中。

8.4.3 ZBrush 软件模型

ZBrush 软件的诞生代表了一场 3D 造型的革命,该软件将三维动画中最复杂、最耗费精力的角色建模和贴图工作变得简单有趣。设计师可以通过手写板或者鼠标来控制 ZBrush 的立体笔刷工具,自由地刻画自己头脑中的形象。ZBrush 不但可以轻松塑造出各种数字生物的造型和肌理,还可以把这些复杂的细节导出成法线贴图和展好 UV 的低分辨率模型,这些法线贴图和低模可以被所有的大型三维软件,如 Maya、3ds Max、Softimage XSI 和 Lightwave 等识别和应用。ZBrush 已成为专业动画制作领域里最重要的建模材质的辅助工具,如图 8-25 所示。

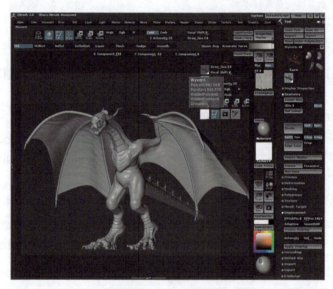

图 8-25 ZBrush 软件

8.4.4 Biped 两足角色骨骼

建立完成的生物角色模型是无法运动的,需要骨骼与蒙皮的辅助才可记录动画。Character studio 为制作三维角色动画提供了专业的工具,也使动画片制作者能够快速而轻松地建造骨骼,从而创建运动序列的一种环境。使用 Character studio 可以生成角色的群组,而使用代理系统和过程行为可以制作角色的动画效果。

Biped(两足角色)是 Character studio 产品附带的 3ds Max 系统,提供了确立角色姿态的骨骼,还便于使用足迹或自由形式的动画设置其动画。在创建一个两足动物后,可以使用运动面板中的两足动物控制为其创建动画。Biped 提供了设计和动画角色体形和运动所需要的工具,如图 8-26 所示。

两足角色的骨骼有着特殊的属性,它能使两足动物马上处于动画准备状态。就像人类一样,两足动物被特意设计成直立行走,然而也可以使用两足角色来创建多条腿的生物。

为与人类躯体的关节相匹配,两足角色骨骼的关节受到了一些限制。为使用 Character studio 来制作动画,两足角色骨骼也惊醒了特别设计,解决了动画中脚锁定到地面的常见问题。两足角色层次的父对象是两足角色的重心对象,它被命名为默认的 Bip01,Create Biped(创建两足角色)卷展栏如图 8-27 所示。

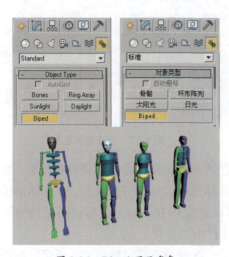

图 8-26 Biped 两足角色

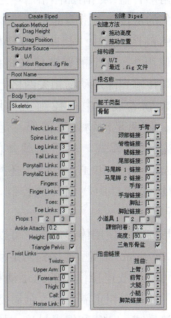

图 8-27 Creat Biped(创建两足角色)卷展栏

卷展栏中各选项的含义如下。

- 躯干类型:用来选择两足动物形体类型,其中有骨骼、男性、女性和标准 4 种类型。
- 手臂:设置是否为当前两足动物生成手臂。
- 颈部链接:设置在两足动物颈部的链接数,范围为 1～5。
- 脊椎链接:设置在两足动物脊椎上的链接数,范围为 1～5。
- 腿链接:设置在两足动物腿部的链接数,范围为 3～4。
- 尾部链接:设置在两足动物尾部的链接数,值为 0 表明没有尾部。
- 马尾辫 1(2)链接:设置马尾辫链接的数目,范围为 0～5。可以使用马尾辫链接来制作头发动画,马尾辫链接到角色头部并且可以用来制作其他附件动画。可以在体形模式中重新定位并使用马尾辫来实现角色下颌、耳朵、鼻子或其他随着头部一起移动的部位的动画。
- 手指:设置两足动物手指的数目,范围为 0～5。
- 手指链接:设置每个手指链接的数目,范围为 1～3。
- 脚趾:设置两足动物脚趾的数目,范围为 1～5。
- 脚趾链接:设置每个脚趾链接的数目,范围为 1～3。
- 小道具:最多可以打开 3 个小道具,这些小道具可以用来表现连接到两足动物的工具或武器。小道具默认出现在两足动物手部和身体的旁边,但可以像其他任何对象一样贯穿整个场景实现动画。

- 踝部附着：沿着足部块指定踝部的粘贴点。可以沿着足部块的中线在脚后跟到脚趾间的任何位置放置脚踝。
- 高度：设置当前两足动物的高度。用于在附加体格前改变两足动物大小以适应网格角色。
- 三角形骨盆：当附加体格后，选中该复选框来创建从大腿到两足动物最下面一个脊椎对象的链接。通常腿部是链接到两足动物骨盆对象上的。
- 扭曲链接：选中"扭曲"复选框可以使用 2～4 个前臂链接来将扭曲动画传输到两足动物相关网格上。

两足动物卷展栏中的控制工具用于运动面板。使两足动物处于体形、足迹、运动流或混合器模式，然后加载并保存为 .bip、.stp、.mfe 和 .fig 文件，还可以在两足动物卷展栏中找到其他控制，如图 8-28 所示。

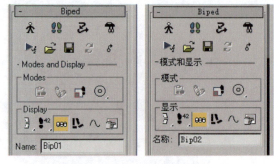

图 8-28　两足动物卷展栏

- 体形模式：使用体形模式，可以使两足动物适合代表角色的模型或模型对象。如果使用 Physique 将模型连接到两足动物上，需使体形模式处于打开状态。使用体形模式不仅可以缩放连接模型的两足动物，而且可以在应用 Physique 之后使两足动物适合调整，还可以纠正需要更改全局姿势的运动文件中的姿势。
- 足迹模式：创建和编辑足迹，从而生成走动、跑动或跳跃足迹模式，还可以编辑空间内的选定足迹。
- 运动流模式：创建脚本并使用可编辑的变换将 .bip 文件组合起来，以便在运动流模式下创建角色动画。
- 混合器模式：激活两足动物卷展栏中当前的所有混合器动画，并显示混合器卷展栏。
- 两足动物重播：除非显示首选项对话框中不包含所有两足动物，否则会播放其动画。通常，在这种重放模式下可以实现实时重放，如果使用 3ds Max 工具栏中的播放功能，不会实现实时重放。
- 加载文件：打开"打开"对话框，可以加载 .bip、.fig 或 .stp 文件。
- 保存文件：打开"另存为"对话框。在该对话框中，可以保存两足动物文件（.bip）、体形文件（.fig）和步长文件（.stp）。
- 转换：将足迹动画转换成自由形式的动画。转换是双向的，根据相关的方向，显示"转换为自由形式"对话框或"转换为足迹"对话框。
- 移动所有模式：使两足动物与其相关的非活动动画一起移动和旋转。如果此按钮处于激活状态，则两足动物的重心会放大，使平移时更加容易选择。
- 模式：默认情况下，模式组处于隐藏状态。该组主要对缓冲区、混合链接、橡皮圈、放步幅和就位进行控制。
- 显示：默认情况下，显示组处于隐藏状态。该组主要对显示对象、足迹、前臂扭曲、腿部状态、轨迹、首选项和名称进行控制。

8.4.5 CAT 骨骼系统

CAT 的全称为 Character Animation Toolkit，是由新西兰达尼丁的著名软件公司开发的一套灵活、专业的角色动画设计包。CAT 专门用于增强 3ds Max 的角色动画功能，集非线性动画、IK/FK 工具和动画剪辑管理等强大功能于一身。之前的版本一直以插件的形式存在，现在完全整合至 3ds Max 2011 中，其操作的稳定性和兼容性得到了很大的提高，可谓 CG 用户的一大福音，如图 8-29 所示。

在创建面板的辅助物体中选择 CAT objects（CAT 物体）选项，在 Object Type 卷展栏中单击 CATParent（CAT 根源）按钮，然后在视图中建立图标，如图 8-30 所示。

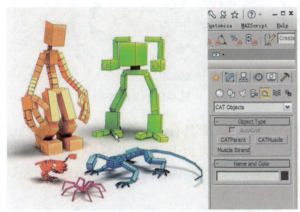

图 8-29　CAT 骨骼

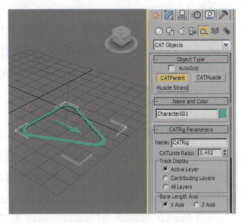

图 8-30　创建 CAT 图标

切换至修改面板，在 CATRig Load Save（加载存储 CAT 库）卷展栏中单击 Create Pelvis（创建骨盆）按钮，视图中将出现一个默认大小的骨盆立方体，选择该骨盆物体即可以在 Hub Setup（连接安装）卷展栏中添加肢体、脊骨、尾巴及与骨盆连接的其他部位，如图 8-31 所示。

CAT 骨骼中内建了二足、四足与多足骨架，可以轻松地创建与管理角色。其自带的预设骨骼库中包括从人类到马、从昆虫到机器人的各种骨架，可以按用户意愿设定多个尾巴、脊骨、脊椎链、头部、骨盆、肢体、骨骼节、手指和脚趾，如图 8-32 所示。

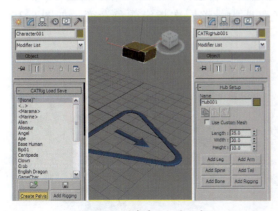

图 8-31　创建骨盆与连接部位

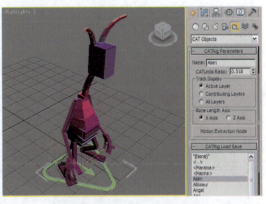

图 8-32　加载存储 CAT 库

8.4.6 IK 骨骼系统

IK 骨骼系统是骨骼对象的一个有关节的层次链接，可用于设置其他对象或层次的动画。在设置具有连续皮肤网格的角色模型的动画方面，骨骼尤为有用。可以采用正向运动学或反向运动学为骨骼设置动画。对于反向运动学，骨骼可以使用任何可用的 IK 解算器，如交互式 IK 或应用式 IK。IK 骨骼系统如图 8-33 所示。

骨骼是可渲染的对象，它具备多个可用于定义骨骼所表示形状的参数，如锥化和鳍。通过鳍，可以更容易地观察骨骼的旋转。在动画方面，非常重要的一点是要理解骨骼对象的结构。

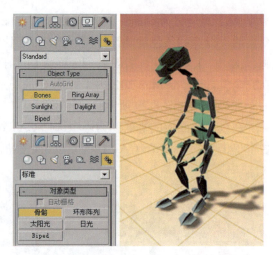

图 8-33　IK 骨骼系统

骨骼的几何体与其链接是不同的。每个链接在其底部都具有一个轴点，骨骼可以围绕该轴点旋转。移动子级骨骼时，实际上是在旋转其父级骨骼。由于实际作用的是骨骼的轴点位置而不是实际的骨骼几何体，因此可将骨骼视为关节，将几何体视为从轴点到骨骼子对象纵向绘制的一个可视辅助工具，而子对象通常是另一个骨骼。

骨骼的创建需先对骨骼顺序有所了解，然后在　创建面板的　系统中创建 Bones（骨骼）。创建骨骼时，第一次单击视图定义第一个骨骼的起始关节，第二次单击视图定义下一个骨骼的起始关节。由于骨骼是在两个轴点之间绘制的可视辅助工具，因此看起来此时只绘制了一个骨骼。实际的轴点位置非常重要。后面每次单击都定义一个新的骨骼作为前一个骨骼的子对象。经过多次单击之后便形成了一个骨骼链，右击可退出骨骼的创建，如图 8-34 所示。

默认情况下，可以在自定义用户界面对话框的颜色面板中为骨骼指定颜色。选择对象作为元素，然后在列表中选择骨骼。可以通过下述方法来更改各个骨骼的颜色：在　创建面板或　修改面板中单击 Bones（骨骼）名称旁边的活动色样，然后在对象颜色对话框中选择颜色。还可以使用骨骼工具指定骨骼颜色，或为骨骼层次指定颜色渐变，如图 8-35 所示。

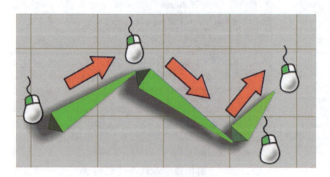

图 8-34　创建骨骼

图 8-35　骨骼颜色设置

IK Chain Assignment（IK 链指定）卷展栏仅用于创建时，可以提供快速创建自动应用 IK 解算器的骨骼链的工具，也可以创建无 IK 解算器的骨骼，如图 8-36 所示。

- IK 解算器：如果启用了指定给子级，则指定要自动应用的 IK 解算器的类型。
- 指定给子对象：如果选中该复选框，则将在 IK 解算器列表中命名的 IK 解算器指定给最新创建的所有骨骼（除第一个根骨骼之外）。如果取消选中该复选框，则为骨骼指定标准的 PRS 变换控制器。
- 指定给根：如果选中该复选框，则为最新创建的所有骨骼（包括第一个根骨骼）指定 IK 解算器。启用"指定给子对象"功能也会自动启用"指定给根"。

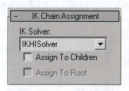 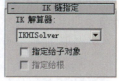

图 8-36　IK Chain Assignment（IK 链指定卷展栏）

Bones Parameters（骨骼参数）卷展栏仅用于创建时，可以控制更改骨骼的外观。"骨骼对象"组中提供骨骼宽度、高度和锥化的控制，"骨骼鳍"组中可以控制是否产生侧鳍、前鳍和后鳍，如图 8-37 所示。

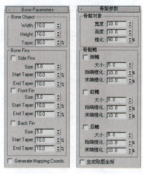 

图 8-37　Bone Parameters（骨骼参数）卷展栏

8.4.7　Skin 蒙皮绑定

Skin（蒙皮）修改命令是一种骨骼变形工具，可将制作的模型绑定到骨骼上，可使用骨骼、样条线甚至另一个对象变形网格、面片或 NURBS 对象。应用"蒙皮"修改器并分配骨骼后，每个骨骼都有一个胶囊形状的封套。这些封套中的顶点随骨骼移动，在封套重叠处，顶点运动是封套之间的混合，如图 8-38 所示。

初始的封套形状和位置取决于骨骼对象的类型，骨骼会创建一个沿骨骼几何体的最长轴扩展的线性封套。样条线对象创建跟随样条线曲线的封套，基本体对象创建跟随对象的最长轴的封套。

图 8-38　蒙皮效果

还可以根据骨骼的角度变形网格，共有 3 个用于基于骨骼角度确定网格形状的变形器。"节点角度"和"凸出角度"变形器使用与 FFD 晶格相似的晶格将网格形状确定为特定角度；"变形角度"变形器在指定角度变形网格。可使用堆栈中"蒙皮"修改器上方的修改器创建变形目标，或者使用主工具栏中的快照命令创建网格副本，然后使用标准工具变形网格。

8.4.8　Physique 体格蒙皮

使用 Physique（体格）修改器可将蒙皮附加到骨骼结构上，比如两足动物。蒙皮是一个

3ds Max 对象，它可以是任何可变形的、基于顶点的对象，如网格、面片或图形等。当以附加蒙皮制作骨骼动画时，Physique（体格）会使蒙皮变形，以与骨骼移动相匹配体格命令如图 8-39 所示。

图 8-39　体格命令

- ![icon] 附加到节点：将模型对象附加到两足动物或骨骼层次。
- ![icon] 重新初始化：显示 Physique 初始化对话框，然后将任意或全部 Physique 属性重置为默认值。如使用选定的顶点设置重新初始化时，将会重新建立顶点及其与 Physique 变形样条线有关的原始位置之间的关系。通过此对话框，可以重置顶点链接指定、凸出和腱部的设置。
- ![icon] 凸出编辑器：显示凸出编辑器，它是一种针对凸出子对象级别的图形方法，用于创建和编辑凸出角度。
- ![icon] 打开 Physique 文件：加载保存的 Physique（phy）文件，该文件用于存储封套、凸出角度、链接、腱部和顶点设置。
- ![icon] 保存 Physique 文件：保存 Physique（phy）文件，该文件包含封套、凸出角度、链接和腱部设置。

8.5　范例——三维生物角色

三维生物角色可以很好地在建筑动画中烘托气氛，但需要设计者对多边形建模、材质贴图、骨骼设置、蒙皮设置和动画记录有所了解。因为制作流程相对繁琐，所以可以将平时准备好的三维生物角色直接导入到所需场景。本范例的制作效果如图 8-40 所示。

图 8-40　三维生物角色范例效果

【制作流程】

　　三维生物角色范例的制作流程分为 6 步，包括场景模型整理、自动步迹骨骼设置、手动骨骼动画设置、角色局部骨骼设置、运动流骨骼动画设置和场景渲染输出设置，如图 8-41 所示。

Chapter 08 生物角色制作案例

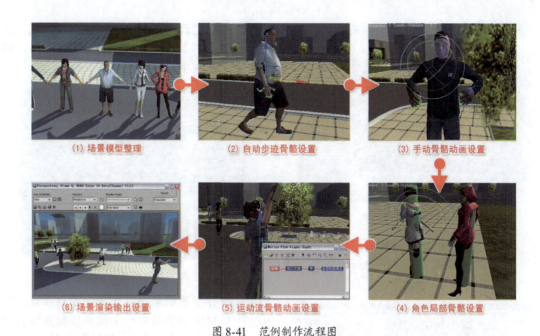

(1) 场景模型整理　　(2) 自动步迹骨骼设置　　(3) 手动骨骼动画设置

(6) 场景渲染输出设置　　(5) 运动流骨骼动画设置　　(4) 角色局部骨骼设置

图 8-41　范例制作流程图

8.5.1　场景模型整理

[01] 在 3ds Max 软件中搭建室外建筑动画的场景，为了提升计算机的运算速度，辅助楼体使用简化立方体的方式建立，如图 8-42 所示。

绿化贴图。在主工具栏中单击 快速渲染按钮，渲染场景效果，如图 8-43 所示。

图 8-43　渲染材质效果

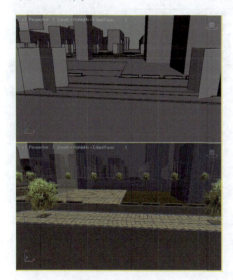

图 8-42　搭建场景

[02] 设置场景的材质。为人行道赋予方砖贴图，为背景赋予蓝色的渐变贴图，为楼体赋予灰色的半透明贴图，为场景赋予

[03] 为了提升建筑动画的渲染效果，在灯光选择上使用灯光阵列方式，不必使用渲染器就可模拟出细腻的场景效果，如图 8-44 所示。

 提示　　灯光阵列方式即先建立一盏主照明灯光控制光影的方向，然后建立微弱的灯光关联复制，从四面八方向主建筑照射，使场景光影细腻而模拟出全局光照的效果。

253

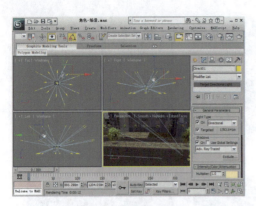

图 8-44 建立灯光阵列

[04] 在主工具栏中单击 快速渲染按钮，使用扫描线渲染当前场景的灯光效果，如图 8-45 所示。

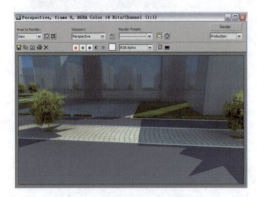

图 8-45 渲染灯光效果

[05] 在菜单栏中单击 文件图标按钮，然后在弹出的菜单中选择 Import（输入）→ Merge（合并）命令，将提前准备好的三维角色模型合并到当前的建筑场景中，如图 8-46 所示。

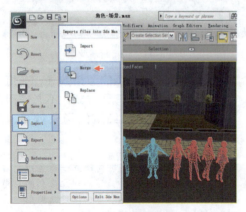

图 8-46 合并角色模型

[06] 在主工具栏中单击 快速渲染按钮，渲染合并到场景中角色模型的效果，如图 8-47 所示。

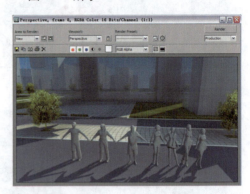

图 8-47 渲染角色效果

[07] 打开材质编辑器并选择一个材质球，将其材质赋予其中一个角色模型并设置其名称为"男人01"，然后为 Diffuse（漫反射）赋予本书配套光盘的角色贴图，如图 8-48 所示。

 提示　建筑动画作品中场景的文件量非常庞大，所以需要有序地管理文件名称与贴图数量。

图 8-48 设置角色贴图

[08] 以同样的方式设置其他角色贴图，然后在主工具栏中单击 快速渲染按钮，渲染场景中所有角色模型与贴图的效果，如图 8-49 所示。

Chapter 08 生物角色制作案例

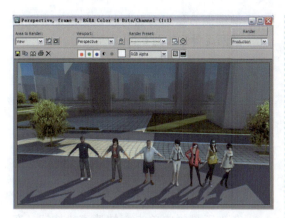

图 8-49　渲染角色效果

8.5.2　自动步迹骨骼设置

01 在 创建面板 系统子面板中选择 Biped（两足骨骼）命令，然后在场景中由脚部至头部顺序创建模型，如图 8-50 所示。

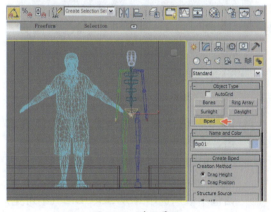

图 8-50　建立骨骼

02 在 运动面板中的 Biped 卷展栏中开启 体形模式，然后通过 Track Selection（轨迹选择）卷展栏中的工具控制骨骼整体位置，也可以直接控制骨骼的中心，使用 移动工具调节位置，如图 8-51 所示。

提示　两足骨骼的外形设置必须在体形模式状态下才会被应用。

03 建立的两足骨骼物体与建立的角色模型没有完全匹配，可以使用 缩放工具控制每块骨骼的大小与角色模型相匹配，如图 8-52 所示。

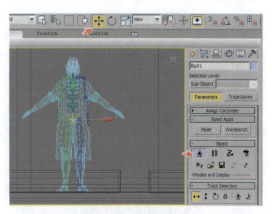

图 8-51　调节骨骼位置

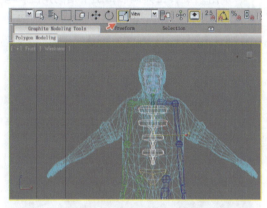

图 8-52　缩放骨骼进行匹配

04 手臂位置的骨骼可以使用 旋转工具调节角度与角色模型相匹配，如图 8-53 所示。

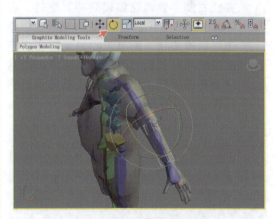

图 8-53　旋转骨骼进行匹配

05 完成手臂角度的调节后，在 Structure（结构）卷展栏中设置 Fingers（手指）为 5、Finger Links（手指链接）为 2，控制所需的骨骼数量，如图 8-54 所示。

255

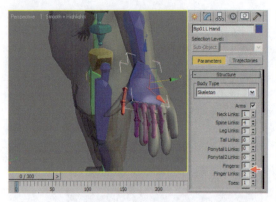

图 8-54 设置手部骨骼数量

[06] 使用旋转工具调节每组手指的角度,与角色的手部模型相匹配,如图 8-55 所示。

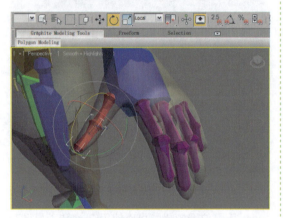

图 8-55 调节手指骨骼角度

[07] 完成右侧手臂骨骼编辑后将其旋转,在 Copy/Paste(复制/粘贴)卷展栏中单击新建按钮,再单击复制按钮将完成编辑的骨骼造型复制,然后单击粘贴到对侧按钮,将相同姿势粘贴到对侧骨骼上,如图 8-56 所示。

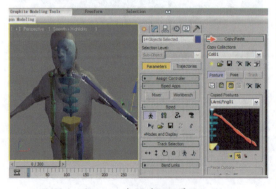

图 8-56 复制并粘贴骨骼

[08] 继续调节每组骨骼与模型相匹配,完成的两足骨骼如图 8-57 所示。

图 8-57 继续调节骨骼效果

[09] 在主工具栏中单击快速渲染按钮,在渲染效果中可以看到骨骼的显示,如图 8-58 所示。

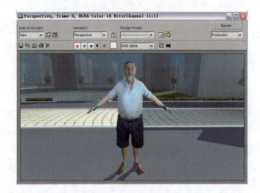

图 8-58 渲染骨骼效果

[10] 选择为角色建立的两足骨骼物体并右击,在弹出的四元菜单中选择 Object Properties(对象属性)命令,然后在弹出的 Dbject Properties(对象属性)对话框中取消选中 Renderable(不可见)复选框,使两足骨骼物体不被渲染,如图 8-59 所示。

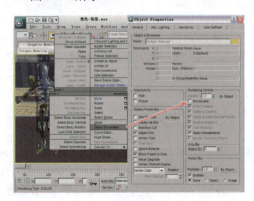

图 8-59 关闭不可见项目

Chapter 08 生物角色制作案例

11 在主工具栏中单击 快速渲染按钮，再次渲染效果如图 8-60 所示。

图 8-60　渲染效果

12 在 运动面板 Biped 卷展栏中单击 存储按钮，将调节完成的骨骼以 FIG 格式存储备份，以便日后直接调入骨骼样式使用，如图 8-61 所示。

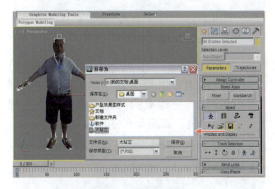

图 8-61　存储骨骼样式

13 选择三维角色模型，然后在 修改面板中选择 Skin（蒙皮）命令，如图 8-62 所示。

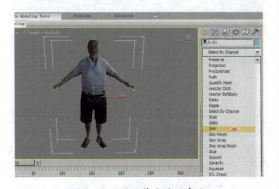

图 8-62　增加蒙皮修改命令

14 单击蒙皮命令中的 Add（添加）按钮，在弹出的选择骨骼对话框中选择需要添加的对应骨骼命令，如图 8-63 所示。

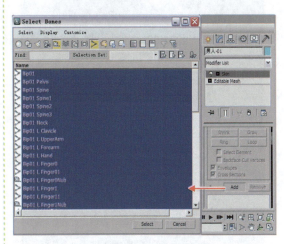

图 8-63　添加骨骼到蒙皮

15 在蒙皮命令内部单击 Edit Envelopes（编辑封套）模式按钮，可以调节骨骼与模型的匹配效果，还可手动编辑其影响的区域，如图 8-64 所示。

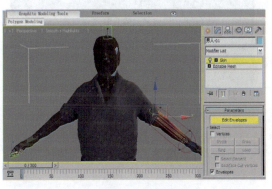

图 8-64　编辑封套

16 以角色左侧大臂为例，默认蒙皮的区域没有影响到肩膀模型，需要手动控制其影响的区域和颜色，如图 8-65 所示。

 提示
　　蒙皮的控制点由许多颜色组成，红色区域为此骨骼完全影响范围，蓝色区域为此骨骼非常微弱的影响范围，其他颜色区域为此骨骼的过渡影响范围。

17 选择两足骨骼的中心物体，然后将骨骼放置到所需的位置，如图 8-66 所示。

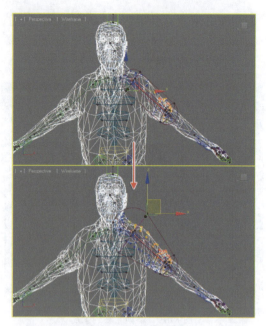

图 8-65　调节影响范围

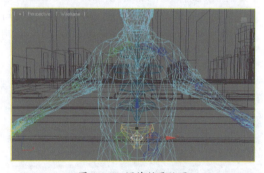

图 8-66　调节所需位置

18 使用移动工具将两足骨骼的中心物体进行位置摆放，放置三维角色模型到人行道上，如图 8-67 所示。

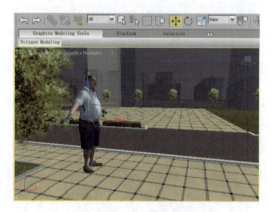

图 8-67　移动骨骼位置

19 在 ◎ 运动面板中的 Biped 卷展栏中关闭 体形模式，然后单击 Footstep Creation 卷展栏中足迹模式的创建多个足迹按钮，在弹出的对话框中设置 Number of Footsteps（足迹数）为 20，系统将为两足骨骼自动创建 20 步的行走动画，如图 8-68 所示。

> 提示：在 Footstep Creation（足迹创建）卷展栏中可以选择足迹要使用的步态是行走、跑动或跳跃。

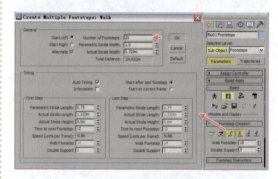

图 8-68　创建多个足迹

20 在 Footstep Operations（足迹操作）卷展栏中单击为非活动足迹创建关键点按钮，将建立的两足骨骼生成为可操作的动画，如图 8-69 所示。

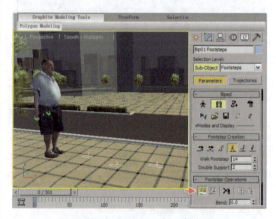

图 8-69　为非活动足迹创建关键点

21 在 Biped 卷展栏中使用播放工具预览生成的骨骼动画效果，如图 8-70 所示。

22 可以在时间线中看到系统自动生成的动画关键点，将自动创建的足迹动画转换为关键点动画，如图 8-71 所示。

Chapter 08 生物角色制作案例

图 8-70 预览骨骼动画

图 8-71 时间线关键点

23 旋转视图的观察角度，可以看到自动创建的足迹动画不太自然，因为我们创建的三维角色过胖，所以两条手臂已经插到身体的内部，如图 8-72 所示。

图 8-72 旋转视图观察效果

24 在 Layer（层）卷展栏中单击创建新层按钮，准备在新层内进行动画设置，如图 8-73 所示。

> 提示：Layers（层）卷展栏中的控件允许在原 Biped 动画之上添加动画层。使用层可以轻松调整原样动态捕获数据，包括每帧的关键点。为 Biped 添加层的同时创建了关键点，原来的图层显示为红色骨骼。

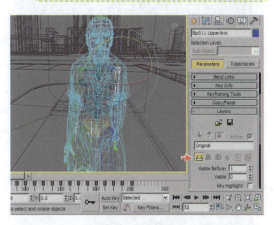

图 8-73 创建新层

25 在创建的新层中调节两条手臂骨骼的准确位置，使其在身体的两侧位置，如图 8-74 所示。

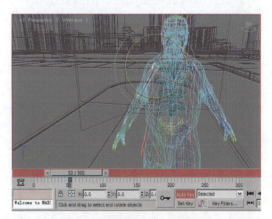

图 8-74 调节骨骼位置

26 调节后，单击塌陷层按钮将手动设置的动画效果与自动原始关键点混合到一起，如图 8-75 所示。

27 如果还需要对设置的走步动画进行调节，可以直接选择地面的足迹号码进行位置调节，如图 8-76 所示。

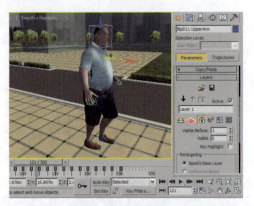

图 8-75　塌陷层

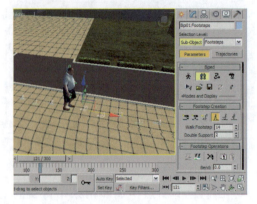

图 8-76　足迹号码调节

[28] 设置渲染的存储路径，然后在主工具栏中单击 快速渲染按钮，渲染的自动步迹骨骼动画效果如图 8-77 所示。

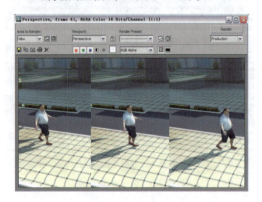

图 8-77　渲染动画效果

8.5.3　手动骨骼动画设置

[01] 为其他的三维角色模型设置手动骨骼动画。在 创建面板的 系统子面板中选择 Biped（两足骨骼）命令，然后在场景中由脚部至头部顺序创建骨骼，再将以往存储备份的 FIG 格式骨骼文件打开，选择的两足骨骼会自动将体形载入，如图 8-78 所示。

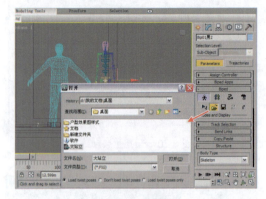

图 8-78　体形载入

[02] 在 体形模式中选择两足骨骼的中心物体，然后使用 移动工具调节其位置，如图 8-79 所示。

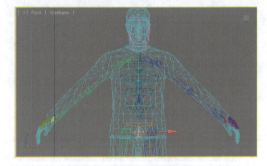

图 8-79　调节中心位置

[03] 建立的两足骨骼物体与建立的角色模型没有完全匹配，可以使用 缩放工具控制每块骨骼的大小与角色模型相匹配，如图 8-80 所示。

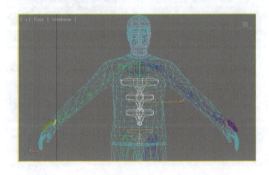

图 8-80　缩放骨骼进行匹配

Chapter 08 生物角色制作案例

04 使用 旋转工具调节角度，使手臂和腿部位置的骨骼与角色模型相匹配，如图 8-81 所示。

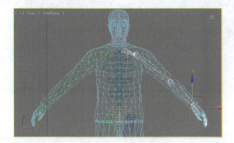

图 8-81　骨骼与模型匹配

05 选择为角色建立的两足骨骼物体并单击鼠标右键，在弹出的四元菜单中选择 Object Properties（对象属性）命令，然后在弹出的 Obiect Properties（对象属性）对话框中取消选中 Renderable（不可见）复选框，使两足骨骼物体不被渲染，如图 8-82 所示。

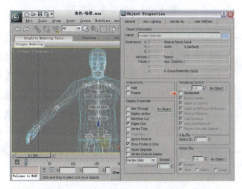

图 8-82　关闭不可见项目

06 选择三维角色模型，然后在 修改面板中选择 Physique（体格）命令，如图 8-83 所示。

图 8-83　增加体格修改命令

07 在 Physique（体格）卷展览中单击 拾取置心按钮，拾取场景中的骨骼中心物体，在拾取完成后弹出的初始化对话框中设置参数如图 8-84 所示。

> 提示　使用初始化对话框可以指定链接参数以及为 Physique 链接创建的封套的类型和大小。

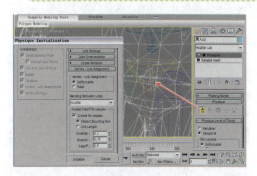

图 8-84　拾取中心骨骼

08 初始化操作后会在三维角色内部显示出骨骼产生的影响，如图 8-85 所示。

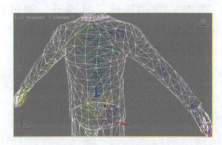

图 8-85　显示骨骼影响

09 使用 旋转工具调节、测试骨骼与模型的匹配效果，发现当前模型的大臂模型没有被骨骼所影响，如图 8-86 所示。

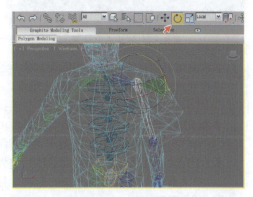

图 8-86　测试匹配效果

10 在Physique（体格）修改命令中选择大臂的骨骼范围，然后在Envelope Parameters卷展栏中设置Both（两者）的Radial Scale（径向缩放）值为2，扩大骨骼对三维角色模型的影响，如图8-87所示。

提示：径向缩放以放射状缩放封套边界，其范围为0～100，默认值为1。

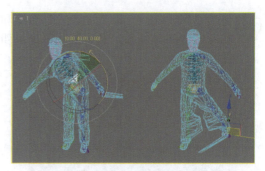

图8-89　测试匹配效果

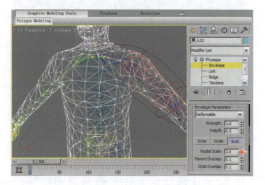

图8-87　设置大臂范围

11 再次使用旋转工具调节、测试径向缩放后的骨骼与模型的匹配效果，如图8-88所示。

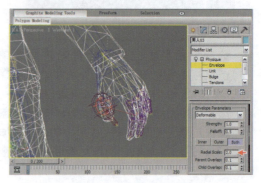

图8-90　设置手指范围

14 在Physique（体格）修改命令中选择肩膀的骨骼范围，然后在Envelope Parameters卷展栏中设置Both（两者）的Radial Scale（径向缩放）值为2、Parent Overlap（父对象重叠）值为0.3、Child Overlap（子对象重叠）值为1，扩大骨骼对三维角色模型的影响，如图8-91所示。

提示：父对象重叠在层次中负责更改父级链接的封套重叠；子对象重叠在层次中负责更改子级链接的封套重叠。

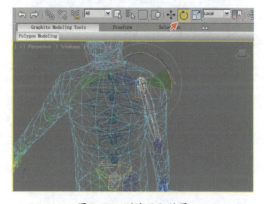

图8-88　测试匹配效果

12 继续测试其他骨骼与模型的匹配效果，若发现问题应及时解决，如图8-89所示。

13 在Physique（体格）修改命令中选择手指的骨骼范围，然后在Envelope Parameters卷展栏中设置Both（两者）的Radial Scale（径向缩放）值为2，扩大骨骼对三维角色模型的影响，如图8-90所示。

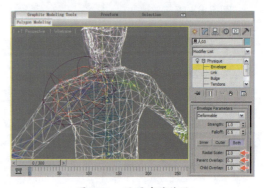

图8-91　设置肩膀范围

Chapter 08 生物角色制作案例

15 再次使用 旋转工具调节、测试骨骼与模型的匹配效果，确保没有问题时再进行动画的设置，如图 8-92 所示。

图 8-92 测试匹配效果

16 选择两足骨骼的中心物体，然后将骨骼放置到所需的位置，如图 8-93 所示。

图 8-93 调节所需位置

17 使用 旋转工具将左、右两侧的大臂骨骼进行旋转，使角色产生岔开双臂的动作效果，如图 8-94 所示。

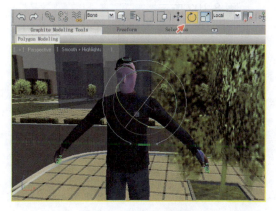

图 8-94 旋转大臂骨骼

18 开启动画记录功能，在第 0 帧至第 15 帧记录手臂弯曲的动画，模拟出三维角色正在健身的动作，如图 8-95 所示。

图 8-95 记录手臂弯曲动画

19 在第 40 帧至第 100 帧先记录腰部弯曲的动画，然后再配合记录手臂挥舞的健身动作，如图 8-96 所示。

图 8-96 记录腰部弯曲动画

20 设置渲染的存储路径，然后在主工具栏中单击 快速渲染按钮，渲染的手动步迹骨骼动画效果如图 8-97 所示。

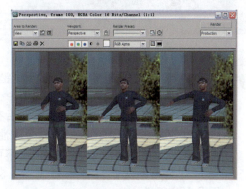

图 8-97 渲染动画效果

263

8.5.4 角色局部骨骼设置

[01] 继续为场景添加三维角色模型，然后调节模型的位置，丰富建筑动画场景，如图8-98所示。

图 8-98 添加三维角色模型

[02] 在 创建面板 几何体中选择Cylinder（圆柱体）命令，然后在视图中角色的身体位置建立圆柱体，作为三维角色模型身体的骨骼，如图8-99所示。

 提示 三维角色可以使用局部骨骼设置，会提高动画制作的效率，一般只对手臂或头部产生动画记录。

图 8-99 创建圆柱体

[03] 选择建立的圆柱体并单击鼠标右键，在弹出的四元菜单中选择Object Properties（对象属性）命令，然后在弹出的Object Properties（对象属性）对话框中取消选中Renderable（不可见）复选框，使圆柱体不被渲染，如图8-100所示。

图 8-100 关闭不可见项目

[04] 继续为头部和另外的角色建立圆柱体，使两个三维角色表现出正在对话的场景状态，如图8-101所示。

图 8-101 继续建立圆柱体

[05] 在 创建面板的 系统子面板中使用Bones（骨骼）命令在三维角色模型肩膀位置向手臂位置依次创建骨骼，使三维角色手臂可以单独记录动画，如图8-102所示。

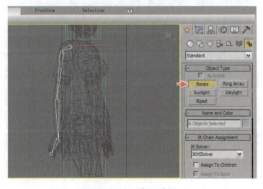

图 8-102 建立骨骼

Chapter 08 生物角色制作案例

[06] 选择建立的手臂骨骼，在修改面板中选中 Side Fins（侧鳍）复选框，然后通过数值改变建立骨骼的大小显示状态，如图 8-103 所示。

> 提示：设置骨骼的大小不仅在记录动画时更容易被选择与观察状态，还会在默认蒙皮状态下自动生成控制模型的影响范围。

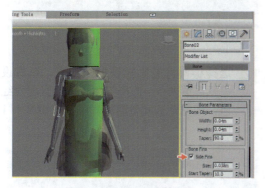

图 8-103　开启侧鳍项目

[07] 选择头部的圆柱体骨骼与两侧的肩部骨骼，然后在主工具栏中选择链接工具，将头与肩部骨骼链接给身体骨骼，使身体的骨骼作为父级别骨骼而影响其他骨骼，并使此三维角色模型的头与两臂可以记录动画，如图 8-104 所示。

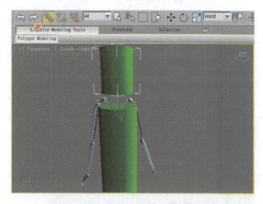

图 8-104　链接骨骼操作

[08] 为另一个三维角色模型建立一侧的手臂与腿部骨骼，使一侧的手臂与腿部模型可以被记录为动画，如图 8-105 所示。

[09] 选择头部的圆柱体骨骼、一侧的肩部骨骼与一侧的大腿骨骼，然后在主工具栏中选择链接工具，将头、肩部骨骼与大腿骨骼链接给身体骨骼，使身体的骨骼作为父级别骨骼而影响其他骨骼，如图 8-106 所示。

图 8-105　建立手臂与腿部骨骼

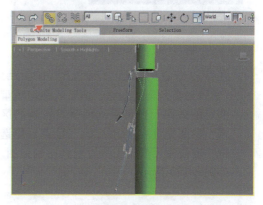

图 8-106　链接骨骼操作

[10] 选择一个三维角色模型，在修改面板中增加 Skin（蒙皮）修改命令，进行骨骼与角色模型的绑定工作，如图 8-107 所示。

> 提示：应用蒙皮修改器并分配骨骼后，每个骨骼都有一个胶囊形状的封套。这些封套中的修改对象的顶点随骨骼移动，在封套重叠处，顶点运动是封套之间的混合。

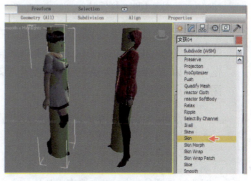

图 8-107　增加蒙皮命令

11 单击蒙皮命令中的 Add（添加）按钮，在弹出的选择骨骼对话框中选择需要添加的对应骨骼命令，如图 8-108 所示。

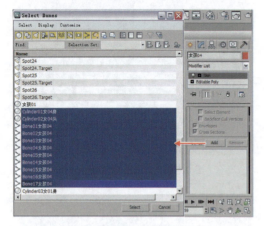

图 8-108　添加骨骼到蒙皮

12 在蒙皮命令内部单击 Edit Envelopes（编辑封套）模式按钮，调节骨骼与模型的匹配效果，还可手动编辑其影响的区域，在此先选中 Vertices（顶点）复选框，准备使用权重工具设置其影响范围，如图 8-109 所示。

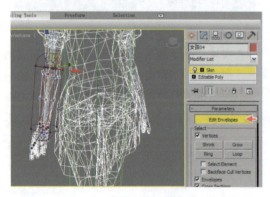

图 8-109　编辑封套

13 在权重属性组中单击 权重按钮，在弹出的 Weight Tool（权重工具）对话框中可以看到每块骨骼的影响范围，如图 8-110 所示。

> 提示　Weight Tool（权重工具）对话框从蒙皮修改器启动，可以提供工具来选择顶点并为它们指定权重。还可以在顶点之间复制、粘贴和混合权重，选择的每个顶点都显示对话框列表中对其权重有贡献的对象。

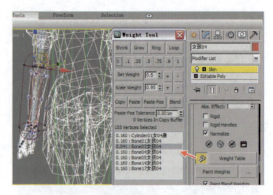

图 8-110　开启权重工具

14 选择小臂骨骼影响模型的顶点，然后设置权重值为 1，选择的顶点将会呈现为红色，即完全被此骨骼所影响，如图 8-111 所示。

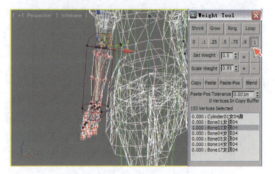

图 8-111　设置权重值

15 选择身体骨骼，查看该骨骼影响模型的顶点范围，然后使用权重工具设置顶点的权重值，如图 8-112 所示。

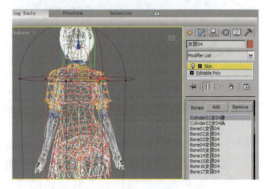

图 8-112　身体蒙皮范围

16 选择头部骨骼，查看该骨骼影响模型的顶点范围，然后使用权重工具设置顶点的权重值，如图 8-113 所示。

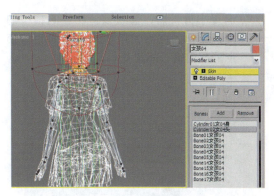

图 8-113　头部蒙皮范围

17 选择右大臂骨骼，查看该骨骼影响模型的顶点范围，然后使用 权重工具设置顶点的权重值，如图 8-114 所示。

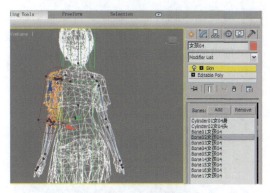

图 8-114　右大臂蒙皮范围

18 选择右小臂骨骼，查看该骨骼影响模型的顶点范围，然后使用 权重工具设置顶点的权重值，如图 8-115 所示。

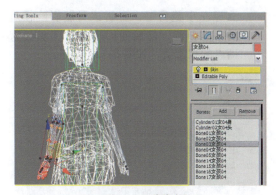

图 8-115　右小臂蒙皮范围

19 选择左大臂骨骼，查看该骨骼影响模型的顶点范围，然后使用 权重工具设置顶点的权重值，如图 8-116 所示。

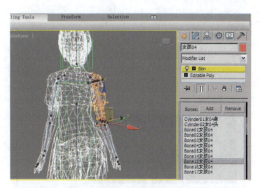

图 8-116　左大臂蒙皮范围

20 选择左小臂骨骼，查看该骨骼影响模型的顶点范围，然后使用 权重工具设置顶点的权重值，如图 8-117 所示。

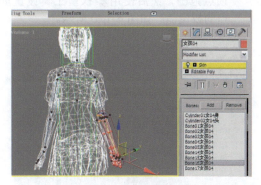

图 8-117　左小臂蒙皮范围

21 选择另一个三维角色模型，在 修改面板中增加 Skin（蒙皮）修改命令，进行骨骼与角色模型的绑定工作，如图 8-118 所示。

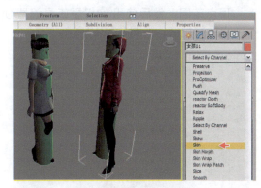

图 8-118　增加蒙皮命令

22 单击"蒙皮"命令中的 Add（添加）按钮，在弹出的选择骨骼对话框中选择需要添加的对应骨骼命令，如图 8-119 所示。

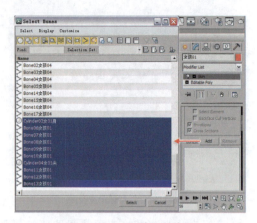

图 8-119　添加骨骼到蒙皮

23 选择头部骨骼，查看该骨骼影响模型的顶点范围，然后使用 权重工具设置顶点的权重值，如图 8-120 所示。

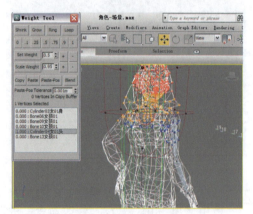

图 8-120　头部蒙皮范围

24 选择身体骨骼，查看该骨骼影响模型的顶点范围，然后使用 权重工具设置顶点的权重值，如图 8-121 所示。

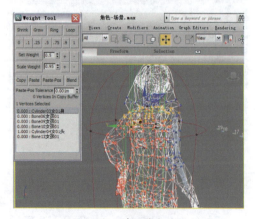

图 8-121　身体蒙皮范围

25 选择小臂骨骼，查看该骨骼影响模型的顶点范围，然后使用 权重工具设置顶点的权重值，如图 8-122 所示。

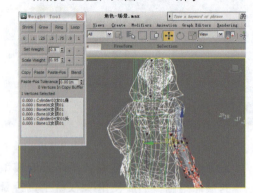

图 8-122　左小臂蒙皮范围

26 选择左大腿骨骼，查看该骨骼影响模型的顶点范围，然后使用 权重工具设置顶点的权重值，如图 8-123 所示。

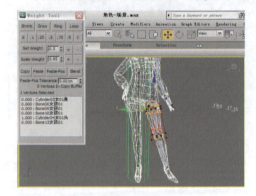

图 8-123　左大腿蒙皮范围

27 选择左小腿骨骼，查看该骨骼影响模型的顶点范围，然后使用 权重工具设置顶点的权重值，如图 8-124 所示。

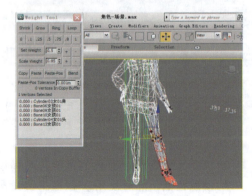

图 8-124　左小腿蒙皮范围

Chapter 08 生物角色制作案例

28 开启动画记录功能，然后在时间线上记录两个角色的骨骼动画，模拟出三维角色正在相互交谈的动作，如图8-125所示。

的Add（添加）按钮，在弹出的选择骨骼对话框中选择需要添加的对应骨骼命令，如图8-128所示。

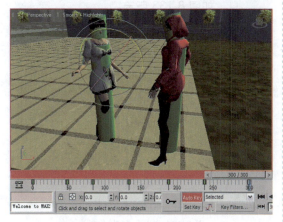

图8-125 记录骨骼动画

29 设置渲染的存储路径，然后在主工具栏中单击 快速渲染按钮，渲染的角色局部骨骼动画设置效果如图8-126所示。

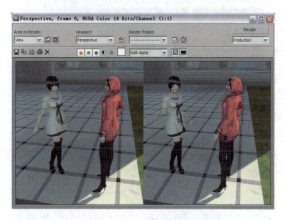

图8-126 渲染动画效果

8.5.5 运动流骨骼动画设置

01 为其他的三维角色模型设置运动流骨骼动画。在 创建面板的 系统子面板中选择Biped（两足骨骼）命令，然后在场景中由脚部至头部顺序创建骨骼，然后调节骨骼对应的三维角色模型造型，如图8-127所示。

02 选择三维角色模型，在 修改面板中添加Skin（蒙皮）修改命令，进行骨骼与角色模型的绑定工作。单击蒙皮命令中

图8-127 建立角色骨骼

图8-128 增加蒙皮命令

03 使用 移动工具调节、测试骨骼与模型的匹配效果，如图8-129所示。

图8-129 测试匹配效果

04 在 运动面板中的Biped卷展栏中开启 运动流模式，如图8-130所示。

提示

运动流可以从一个运动流向另一个运动，是一种从图形上排列剪辑运动文件的工具。可以使用运动流图设置一系列可以相互过渡的剪辑，然后Biped依次执行这一系列运动。

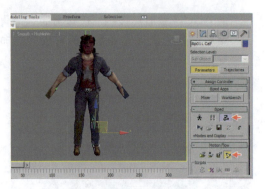

图 8-130　开启运动流模式

07 定义脚本后,在运动流图形对话框中的剪辑操作将添加到了脚本列表中,将直接显示出 BIP 动作的顺序、帧数、状态信息,如图 8-133 所示。

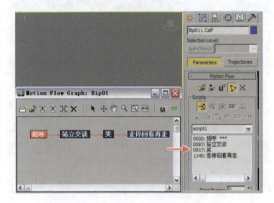

图 8-133　添加到脚本列表

05 在运动流模式对话框中通过新建工具加载预先准备的 BIP 动作文件,如图 8-131 所示。

提示　BIP 文件包含 Biped 的骨骼大小和肢体旋转数据,采用的是原有的 character studio 运动文件格式或运动捕捉数据。

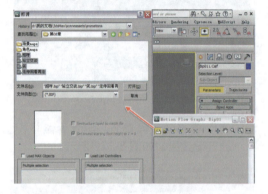

图 8-131　加载 BIP 动作

06 在 Motion Flow(运动流)卷展栏中通过定义脚本工具按钮拾取加载的 BIP 动作文件,如图 8-132 所示。

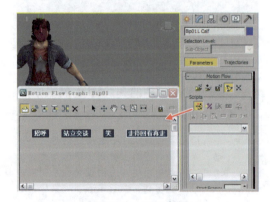

图 8-132　定义脚本

08 在 Motion Flow(运动流)卷展栏中通过创建统一运动工具将 BIP 动作文件转换为关键点,如图 8-134 所示。

图 8-134　创建统一运动

09 创建统一运动后,在时间线中将生成动画的关键点,如图 8-135 所示。

图 8-135　创建的关键点

10 由于在时间线中生成动画的关键点过多，不利于再次手动调节动画。在Layers（层）卷展栏中单击创建新层按钮，准备在新层内进行动画设置，如图8-136所示。

图8-136 创建新层

11 设置渲染的存储路径，然后在主工具栏中单击快速渲染按钮，渲染的运动流骨骼动画效果如图8-137所示。

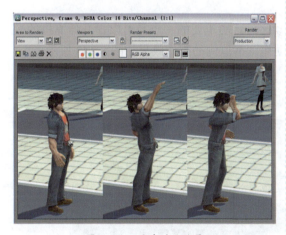

图8-137 渲染动画效果

8.5.6 场景渲染输出设置

01 继续为建筑动画场景添加三维角色模型，然后为场景建立摄影机，丰富场景的运动效果，如图8-138所示。

02 在时间线中记录摄影机由第0帧至第300帧的镜头摇移动画，如图8-139所示。

图8-138 建立摄影机

图8-139 记录摄影机动画

03 为了确保实际的渲染画面长宽比与视图显示相同，在视图的提示文字位置右击，在弹出的菜单中选择Show Safe Frames（显示安全框）命令，如图8-140所示。

图8-140 显示安全框

04 在主工具栏中单击渲染设置按钮，在弹出的对话框中设置渲染时间为第0帧至第300帧，再设置输出尺寸为HDTV（video）的高清格式，如图8-141所示。

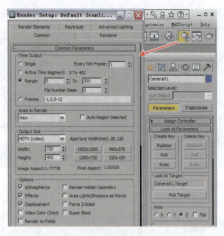

图 8-141　渲染设置

图 8-142　最终渲染效果

[05] 设置渲染的存储路径，然后在主工具栏中单击 快速渲染按钮，渲染的三维生物角色动画的效果如图 8-142 所示。

8.6　范例——贴图生物角色

贴图生物角色除了可以使建筑动画场景生动之外，更重要的一点是可以提升计算机的运算能力。其缺点是贴图的生物角色不可能产生动作。本范例的制作效果如图 8-143 所示。

图 8-143　贴图生物角色范例效果

【制作流程】

贴图生物角色范例的制作流程分为 6 步，包括平面不透明贴图绘制、三维不透明贴图设置、平面贴图路径输出、三维贴图路径设置、丰富其他贴图角色和摄影机与渲染输出，如图 8-144 所示。

Chapter 08 生物角色制作案例

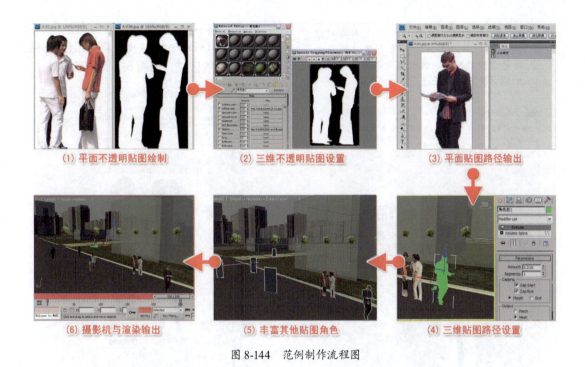

(1) 平面不透明贴图绘制　　(2) 三维不透明贴图设置　　(3) 平面贴图路径输出

(6) 摄影机与渲染输出　　(5) 丰富其他贴图角色　　(4) 三维贴图路径设置

图 8-144　范例制作流程图

8.6.1 平面不透明贴图绘制

01 在 3ds Max 软件中搭建室外建筑动画的场景，为了提升计算机的运算速度，辅助楼体使用简化立方体的方式建立，如图 8-145 所示。

渲染按钮，渲染场景效果，如图 8-146 所示。

图 8-146　渲染材质效果

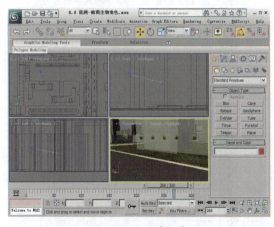

图 8-145　搭建场景

02 设置场景的材质，为人行道赋予方砖贴图，为背景赋予蓝色的渐变贴图，为楼体赋予灰色的半透明贴图，为场景赋予绿化贴图。在主工具栏中单击 快速

03 在 Photoshop 软件的菜单栏中选择"文件"→"打开"命令，打开角色的平面图像文件，如图 8-147 所示。

04 在 Photoshop 软件的工具箱中选择 多边形套索工具，然后选择图像文件中角色以外的区域，如图 8-148 所示。

提示　在选择图像素材的尺寸上不要超过1000分辨率，因为生物角色只是建筑动画场景中的配饰，过大的分辨率会直接影响到计算机的渲染速度。

05 在工具箱中将前景色设置为白色，然后使用Alt+Delete快捷键将前景色填充到所选择的区域，如图8-149所示。

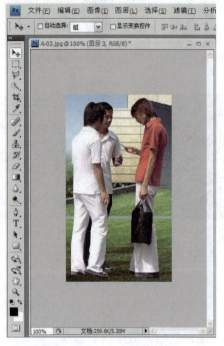

图8-147　打开图像文件

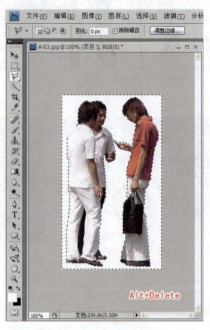

图8-149　填充前景色

06 在菜单栏中选择"文件"→"存储为"命令，将填充前景色的图像另外存储起来，如图8-150所示。

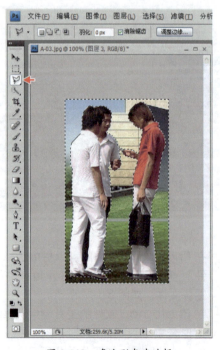

图8-148　多边形套索选择

图8-150　存储文件

Chapter 08 生物角色制作案例

07 在工具箱中将背景色设置为黑色，然后使用 Ctrl+Delete 快捷键将背景色填充到所选择的区域，如图 8-151 所示。

> 提示　不透明度贴图会对图像中的黑色区域进行透明控制。

09 使用 Alt+Delete 快捷键将前景色填充到所选择的区域，如图 8-153 所示。

图 8-153　填充前景色

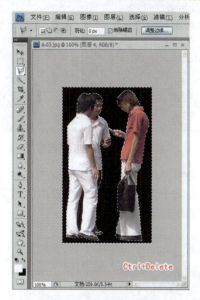

图 8-151　填充背景色

08 在菜单栏中选择"选择"→"反向"命令，将图像文件角色以外的区域进行反向选择，使选区只控制图像文件上的角色，如图 8-152 所示。

10 在菜单栏中选择"文件"→"存储为"命令，将制作的黑白图像存储起来，完成两张图像的制作，如图 8-154 所示。

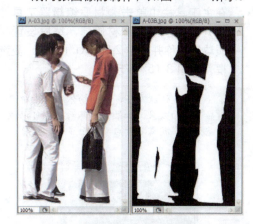

图 8-154　制作图像效果

8.6.2　三维不透明贴图设置

01 启动 3ds Max 软件，在 创建面板 几何体中选择 Plane（平面）命令，然后在"Front 前视图"中建立平面，再设置其长度与宽度（长度和宽度值即是原图像的分辨率值），如图 8-155 所示。

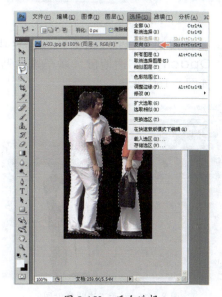

图 8-152　反向选择

图 8-155　建立平面

02　在主工具栏中单击 渲染工具按钮，渲染建立平面后场景中的效果，如图 8-156 所示。

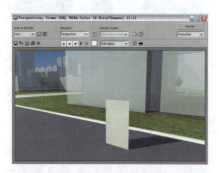

图 8-156　渲染平面效果

03　在主工具栏中单击 材质编辑器工具按钮并选择一个空白材质球，然后设置材质球的名称并选中 2-Sided（双面）复选框，如图 8-157 所示。

提示
在默认状态下，平面物体在场景中只显示单面效果，如果需要其两边都可以被渲染到，就需要开启"双面显示"功能。

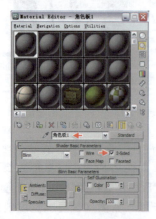

图 8-157　设置名称与双面选项

04　在材质的 Maps（贴图）卷展栏中为 Diffuse（漫反射）赋予颜色贴图，如图 8-158 所示。

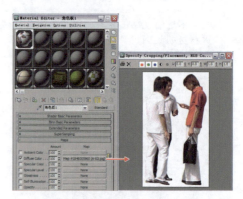

图 8-158　赋予漫反射贴图

05　在主工具栏中单击 渲染工具按钮，渲染赋予漫反射贴图后场景中的效果，如图 8-159 所示。

图 8-159　渲染漫反射贴图效果

06　在材质的 Maps（贴图）卷展栏中为 Opacity（不透明度）赋予黑白贴图，如图 8-160 所示。

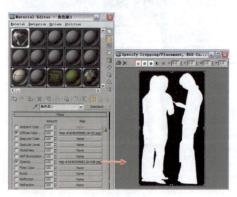

图 8-160　赋予不透明度贴图

07 在主工具栏中单击 渲染工具按钮，渲染赋予不透明度贴图后场景中的效果。角色边缘的区域已经产生了镂空的透明效果，但场景中的灯光无法对透明区域产生准确阴影，如图8-161所示。

图8-161 渲染不透明度贴图效果

08 选择场景中负责阴影的主照明灯光，在灯光General Parameters（基础属性）栏中将阴影类型切换为Ray Traced Shadows（光线跟踪阴影）。除此之外，高级光线跟踪和区域阴影也支持透明度和不透明度贴图，如图8-162所示。

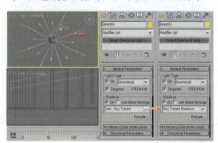

图8-162 设置阴影类型

09 在主工具栏中单击 渲染工具按钮，渲染测试灯光阴影后的效果，场景已经按照透明出的轮廓产生准确的阴影，如图8-163所示。

图8-163 渲染阴影效果

8.6.3 平面贴图路径输出

01 在Photoshop软件的工具箱中选择 多边形套索工具，然后选择图像文件上角色区域，如图8-164所示。

图8-164 多边形套索选择

02 在Photoshop的"路径"面板中选择"建立工作路径"命令，然后在弹出的对话框中设置容差值为1，如图8-165所示。

提示　建立的工作路径可以被第三方软件导入使用，其中的容差值越大，路径越平滑，但越偏离原始的套索选择区域。

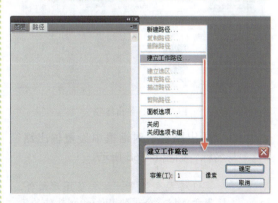

图8-165 建立工作路径

03 选择建立工作路径后，Photoshop的"路径"面板会自动建立一新的路径层，如图8-166所示。

图 8-166　路径面板

04 在菜单栏中选择"文件"→"导出"→"路径到 Illustrator"命令，将建立的工作路径输出为 AI 格式，如图 8-167 所示。

图 8-167　导出路径

05 在"导出路径"对话框中设置输出路径与名称，如图 8-168 所示。

提示

AI 格式文件是一种矢量图形文件，适用于 Adobe 公司的 Illustrator 软件的输出格式，不同的是，AI 格式文件是基于矢量输出，可在任何尺寸大小下按最高分辨率输出，还可以被 3ds Max 软件直接导入使用。

图 8-168　设置输出路径与名称

8.6.4　三维贴图路径设置

01 打开 3dsMax 软件，在菜单栏中单击文件图标按钮，然后在弹出的菜单中选择 Import（输入）→ Import（输入）命令，将存储的 AI 路径导入到 3ds Max 中，如图 8-169 所示。

图 8-169　输入 AI 路径

02 AI 路径导入到 3ds Max 后，系统会自动弹出输入对话框，单击 OK 按钮即可，如图 8-170 所示。

提示

选中 Single Object（单个对象）单选按钮可以将 AI 文件中的所有多边形都转换为 Bezier 样条线并放入单个合成图形对象中；选中 Multiple Object（多个对象）单选按钮可以将 AI 文件中的每个多边形都转换为一条 Bezier 样条线并放入单独的图形对象中。

图8-170 输入对话框

03 3ds Max 将 AI 路径导入后将默认转换为 Edit Spline（编辑样条线）命令，如图 8-171 所示。

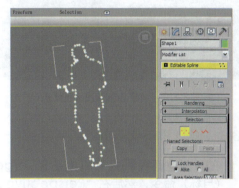

图8-171 转换为编辑样条线

04 将 Edit Spline（编辑样条线）命令切换为样条线模式，然后现在输入的路径并使用以中心轴进行 缩放工具操作，使输入的路径放大，如图 8-172 所示。

提示

AI 格式的路径输入到 3ds Max 中后与默认 3ds Max 单位不统一，会造成显示过小不容易控制的操作，所以必须在其样条线模式下进行中心轴缩放。

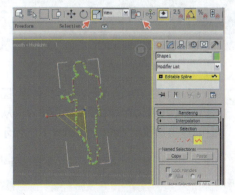

图8-172 中心轴缩放

05 选择输入的路径，然后在 修改面板中选择 Extrude（挤出）命令，使路径转换

为三维的平面模型，如图 8-173 所示。

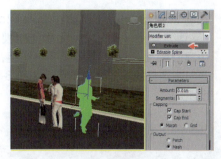

图8-173 增加挤出命令

06 在主工具栏中单击 材质编辑器工具按钮并选择一个空白材质球，然后设置材质球的名称，再为 Diffuse（漫反射）赋予颜色贴图，如图 8-174 所示。

图8-174 赋予漫反射贴图

07 在主工具栏中单击 渲染工具按钮，渲染赋予漫反射贴图后场景中的效果，如图 8-175 所示。

提示

将 AI 路径输入到 3ds Max 中再进行赋予漫反射贴图的操作不必使用不透明度贴图控制角色的边缘，也不会被灯光的阴影设置所局限。

图8-175 渲染漫反射贴图效果

8.6.5 丰富其他贴图角色

01 在创建面板几何体中选择 Plane（平面）命令，然后在"Front 前视图"中建立平面，再设置其长度与宽度，作为丰富场景的其他贴图角色，如图 8-176 所示。

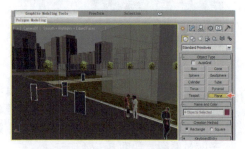

图 8-176　建立平面

02 在 Photoshop 软件中继续制作其他贴图角色的漫反射贴图与不透明度贴图，如图 8-177 所示。

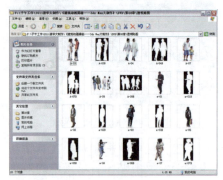

图 8-177　制作其他贴图角色

03 在主工具栏中单击渲染工具按钮，渲染建立其他贴图角色后场景中的效果，如图 8-178 所示。

图 8-178　渲染其他贴图角色效果

04 继续丰富场景中的贴图角色，在主工具栏中单击渲染工具按钮，渲染效果如图 8-179 所示。

图 8-179　渲染其他贴图角色效果

8.6.6 摄影机与渲染输出

01 在创建面板摄影机中选择 Target（目标）命令，然后在"Perspective 透视图"中拖曳建立摄影机，如图 8-180 所示。

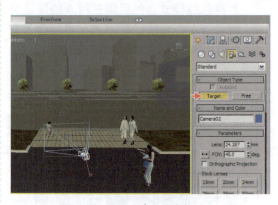

图 8-180　建立摄影机

02 在菜单栏中选择 Views（视图）→ Create Camera From View（从视图创建摄影机）命令，如图 8-181 所示。

提示　"从视图创建摄影机"命令可以将建立的摄影机自动匹配到透视图的角度。

03 在视图的提示文字位置右击，在弹出的菜单中选择 Camera（摄影机）→ Camera01（摄影机 01）命令，将透视图切换至摄影机视图，如图 8-182 所示。

图 8-181　从视图创建摄影机

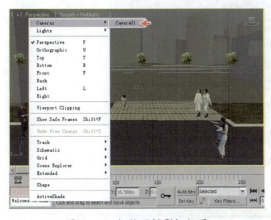

图 8-182　切换至摄影机视图

`04` 在时间线中记录摄影机第 0 帧的呈现角度，如图 8-183 所示。

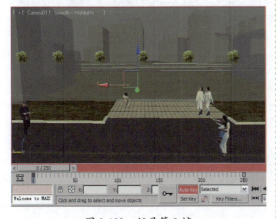

图 8-183　记录第 0 帧

`05` 在时间线中记录摄影机第 250 帧的呈现角度，使镜头产生摇移的动画效果，如图 8-184 所示。

图 8-184　记录第 250 帧

`06` 在主工具栏中单击 渲染设置按钮，在弹出的对话框中设置渲染时间为第 0 帧至第 250 帧，再设置输出尺寸为 HDTV（video）的高清格式，如图 8-185 所示。

> 提示　高清格式的默认分辨率为 1920×1080 和 1280×720，因为预览时想提升计算机的运算速度，所以可以降低预览的渲染尺寸。

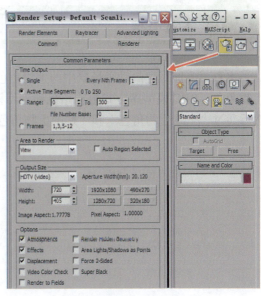

图 8-185　渲染设置

[07] 设置渲染的存储路径，然后在主工具栏中单击 快速渲染按钮，渲染贴图生物角色动画，效果如图 8-186 所示。

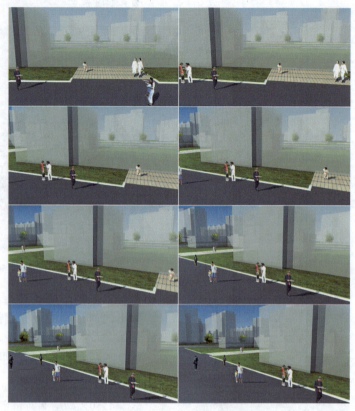

图 8-186　最终渲染效果

8.7　本章小结

本章主要针对建筑动画场景中的生物角色设计，先对生物角色的种类、不透明贴图方式生物角色、RPC 模型库方式生物角色和三维模型方式生物角色所涉及的基础知识进行讲解，然后通过"三维生物角色"和"贴图生物角色"范例对实际的应用进行介绍。

Chapter 09

居住社区制作案例

居住社区是若干社会群体或社会组织聚集在某一个领域里所形成的一个生活上相互关联的大集体，是社会有机体最基本的内容，是宏观社会的缩影，也是当今建筑动画设计行业中较多表现的部分。

本章索引

※ 居住社区概述
※ 居住社区的基本特征和内容
※ 居住社区的规划与设计
※ 范例——小区楼盘设计

居住社区是若干社会群体或社会组织聚集在某一个领域里所形成的一个生活上相互关联的大集体，是社会有机体最基本的内容，是宏观社会的缩影。

构成社区要具备5个要素，即有聚居的一群人；有一定的地域；有一定的生活服务设施；居民群具有特定的文化背景和生活方式，居民群之间发生种种社会关系；为谋求规章制度的具体落实，产生各种社会群体和机构。

9.1 居住社区概述

居住社区泛指不同居住人口规模的居住生活聚居地，特指城市干道或自然分界线所围合的，与居住人口规模相对应，并配建有一整套较完善的、能满足该区居民物质与文化生活需求的公共服务设施的居住生活聚居地。

居住社区的规模主要根据基层公共建筑成套配置的经济合理性、居民使用的方便与安全、城市道路以及自然地形条件、住宅层次及人口密度等因素综合考虑。一般以一个小学的最小规模为其人口下限，以社区公共服务设施的最大服务半径为其用地规模上限，即人口规模为1万人左右，用地约10公顷，居住社区模型如图9-1所示。

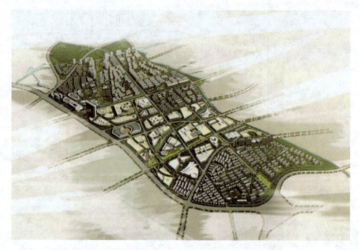

图9-1 居住社区

居住社区在城市规划中的概念是指由城市道路或城市道路和自然界线划分的、具有一定规模的、并不为城市交通干道所穿越的完整地段，区域内设有一整套满足居民日常生活需要的基层公共服务设施和机构，包含教育、医疗、文体、经济、商业服务及其他公共建筑的城镇居民住宅建筑区。

9.2 居住社区的基本特征和内容

居住社区的基本特征和内容由城市干道、绿地、水面、沟渠、陡坡、铁路或其他专用地界划分，用地的界线明确，地段完整，不被全市性或地区性的干道所分割。

居住社区的规模根据城市道路交通条件、自然地形条件、住宅层数、人口密度、生活服务设施的服务半径和配置的合理性等因素确定，一般以居住社区内设置一所小学即可满足本社区儿童入学和社区内生活服务设施有合理的服务半径为社区的人口和用地规模的限度。

居住社区内设置一套为日常生活服务的设施，包括小学、托幼机构、粮店、副食店、日用品商店和修理店等。规模较大的社区可设中学。除学校和托幼机构外，居住社区内的公共建筑可以集中设置公共活动中心，也可分散或成组地布置在社区的主要出入口。

居住社区内的道路应形成系统，具有相对的独立性和封闭性，避免将城市干道上的汽车交通引入社区。

居住社区要有一定面积的公共绿地，其布置应同社区的公共活动中心、儿童游戏场和老年人活动场所等相结合。

9.3 居住社区的规划与设计

居住社区必定是以住宅为主体，并配套有相应公用设施及非住宅房屋的居住区组合，而建筑动画设计师对居住社区规划与设计知识的了解，会帮助其设计出令人满意的作品，如图9-2所示。

图9-2　居住社区设计图

9.3.1　道路规划设计

优秀的居住社区规划与一般的城市规划是截然不同的。社区内主干道应采取迂回形式而不是画十字与打格子，以为道路景观提供变化，增强空间层次感。社区内小路则以幽径为主，以减低汽车流量、噪音及保持空气清新。建筑设计方面，应注重空间层次，使社区具备特有个性，居民也会因此对其生活的社区感到骄傲和认同。

9.3.2　居住规划设计

居住规划设计方面，多采取封闭式设计，以保证居民的居住生活优越感和安全性，此外，加以封闭的另一原因是为了尽量避免社区内提供的绿化及园林环境、休憩及居民会所等设施被外来人员占用或破坏。

设计时还要注重不同社会阶层居民融合混居。目前常见的社区内一般有各种户型住宅，最大的住宅单位面积可以是最小单位的 10 倍，这种发展形式与中国古乡镇发展形式类似。居民阶层分布方面也有差异，这种规划模式令不同阶层及家庭在生活中可以相互接触、交流，不同阶层的小孩可以在同一环境下长大，有利于社会的稳定。

9.3.3 空间规划设计

空间规划和设计模式应注意承接传统文化。在中国传统建筑中，住宅都是围合状，屋内所有房间都以内置空间为景观和采光中心点，此中心空间也成为当时大家庭各成员的生活及交流接触的空间。但在社会现代化过程中，大家庭形式的社会结构已慢慢被人口较少的小户人家取代，以前传统规划的内向空间已在现代生活小区规划中消失，取而代之的是以园林绿化为主题的大片室外空间，表现了更外向开放的住宅模式。此模式不单改变了居民生活习惯，也使居民有了更多机会相互接触、认识，令整个生活社区显得温馨、有活力，建筑物层次和外立面的处理也变得更轻松，而且有多种变化，成为现代生活居住场所的特色。

社区园林景观要善于用水景提升居住品质和项目价值。以水为主题的园林景观往往特别受居民欢迎。另一方面，从发展商投资回报角度考虑，一般面对水景的住宅单位可为发展商带来更高的利润，因此现在的同类商品房都会以水景为主题来吸引置业人士并促进销售。

9.4 范例——小区楼盘设计

小区楼盘设计是建筑动画设计中应用量最大的一种项目，目的是让消费者更加直观地了解楼盘信息而受到重视，小区楼盘的建筑动画设计应在还原真实的前提下进行适当艺术修饰，从而提升作品的品质和视觉感受。本范例的制作效果如图 9-3 所示。

图 9-3　小区楼盘设计范例效果

【制作流程】

小区楼盘设计范例的制作流程分为 6 步，包括场景地面制作、添加场景楼体、添加公园与绿化、添加场景配饰、渲染与镜头设置和影片合成与剪辑，如图 9-4 所示。

Chapter 09　居住社区制作案例

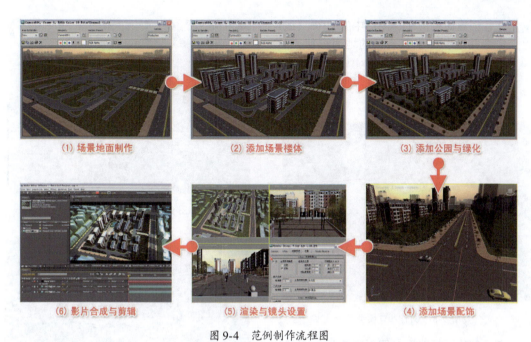

图 9-4　范例制作流程图

9.4.1　场景地面制作

`01` 在 创建面板选择 图形中的 Line（线）命令，然后绘制出小区整体的轮廓范围图形，如图 9-5 所示。

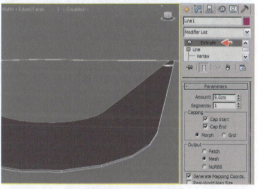

图 9-6　添加挤出命令

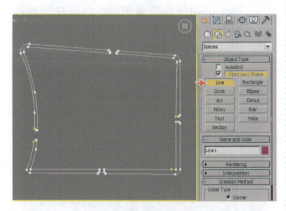

图 9-5　绘制图形

`02` 在 修改面板中添加 Extrude（挤出）命令，使轮廓图形产生厚度，作为小区边缘的人行道模型，如图 9-6 所示。

`03` 在 创建面板选择 图形中的 Line（线）命令并绘制出地面形状，然后在 修改面板中添加 Extrude（挤出）命令，使地面产生厚度，如图 9-7 所示。

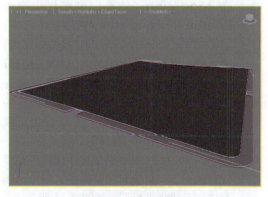

图 9-7　制作地面模型

287

04 在创建面板选择图形中的Line（线）命令并绘制出小区入口的地面形状，然后在修改面板中添加Extrude（挤出）命令，使出入口图形产生厚度，如图9-8所示。

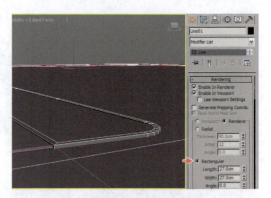

图9-10 制作绿化带模型

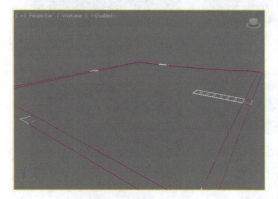

图9-8 制作入口模型

05 在创建面板选择图形中的Line（线）命令，然后绘制出绿化带的形状，如图9-9所示。

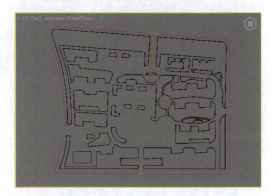

图9-11 制作绿化带模型

08 继续使用图形中的Line（线）命令绘制出小区周围的街道图形，然后在修改面板中添加Extrude（挤出）命令，制作出街道模型，如图9-12所示。

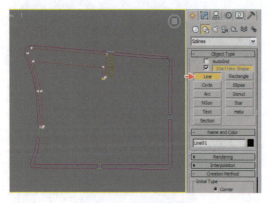

图9-9 绘制绿化带模型

06 在Rendering（渲染）卷展栏中选中Enable In Renderer（在渲染中启用）与Enable In Viewport（在视图中启用）复选框，然后选中Rectangular（矩形）单选按钮并设置Length（长度）值为27、Width（宽度）值为27，使绘制的图形线转换为三维模型，完成绿化带模型的制作，如图9-10所示。

07 使用Line（线）命令绘制出小区内所有绿化带的形状，再设置渲染属性，制作出场景中所有绿化带模型，如图9-11所示。

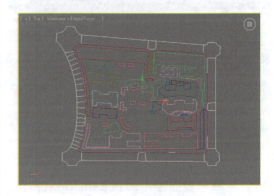

图9-12 制作街道模型

09 在创建面板选择图形中的Line（线）命令并绘制出楼盘外围的街道形状，然后在修改面板中添加Extrude（挤出）命令，使图形产生街道的厚度，如图9-13所示。

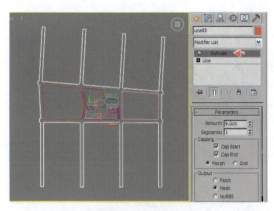

图 9-13 制作街道模型

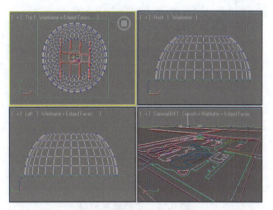

图 9-15 制作包裹天空模型

[10] 在创建面板选择图形中的 Line（线）命令并绘制出场景的总体地面形状，然后在修改面板中添加 Extrude（挤出）命令，使图形产生地面的厚度，如图 9-14 所示。

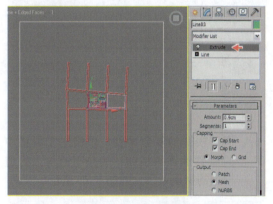

图 9-14 制作地面模型

[11] 在场景中建立球体，然后在修改面板中添加 Edit Poly（编辑多边形）命令，再将下半部的面与顶部的面删除，用来建立包裹天空模型并与地面对齐，如图 9-15 所示。

[12] 在主工具栏中单击材质编辑器按钮，选择一个空白材质球并设置其名称为"天"，使用 Standard（标准）类型材质并为 Diffuse（漫反射）赋予本书配套光盘中的"天空"贴图，然后再设置 Self-Illumination（自发光）值为 100，使天空贴图不会受到场景灯光的控制，如图 9-16 所示。

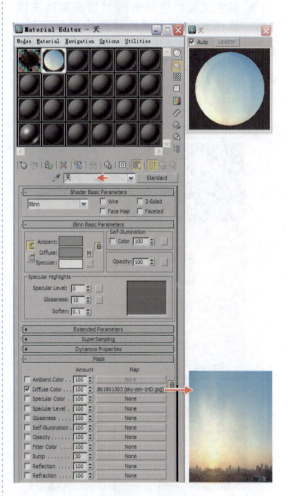

图 9-16 天空材质

[13] 在修改面板中为模型添加 UVW Mapping（坐标贴图）命令，然后再调节贴图与天空模型相匹配，如图 9-17 所示。

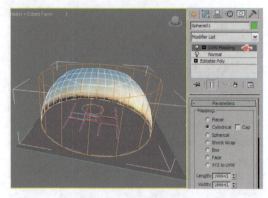

图 9-17　坐标贴图控制

14 在主工具栏中单击 材质编辑器按钮，选择一个空白材质球并设置其名称为"街道"，然后使用 Standard（标准）类型材质并为 Diffuse（漫反射）赋予本书配套光盘中的"街道"贴图，如图 9-18 所示。

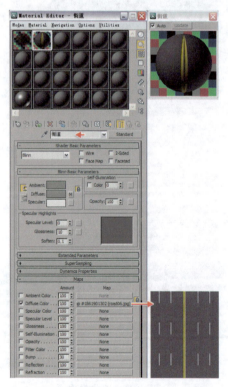

图 9-18　街道材质

15 选择一个空白材质球并设置其名称为"人行道"，使用 Standard（标准）类型材质并为 Diffuse（漫反射）赋予本书配套光盘中的"地砖"贴图，如图 9-19 所示。

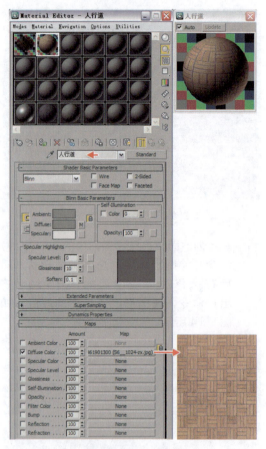

图 9-19　人行道材质

16 调节视图的观看角度，单击主工具栏中的 快速渲染按钮，渲染街道与人行道模型的材质效果，如图 9-20 所示。

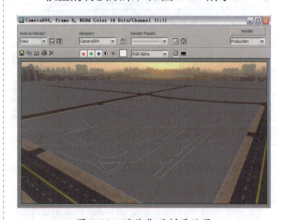

图 9-20　渲染街道材质效果

17 选择场景中的草坪模型，在 修改面板中为模型添加 UVW Mapping（坐标贴图）命令，如图 9-21 所示。

Chapter 09 居住社区制作案例

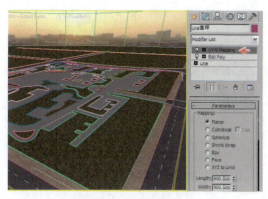

图 9-21　坐标贴图控制

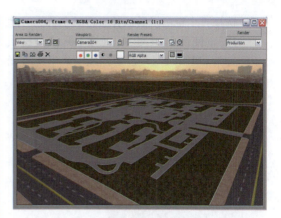

图 9-23　草坪材质效果

[18] 选择一个空白材质球并设置其名称为"草坪"，使用 Standard（标准）类型材质并为 Diffuse（漫反射）与 Bump（凹凸）赋予本书配套光盘中的"草坪"贴图，如图 9-22 所示。

[20] 选择一个空白材质球并设置其名称为"行走路"，使用 Standard（标准）类型材质并为 Diffuse（漫反射）赋予本书配套光盘中的"行走路"贴图，再将材质赋予小区入口的地面模型，如图 9-24 所示。

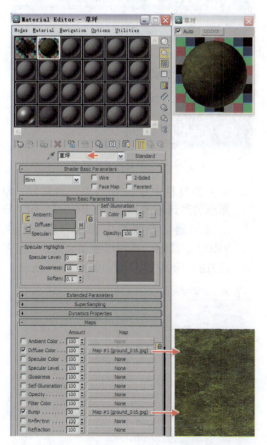

图 9-22　草坪材质

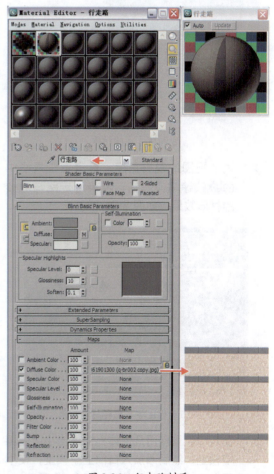

[19] 单击主工具栏中的 快速渲染按钮，渲染草坪模型的材质效果，如图 9-23 所示。

图 9-24　行走路材质

21 选择一个空白材质球并设置其名称为"地砖",使用 Standard(标准)类型材质并为 Diffuse(漫反射)赋予本书配套光盘中的"地砖"贴图,如图 9-25 所示。

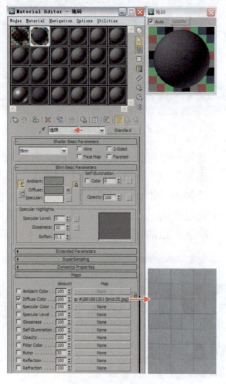

图 9-25 地砖材质

22 调节视图的观看角度,单击主工具栏中的快速渲染按钮,渲染行走路与地砖的材质效果,如图 9-26 所示。

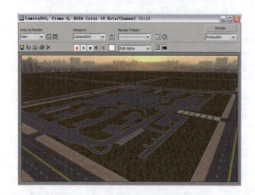

图 9-26 行走路与地砖材质效果

23 在入口位置使用几何体先搭建出小区的围墙模型,然后添加入口门卫亭模型,使小区入口场景更加完整,如图 9-27 所示。

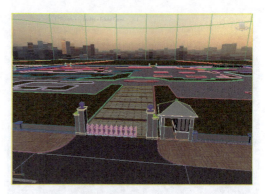

图 9-27 添加入口处模型

24 调节视图的观看角度,单击主工具栏中的快速渲染按钮,渲染入口处的模型效果,如图 9-28 所示。

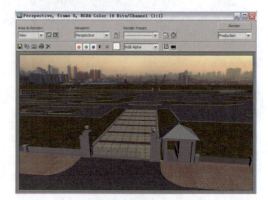

图 9-28 渲染入口处模型

25 在主工具栏中单击渲染设置按钮,从弹出的对话框的 Assign Renderer(指定渲染器)卷展栏中添加产品级别的 VRay 渲染器,将扫描线渲染器切换至第三方的 VRay 渲染器,如图 9-29 所示。

图 9-29 切换 VRay 渲染器

26 在主工具栏中单击 ■ 材质编辑器按钮，选择一个空白材质球并设置其名称为"玻璃窗"。使用Standard（标准）类型材质并设置Diffuse（漫反射）颜色为深蓝色、Specular Level（高光级别）值为116、Glossiness（光泽度）值为48、Opacity（不透明度）值为60，然后打开Maps（贴图）卷展栏为Reflection（反射）赋予VR贴图纹理并调节参数，完成门卫室的玻璃材质设计，如图9-30所示。

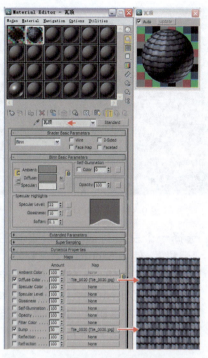

图9-31 瓦顶材质

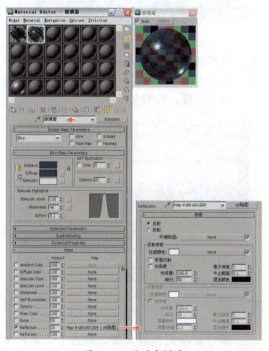

图9-30 玻璃窗材质

27 选择一个空白材质球并设置其名称为"瓦顶"。使用Standard（标准）类型材质并设置Specular Level（高光级别）值为22，然后为Diffuse（漫反射）与Bump（凹凸）赋予本书配套光盘中的"瓦顶"贴图，如图9-31所示。

28 选择一个空白材质球并设置其名称为"褐色砖"。使用Standard（标准）类型材质并设置Specular Level（高光级别）值为10，然后为Diffuse（漫反射）与Bump（凹凸）赋予本书配套光盘中的"浅红褐色面砖_21#"贴图，如图9-32所示。

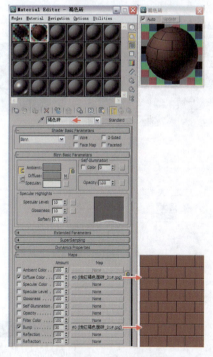

图9-32 褐色砖材质

29 调节视图的观看角度，单击主工具栏中的 ■ 快速渲染按钮，渲染入口处模型的材质效果，如图9-33所示。

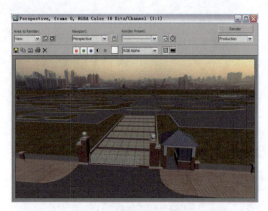

图 9-33 渲染入口处材质

30 选择一个空白材质球并设置其名称为"围栏"。使用 Standard（标准）类型材质并设置 Diffuse（漫反射）颜色为黑色，然后打开 Maps（贴图）卷展栏为 Opacity（不透明度）赋予本书配套"栏杆"贴图，如图 9-34 所示。

提示　场景内的栏杆效果不必使用实体模型建立，可以使用黑白的透明贴图实现。

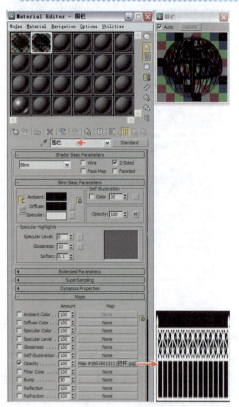

图 9-34 围栏材质

31 选择围栏模型并配合"Shlft+移动"组合键复制出小区所有的围栏模型，如图 9-35 所示。

图 9-35 复制围栏模型

32 调节视图的观看角度，单击主工具栏中的快速渲染按钮，渲染入口处围栏的材质效果，如图 9-36 所示。

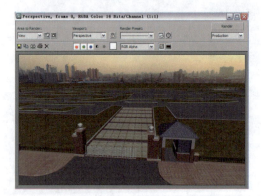

图 9-36 渲染围栏材质

33 调节视图的观看角度，单击主工具栏中的快速渲染按钮，渲染小区的地面材质效果，如图 9-37 所示。

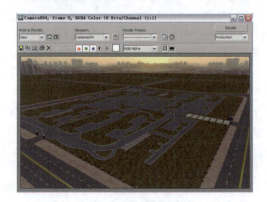

图 9-37 渲染效果

9.4.2 添加场景楼体

01 在 创建面板○几何体中选择 Box（长方体）命令，然后在视图中创建楼体几何体，再使用 Edit Poly（编辑多边形）修改命令编辑多层楼体的框架模型，如图 9-38 所示。

> 提示：由于建筑动画场景过大，要节约每一个模型网格的使用。

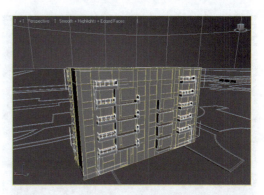

图 9-40　制作阳台模型

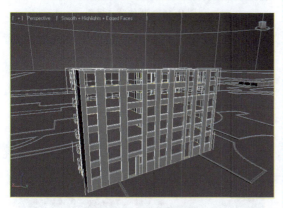

图 9-38　楼体框架模型

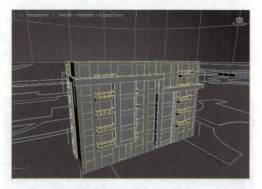

图 9-41　制作装饰造型

02 继续使用几何体命令建立楼房的窗户模型，丰富楼体模型的结构，如图 9-39 所示。

05 在创建面板○几何体中选择 Box（长方体）命令，再结合 Edit Poly（编辑多边形）命令编辑出楼顶的模型，如图 9-42 所示。

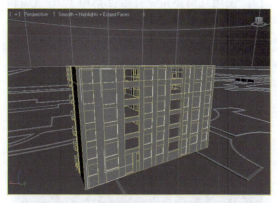

图 9-39　制作窗户模型

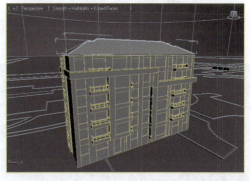

图 9-42　制作楼顶模型

03 使用几何体命令并结合 Edit Poly（编辑多边形）命令建立阳台模型，增加楼体外观的细节，如图 9-40 所示。

04 继续使用几何体命令并结合 Edit Poly（编辑多边形）命令建立楼体表面的装饰造型，如图 9-41 所示。

06 继续使用几何体命令建立楼顶的边缘模型，增加楼顶模型的结构，完成多层楼房模型的制作，如图 9-43 所示。

> 提示：建立楼体模型时要将零件独立化，避免在贴图时产生不便。

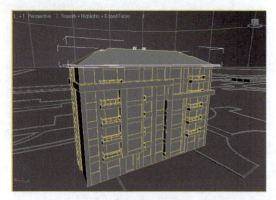

图 9-43 制作房檐模型

[07] 在创建面板几何体中选择 Box（长方体）命令，然后在视图中创建并使用修改命令进行编辑，作为小高层楼房的框架模型，如图 9-44 所示。

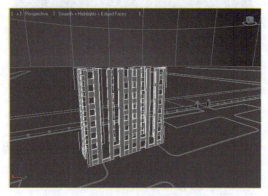

图 9-44 制作楼房框架

[08] 继续使用几何体命令搭建出单元门口的台阶模型，如图 9-45 所示。

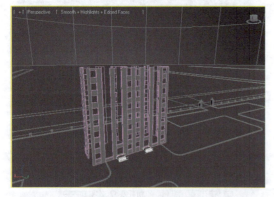

图 9-45 制作台阶模型

[09] 使用几何体命令建立楼房的窗户模型，丰富楼房模型的结构，如图 9-46 所示。

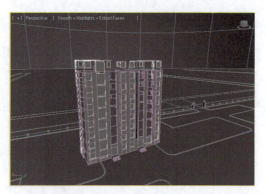

图 9-46 制作窗户模型

[10] 继续使用几何体命令搭建出小高层楼顶模型，如图 9-47 所示。

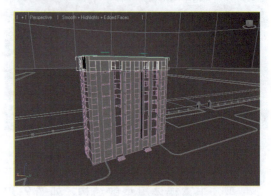

图 9-47 制作楼顶模型

[11] 使用几何体命令并结合 Edit Poly（编辑多边形）命令建立阳台模型，增加楼体的细节，如图 9-48 所示。

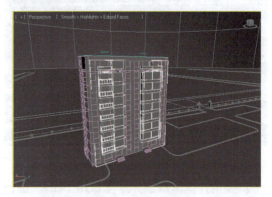

图 9-48 制作阳台模型

[12] 继续使用几何体命令并结合 Edit Poly（编辑多边形）命令建立楼房表面的装饰造型，丰富楼体的装饰效果，如图 9-49 所示。

Chapter 09 居住社区制作案例

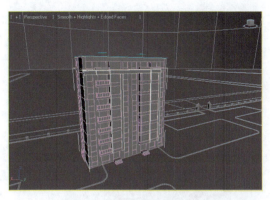

图 9-49 制作立面造型模型

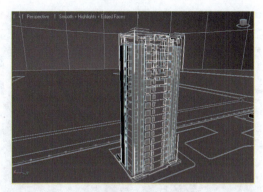

图 9-52 制作窗户模型

[13] 继续使用几何体命令建立楼顶的边缘模型，增加楼顶模型的结构，完成小高层楼房的模型，如图 9-50 所示。

[16] 继续使用几何体命令并结合 Edit Poly（编辑多边形）命令建立楼房立面的造型，增加楼房细节，如图 9-53 所示。

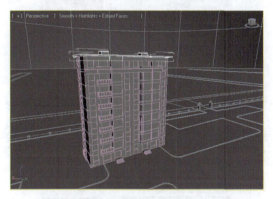

图 9-50 制作房檐模型

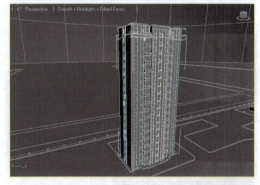

图 9-53 制作立面造型模型

[14] 在 创建面板 几何体中选择 Box（长方体）命令，然后配合修改命令制作大高层的框架模型，如图 9-51 所示。

[17] 继续使用几何体命令建立楼顶模型，丰富楼房模型结构，完成大高层楼房模型，如图 9-54 所示。

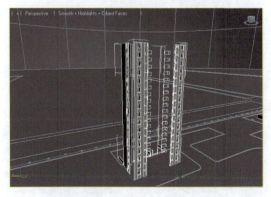

图 9-51 制作楼房框架

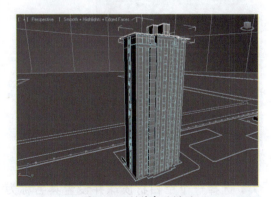

图 9-54 制作高层模型

[15] 再使用几何体命令建立楼房的窗户模型，丰富楼房模型的结构，如图 9-52 所示。

[18] 调节视图的观看角度，单击主工具栏中的 快速渲染按钮，渲染完成后的楼房模型效果，如图 9-55 所示。

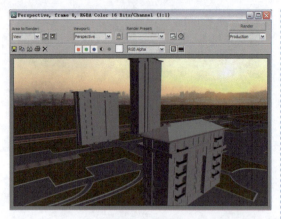

图 9-55 渲染楼房模型

[19] 在主工具栏中单击 材质编辑器按钮，选择一个空白材质球并设置其名称为"白色涂料"。使用 Standard（标准）类型材质并设置 Diffuse（漫反射）颜色为白色，如图 9-56 所示。

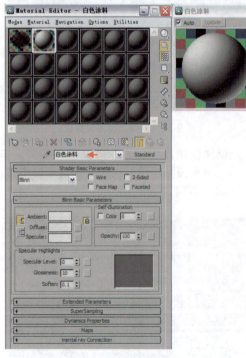

图 9-56 白色涂料材质

[20] 选择一个空白材质球并设置其名称为"褐色面砖"。使用 Standard（标准）类型材质并为 Diffuse（漫反射）赋予本书配套光盘中的"浅红褐色面砖_21#"贴图，如图 9-57 所示。

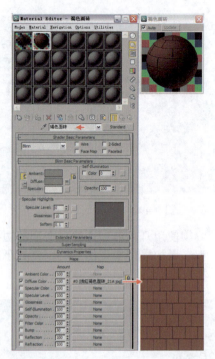

图 9-57 褐色面砖材质

[21] 选择一个空白材质球并设置其名称为"瓦"。使用 Standard（标准）类型材质并为 Diffuse（漫反射）赋予本书配套光盘中的 Tileol 贴图，如图 9-58 所示。

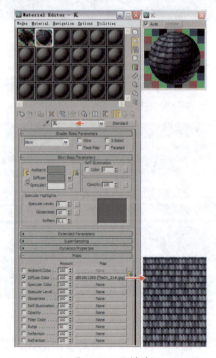

图 9-58 瓦材质

22 选择一个空白材质球并设置其名称为"灰色涂料"。使用 Standard（标准）类型材质并设置 Diffuse（漫反射）颜色为灰色，如图 9-59 所示。

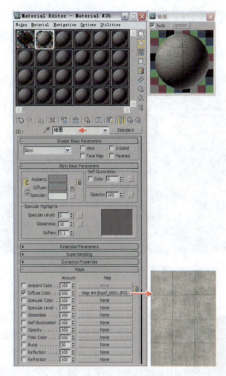

图 9-60 地面材质

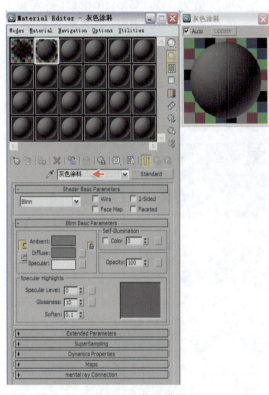

图 9-59 灰色涂料材质

23 选择一个空白材质球并设置其名称为"地面"。使用 Standard（标准）类型材质并为 Diffuse（漫反射）赋予本书配套光盘中的 Rwf_0001 贴图，如图 9-60 所示。

24 选择空白材质球并设置其名称为"窗户"。将材质类型切换为 Blend（混合），然后在 Blend Basic Parameters（混合基本参数）卷展栏中调节 Material 1（材质1）与 Material 2（材质2）属性，再为 Mask（遮罩）属性赋予本书配套光盘中的"窗户"贴图，完成窗户材质制作，如图 9-61 所示。

提示

混合材质可以在曲面的单个面上将两种材质进行混合。根据遮罩贴图的强度，两个材质会以更大或更小度数进行混合。

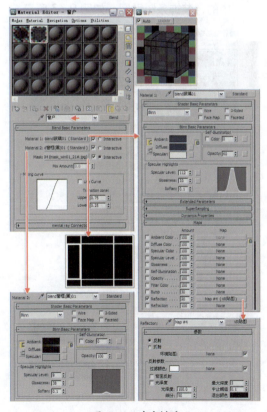

图 9-61 窗户材质

25 调节视图的观看角度，单击主工具栏中的快速渲染按钮，渲染调节后的窗户材质效果，如图9-62所示。

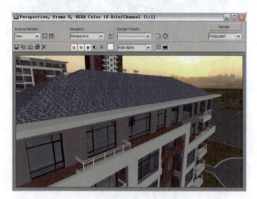

图9-62 渲染窗户材质

26 选择一个空白材质球并设置其名称为"装饰条"。使用Standard（标准）类型材质并设置Diffuse（漫反射）颜色为褐色、Specular Level（高光级别）值为55、Glossiness（光泽度）值为29，然后为Opacity（不透明度）赋予本书配套光盘中的"装饰条"贴图，如图9-63所示。

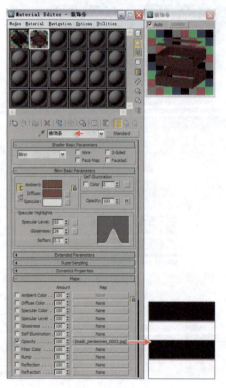

图9-63 装饰条材质

27 选择一个空白材质球并设置其名称为"玻璃隔板"。使用Standard（标准）类型材质并设置Diffuse（漫反射）颜色为灰蓝色、Specular Level（高光级别）值为112、Glossiness（光泽度）值为33、Opacity（不透明度）值为60，然后打开Maps（贴图）卷展栏为Reflection（反射）赋予VR贴图纹理并调节参数，完成玻璃窗隔板的材质设置，如图9-64所示。

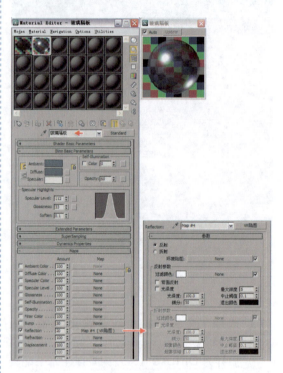

图9-64 玻璃隔板材质

28 选择一个空白材质球并设置其名称为"装饰柱"。使用Standard（标准）类型材质并设置Diffuse（漫反射）颜色为褐色、Specular Level（高光级别）值为50、Glossiness（光泽度）值为40，如图9-65所示。

29 选择一个空白材质球并设置其名称为"门"，将材质类型切换为Blend（混合），然后在Blend Basic Parameters（混合基本参数）卷展栏中调节Material 1（材质1）与Material 2（材质2）属性，再为Mask（遮罩）属性赋予本书配套光盘中的"门"贴图,完成门的材质制作,如图 9-66 所示。

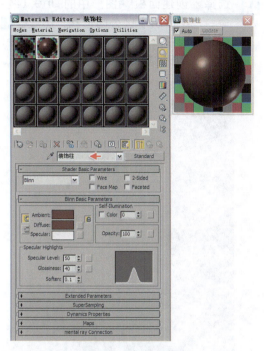

图 9-65 装饰柱材质

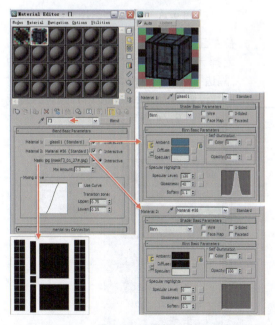

图 9-66 门材质

[30] 调节视图的观看角度,单击主工具栏中的 快速渲染按钮,渲染调节后的材质效果,如图 9-67 所示。

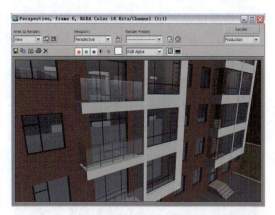

图 9-67 渲染材质效果

[31] 调节视图的观看角度,单击主工具栏中的 快速渲染按钮,渲染完成后的楼房材质效果,如图 9-68 所示。

图 9-68 渲染材质效果

[32] 调节视图的观看角度,单击主工具栏中的 快速渲染按钮,渲染楼房在小区中的整体效果,如图 9-69 所示。

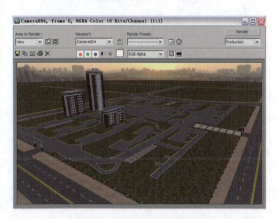

图 9-69 渲染整体材质效果

[33] 选择创建完成的楼房模型,在"Top 顶视图"中配合"Shift+ 移动"组合键复制出小区中的其他楼房,如图 9-70 所示。

图 9-70 复制楼房模型

[34] 调整楼房模型的位置,然后在"Perspective 透视图"中观察楼房模型效果,如图 9-71 所示。

图 9-71 调节视图观察角度

[35] 单击主工具栏中的快速渲染按钮,渲染小区整体的效果,如图 9-72 所示。

图 9-72 渲染小区效果

9.4.3 添加公园与绿化

[01] 选择创建面板图形中的 Line(线)命令,绘制出小区公园形状,然后在修改面板中添加 Extrude(挤出)命令,再添加公园的其他模型,如图 9-73 所示。

图 9-73 公园模型制作

[02] 在主工具栏中单击材质编辑器按钮,选择一个空白材质球并设置其名称为"隔边"。使用 Standard(标准)类型材质并设置 Diffuse(漫反射)颜色为浅褐色,如图 9-74 所示。

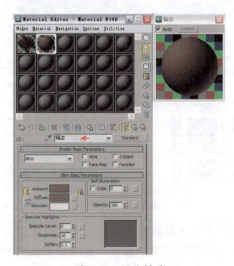

图 9-74 隔边材质

Chapter 09 居住社区制作案例

[03] 选择一个空白材质球并设置其名称为"休闲地面"。使用 Standard（标准）类型材质并为 Diffuse（漫反射）赋予本书配套光盘中的"灰色大理石组合"贴图，如图 9-75 所示。

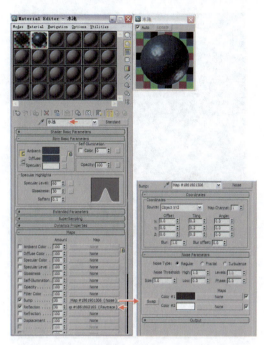

图 9-76 水池材质

[05] 调节视图的观看角度，单击主工具栏中的 快速渲染按钮，渲染小区公园的效果，如图 9-77 所示。

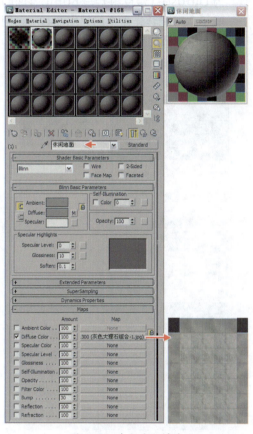

图 9-75 休闲地面材质

[04] 选择一个空白材质球并设置其名称为"水池"。使用 Standard（标准）类型材质并设置 Diffuse（漫反射）颜色为蓝色、Specular Level（高光级别）值为 60、Glossiness（光泽度）值为 30，然后打开 Maps（贴图）卷展栏为 Bump（凹凸）赋予 Noise（噪波）纹理并设置参数，再为 Reflection（反射）赋予 Raytrace（光线跟踪）纹理，完成水池的材质，如图 9-76 所示。

提示　波图案常用于创建外观随机图案，这些图案具有分形图像的特征，因此还适用于模拟自然的曲面。

图 9-77 渲染公园材质

[06] 在场景中使用几何体命令搭建出公园凉亭与喷泉模型，再添加路灯模型，使场景更加完整，如图 9-78 所示。

[07] 在主工具栏中单击 材质编辑器按钮，选择一个空白材质球并设置其名称为"圆砖"。使用 Standard（标准）类型材质并为 Diffuse（漫反射）赋予本书配套光盘中的"圆形铺地_10"贴图，如图 9-79 所示。

303

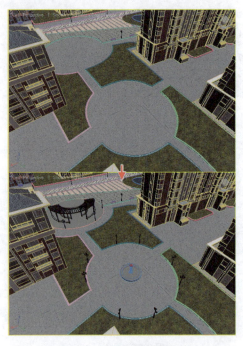

图 9-78 公园设施模型制作

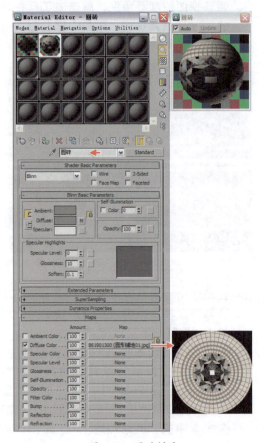

图 9-79 圆砖材质

08 选择一个空白材质球并设置其名称为"水池石"。使用 Standard（标准）类型材质并设置 Specular Level（高光级别）值为 19、Glossiness（光泽度）值为 16，然后打开 Maps（贴图）卷展栏为 Diffuse（漫反射）与 Bump（凹凸）赋予本书配套光盘中的"水池石"贴图，完成水池石的材质，如图 9-80 所示。

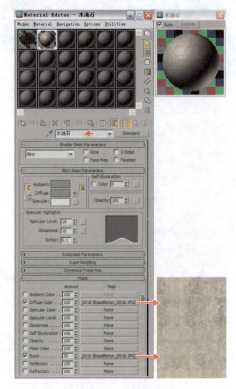

图 9-80 水池石

09 选择一个空白材质球并设置其名称为"黄木"。使用 Standard（标准）类型材质并为 Diffuse（漫反射）赋予本书配套光盘中的"黄木"贴图，如图 9-81 所示。

10 选择一个空白材质球并设置其名称为"水"。使用 Standard（标准）类型材质并设置 Diffuse（漫反射）颜色为蓝色、Specular Level（高光级别）值为 64、Glossiness（光泽度）值为 29，然后打开 Maps（贴图）卷展栏为 Bump（凹凸）赋予 Noise（噪波）纹理并设置参数，再为 Reflection（反射）赋予"VR 贴图"纹理，如图 9-82 所示。

[11] 调节视图的观看角度,单击主工具栏中的快速渲染按钮,渲染公园模型材质效果,如图 9-83 所示。

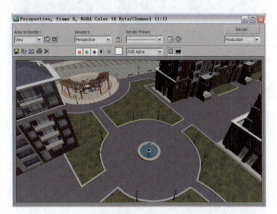

图 9-83　渲染公园材质

[12] 在场景中使用几何体命令搭建出公园的建筑物模型,再添加喷泉模型,丰富公园的场景效果,如图 9-84 所示。

图 9-81　黄木材质

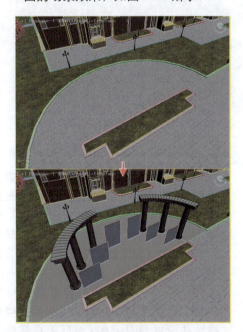

图 9-84　制作建筑模型

[13] 在主工具栏中单击材质编辑器按钮,选择一个空白材质球并设置其名称为"半圆砖"。使用 Standard(标准)类型材质并为 Diffuse(漫反射)赋予本书配套光盘中的"半圆砖"贴图,如图 9-85 所示。

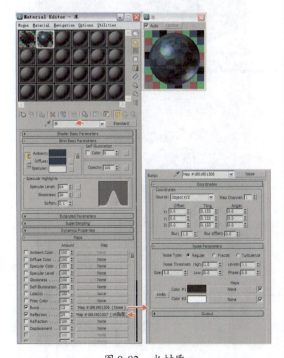

图 9-82　水材质

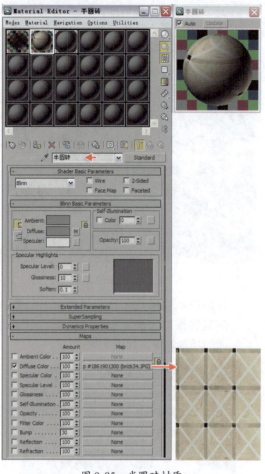

图 9-85 半圆砖材质

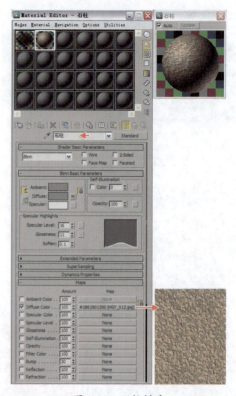

图 9-86 石柱材质

14. 选择一个空白材质球并设置其名称为"石柱"。使用 Standard（标准）类型材质并设置 Specular Level（高光级别）值为 16、Glossiness（光泽度）值为 11，然后打开 Maps（贴图）卷展栏为 Diffuse（漫反射）赋予本书配套光盘中的"石柱"贴图，如图 9-86 所示。

15. 选择一个空白材质球并设置其名称为"喷泉"。使用 Standard（标准）类型材质并设置 Diffuse（漫反射）颜色为浅蓝色，然后打开 Maps（贴图）卷展栏为 Opacity（不透明度）赋予本书配套光盘中的"喷泉"动画贴图，如图 9-87 所示。

提示
　　贴图不仅可以是位图素材，也可以是 AVI 格式的动画素材。

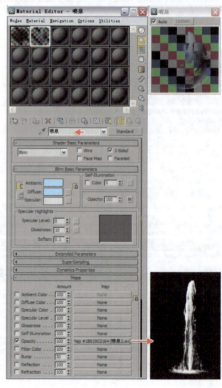

图 9-87 喷泉材质

Chapter 09 居住社区制作案例

16 调节视图的观看角度,单击主工具栏中的快速渲染按钮,渲染公园建筑与喷泉材质效果,如图9-88所示。

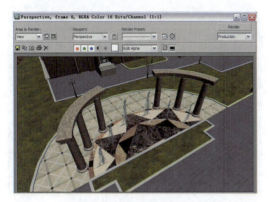

图 9-88 渲染建筑与喷泉材质

17 重新调节视图的观看角度,单击主工具栏中的快速渲染按钮,渲染小区整体的模型效果,如图9-89所示。

图 9-89 渲染小区效果

18 在创建面板几何体中选择Plane(平面)命令,然后在视图中搭建出交叉的树木模型,如图9-90所示。

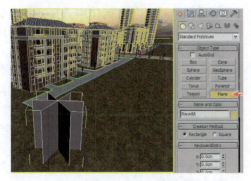

图 9-90 创建平面模型

19 选择一个空白材质球并设置其名称为"树A",使用Standard(标准)类型材质并设置Self-Illumination(自发光)值为30,然后设置Diffuse(漫反射)颜色为深绿色并赋予本书配套光盘中的"树"贴图,为Opacity(不透明度)赋予Falloff(衰减)纹理,并为衰减纹理赋予本书配套光盘中的"黑白树"贴图,如图9-91所示。

提示　　衰减贴图基于几何体曲面上面法线的角度衰减来生成从白到黑的值。

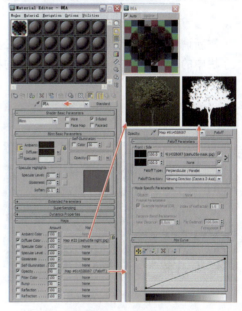

图 9-91 树A材质

20 选择创建完成的树模型,在视图中配合"Shift+移动"组合键复制出树木模型,如图9-92所示。

图 9-92 复制树木模型

21 选择创建完成的楼房模型，在"Top 顶视图"中配合"Shift+移动"组合键复制产生更多的树木模型，如图 9-93 所示。

图 9-93　复制树木模型

22 重新调节视图的观看角度，单击主工具栏中的 快速渲染按钮，渲染树木的材质效果，如图 9-94 所示。

图 9-94　渲染树木材质

23 继续使用几何体平面命令搭建出树木模型，然后赋予本书配套光盘中的树木与植物贴图，制作出小区其他的绿化植物模型，如图 9-95 所示。

图 9-95　植物贴图

24 在"Top 顶视图"中配合"Shift+移动"组合键复制产生更多的植物模型，完成小区的绿化，如图 9-96 所示。

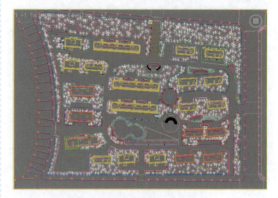

图 9-96　复制绿化模型

25 调节视图的观看角度，单击主工具栏中的 快速渲染按钮，渲染完成的小区绿化效果，如图 9-97 所示。

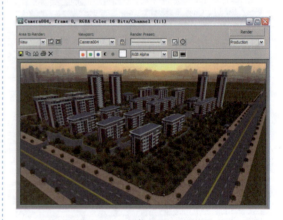

图 9-97　渲染小区绿化效果

9.4.4　添加场景配饰

01 在 创建面板 几何体中选择 Box（长方体）命令，然后在视图中搭建出简体楼模型，如图 9-98 所示。

02 选择一个空白材质球并设置其名称为"透明楼"，使用 Standard（标准）类型材质并设置 Diffuse（漫反射）颜色为浅蓝色，然后打开 Extended Parameters（扩展参数）卷展栏设置 Falloff（衰减）属性中的 Amt（数量）值为 70，如图 9-99 所示。

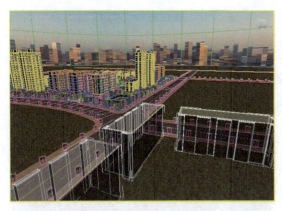

图 9-98　制作简体楼模型

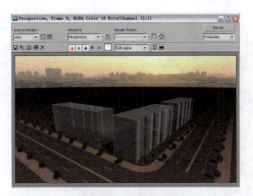

图 9-100　渲染透明楼

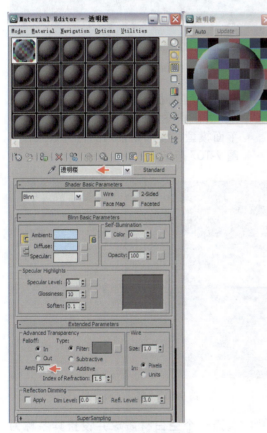

图 9-99　透明楼材质

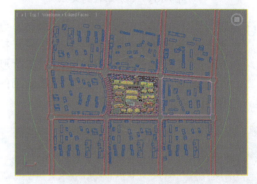

图 9-101　复制简体楼模型

05 在场景中添加汽车模型并调整，与街道对齐，然后选择 创建面板 图形中的 Line（线）命令，绘制出汽车行驶路径，如图 9-102 所示。

图 9-102　绘制路径

03 调节视图的观看角度，单击主工具栏中的 快速渲染按钮，渲染简体楼的透明材质效果，如图 9-100 所示。

04 在 "Top 顶视图" 中配合 "Shift+ 移动"组合键复制产生更多的简体楼模型，完成小区外围楼房模型的制作，如图 9-101 所示。

06 选择场景中的汽车模型，在 运动面板中展开 Assign Controller（指定控制器）卷展栏并选择 Position（位置）控制器，然后单击 指定控制器按钮，在弹出的对话框中选择 Path Constraint（路径约束）选项，如图 9-103 所示。

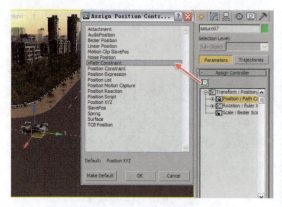

图 9-103　添加路径约束

07 展开 Path Parameters（路径参数）卷展栏并单击 Add Path（添加路径）按钮，然后在场景中拾取绘制的汽车行驶路径曲线，完成场景内汽车行驶动画的制作，如图 9-104 所示。

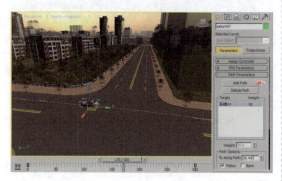

图 9-104　拾取路径

08 继续在场景中添加多种汽车模型并调整，使之与街道对齐，丰富场景的动画效果，如图 9-105 所示。

图 9-105　汽车行驶动画

09 在"Top 顶视图"中继续对场景中的汽车模型使用路径约束，完成场景中的汽车动画，如图 9-106 所示。

图 9-106　制作汽车动画

10 在 创建面板 几何体中选择 Plane（平面）命令，然后在视图中创建多个平面模型，模拟场景内的行人效果，如图 9-107 所示。

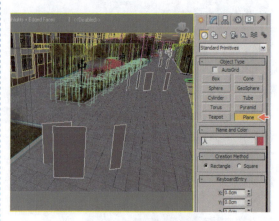

图 9-107　制作平面模型

11 选择一个空白材质球并设置其名称为"人物1"，使用 Standard（标准）类型材质并为 Diffuse（漫反射）赋予本书配套光盘中的"人物"贴图，为 Opacity（不透明度）赋予本书配套光盘中的"黑白人物"贴图，如图 9-108 所示。

12 调节视图的观看角度，观察小区内行人的材质效果，如图 9-109 所示。

Chapter 09 居住社区制作案例

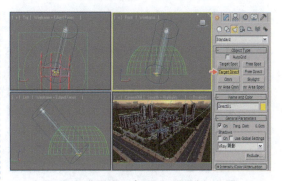

图 9-110 建立目标平行光

14 目标平行光的所有参数设置如图 9-111 所示。

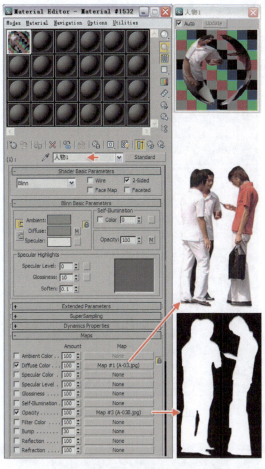

图 9-108 人物材质

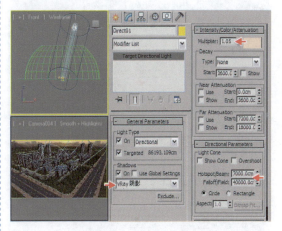

图 9-111 设置灯光参数

15 单击主工具栏中的 ⚙ 快速渲染按钮，渲染当前场景中灯光的阴影效果，如图 9-112 所示。

图 9-109 行人材质

13 在 ✱ 创建面板 💡 灯光面板的下拉列表中选择 Standard（标准）灯光类型，单击 Target Direct（目标平行光）按钮，然后在"Front 前视图"中建立灯光，如图 9-110 所示。

图 9-112 渲染灯光效果

9.4.5 渲染与镜头设置

01 打开 Render setup 对话框，展开 V-Ray:: 图像采样器（反锯齿）卷展栏，设置图像采样器类型为"自适应确定性蒙特卡洛"，然后开启抗锯齿并设置抗锯齿类型，再展开 V-Ray:: 环境【无名】卷展栏，开启"全局照明环境（天光）覆盖"功能，在 V-Ray:: 颜色贴图卷展栏中设置"黑暗倍增器"值为 0.8，如图 9-113 所示。

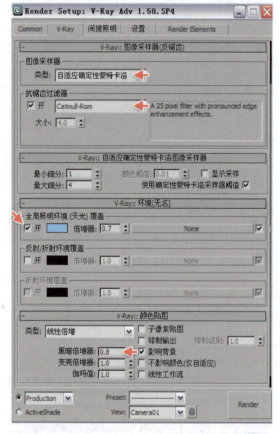

图 9-113　设置渲染器参数

图 9-114　设置渲染器参数

图 9-115　渲染场景效果

02 切换至 V-Ray:: 间接照明（GI）卷展栏并开启间接照明，然后在 V-Ray:: 发光图【无名】卷展栏中预置"当前预置"为"低"，以低质量测试间接照明，如图 9-114 所示。

03 单击主工具栏中的 快速渲染按钮，渲染设置后的效果，如图 9-115 所示。

04 在场景中创建摄影机，并为摄影机记录位移的动画，然后切换至摄影机视图，渲染输出小区的鸟瞰动画，如图 9-116 所示。

05 重新创建并切换至摄影机视图，单击主工具栏中的 快速渲染按钮，渲染小区休闲广场效果，如图 9-117 所示。

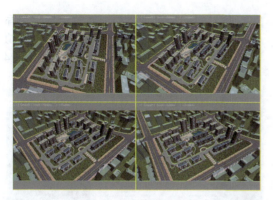

图 9-116 预览动画效果

图 9-119 预览动画效果

[08] 继续创建模型并切换至摄影机视图，单击主工具栏中的 快速渲染按钮，渲染场景的效果，如图 9-120 所示。

图 9-117 渲染小区公园

[06] 为场景添加三维模型的人物角色，再添加 IK 骨骼和蒙皮，使近景处的人物效果更加逼真。拖曳时间滑块，调节摄影机的位置并创建动画关键帧，如图 9-118 所示。

图 9-120 渲染小区效果

[09] 创建摄影机动画，单击拖曳时间滑块，预览场景中完成的小区公园动画效果，然后渲染输出小区公园动画，如图 9-121 所示。

图 9-118 创建关键帧

[07] 切换至摄影机视图，渲染输出小区休闲广场的动画，如图 9-119 所示。

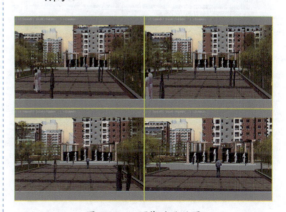

图 9-121 预览动画效果

9.4.6 影片合成与剪辑

01 打开 After Effects 软件，导入渲染输出的小区鸟瞰序列文件，准备对场景文件进行合成，如图 9-122 所示。

提示 可以在项目窗口直接双击，完成素材的导入。

03 在时间线上复制素材，然后选择菜单命令为复制素材增加模糊特效，用于模拟场景受光照产生的光晕效果，如图 9-124 所示。

图 9-124 增加特效

04 在面板中设置所增加模糊特效的参数，然后在时间线上设置图层的 Add（增加）叠加方式，如图 9-125 所示。

图 9-122 导入序列图片

02 将导入的序列文件在项目窗口拖曳到时间线上，准备进行特效与视频修饰，如图 9-123 所示。

提示 首次拖曳至时间线的素材会根据素材尺寸自动建立合成场景。

图 9-125 调节特效

05 使用矩形遮罩工具在合成窗口拖曳，创建矩形选区，然后在时间线中设置遮罩参数，使中心区域不产生光晕效果，如图 9-126 所示。

06 在菜单栏中选择 Layer（层）→ New（新的）→ Solid（固态层）命令，然后在弹出的对话框中设置新创建层参数，增加新的层便于添加光斑效果，如图 9-127 所示。

图 9-123 拖曳素材

图 9-126　增加遮罩

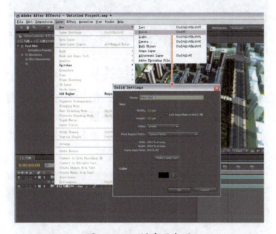

图 9-127　创建固态层

07 选择所创建的固态层，然后在菜单中选择特效命令，为固态层增加灯光工厂特效，模拟出太阳的光斑效果，如图 9-128 所示。

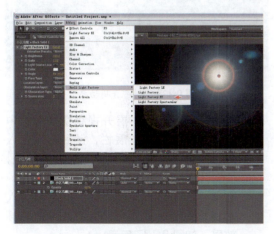

图 9-128　增加特效

08 在时间线中设置固态层与素材层的 Add（增加）叠加方式，使素材只留下光斑的效果，如图 9-129 所示。

图 9-129　控制层叠加

09 在菜单栏中选择 Composition（合成文件）→ Make Movie（制作电影）命令，将鸟瞰镜头进行输出，完成鸟瞰动画的合成制作，如图 9-130 所示。

图 9-130　文件输出

10 重新创建工程文件并导入小区休闲广场序列素材，使用同样的方法增加特效，然后进行输出，完成小区休闲区域的动画合成，如图 9-131 所示。

11 再创建工程文件，然后导入小区公园序列素材，重新进行特效增加并进行输出，完成小区公园区域动画合成，如图 9-132 所示。

图 9-131　动画合成

图 9-132　动画合成

12 打开 Adobe Premiere Pro 软件，在"新建节目"窗口中设置工程文件配置、保存位置与文件名称，如图 9-133 所示。

图 9-133　新建工程文件

13 在节目库中导入渲染合成后的素材，然后依次将导入素材拖曳到时间线上，准备进行最终剪辑，如图 9-134 所示。

图 9-134　导入素材

14 在时间线上选择素材，然后在特效控制面板中展开"透明"卷展栏，设置素材透明动画，使时间线上素材产生淡入淡出动画，如图 9-135 所示。

图 9-135　创建透明动画

15 在"特效"面板中展开视频切换面板中的"叠化"特效卷展栏，然后将"化入化出"特效拖曳到两组合成素材连接处，使影片产生过渡动画，如图 9-136 所示。

16 在节目库中导入声音素材，然后将导入素材拖曳到时间线上，为影片增加音频效果，如图 9-137 所示。

图 9-136　增加化入化出效果

图 9-138　影片输出

图 9-137　增加音频特效

图 9-139　输出参数调节

17 在菜单栏中选择"文件"→"输出"→"Adobe 媒体编码器"命令，准备对工程文件进行最终输出，如图 9-138 所示。

 提示　　输出操作应按播放媒体的不同进行设置，需注意，电视播出需带场，显示器播出为无场。

18 在弹出的"输出设置"窗口中设置最终影片的输出参数，然后单击"确定"按钮，完成最终小区楼盘设计的影片制作，如图 9-139 所示。

19 播放小区楼盘设计动画，观察影片最终完成的动画效果，如图 9-140 所示。

图 9-140　最终影片

9.5　本章小结

本章主要针对建筑动画场景中的居住社区设计，以小区楼盘动画的制作为例，循序渐进地讲解了相关知识，流程紧密并对实际的应用进行介绍。

读书笔记

城市规划与演示制作案例

重点提要

城市规划是建筑动画中比较重要的一类项目,需要准确地表现出方案意图,有时也用一些比较概念的手法来制作表现影片。制作时要深入了解整个项目的设计意图,还原真实,并选择几个较有特点的设计节点或中心进行重点表现,在镜头的运用上,除了鸟瞰外,也要注意镜头的变化。

本章索引

※ 包裹天空贴图设置
※ 简体建筑贴图设置
※ 场景大气效果设置
※ 范例——城市干道规划

城市规划与演示是建筑动画中比较重要的一类项目,需要准确地表现出方案意图,有时也用一些比较概念的手法来制作表现影片。制作时要深入了解整个项目的设计意图,还原真实,并选择几个较有特点的设计节点或中心进行重点表现,在镜头的运用上,除了鸟瞰外,也要注意镜头的变化。

城市规划与演示类建筑动画的要求比较简单,但需要能够比较清晰地说明建筑空间的一些关系,渲染也需要比较到位,所以对建筑动画场景中的模型细节度要求也会比较高。

10.1 包裹天空贴图设置

城市演示动画包括的范围会比较大,所以对天空的设置尤其重要,而半球包裹的天空制作方法非常实用。半球包裹的天空设置既可解决天空贴图接缝的交接问题,又可解决局部观察的角度问题,包裹天空贴图如图 10-1 所示。

半球包裹的天空设置对贴图的要求较高,既得分辨率清晰,又得在围绕包裹时无交接无缝,而景深和云雾效果也可以通过天空贴图配合后期合成软件实现,如图 10-2 所示。

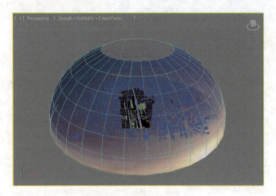
图 10-1 包裹天空贴图

图 10-2 天空贴图

交接无缝贴图是在 Photoshop 等图像修饰软件中处理而成的,需要将天空贴图的左侧边缘镜像至右侧边缘位置,使其可以产生圆形的围绕交接,从而使贴图两极的编辑进行融合过渡。

在建立包裹天空模型时,多使用几何体中的 Sphere(球体)作为基础体,然后将球体的 Hemisphere(半球)值设置为 0.5,得到半侧的球体模型。为模型增加 Normal(法线)修改命令,翻转半球对象的法线,使其在预览时只可以看到半球的内部效果。为半球赋予天空贴图并增加 UVW Mapping(坐标贴图)修改命令,使贴图坐标与模型坐标相匹配,如图 10-3 所示。

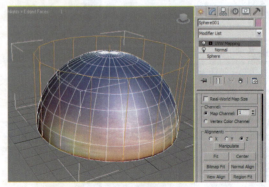
图 10-3 包裹天空设置

Chapter 10 城市规划与演示制作案例

10.2 简体建筑贴图设置

简体建筑模型的应用会节省计算机资源,提高计算机运算与操作速度。虽然对简体楼体模型的要求较低,但对建筑的贴图设置要求匹配较高,效果如图 10-4 所示。

简体建筑的模型多为基础体,但为了提升渲染效果与光影处理,会对简体建筑的楼顶或边缘进行倒角处理,效果如图 10-5 所示。

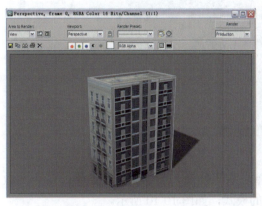

图 10-4　简体建筑效果

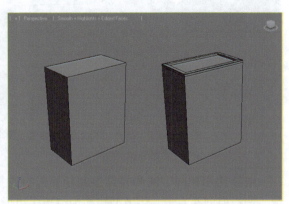

图 10-5　建筑模型效果

10.2.1　单面贴图设置

选择简体建筑模型并添加 Edit Mesh(编辑网格)修改命令,此命令不必设置 ID 号码即可对选择的面进行单独赋予贴图处理,赋予过程与多维子材质类型的设置相同。选择模型的正面多边形,然后为选择的面赋予楼体贴图,如图 10-6 所示。

赋予楼体贴图后,在保持选择模型正面多边形的状态下,为选择的面添加 UVW Mapping(坐标贴图)修改命令,然后再将其设置为 Box(长方体)的包裹类型,使模型与贴图可以正确匹配,如图 10-7 所示。

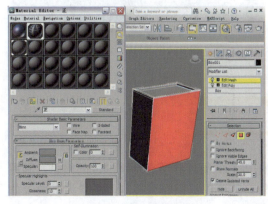

图 10-6　选择并赋予贴图

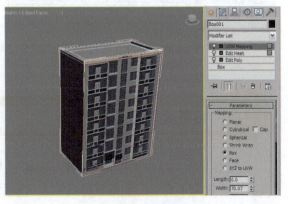

图 10-7　坐标贴图设置

10.2.2　多面贴图设置

为简体建筑模型再次添加 Edit Mesh（编辑网格）修改命令，再次选择模型的侧面多边形，然后同样为选择的面赋予楼体侧部贴图，为灰色的模型赋予楼体贴图，如图 10-8 所示。

保持模型侧面多边形的选择状态，同样为选择的面添加 UVW Mapping（坐标贴图）修改命令，匹配侧部模型与贴图正确显示，如图 10-9 所示。

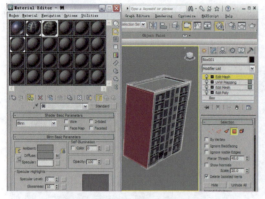 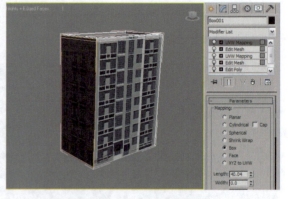

图 10-8　选择并赋予贴图　　　　　　图 10-9　坐标贴图设置

继续使用相同方法为楼体的其他面进行选择与贴图处理。为了整理模型修改命令的数量，选择模型并右击，将模型转换为编辑多边形的模式，如图 10-10 所示。

为了整理材质球的数量，选择一个空白材质球再吸取赋予材质后的简体建筑，将标准材质转换为多维子材质类型，如图 10-11 所示。

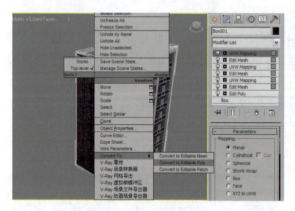 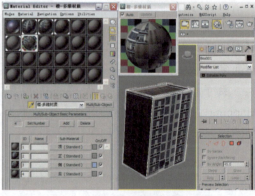

图 10-10　转换编辑多边形　　　　　　图 10-11　转换多维子材质

10.3　场景大气效果设置

大气效果主要用于创建照明效果（如雾、火焰等）的组件和所有环境参数的信息，利用"环境"面板除了可指定和调整环境的大气效果外，还可以提供曝光控制，场景大气效果如图 10-12 所示。

场景大气效果必须创建3种类型的大气装置，在创建菜单中选择"辅助对象"→"大气"命令，其中Gizmo类型有长方体、圆柱体和球体3种，这些Gizmo可以制作场景中雾或火的效果，如图10-13所示。

图10-12　场景大气效果

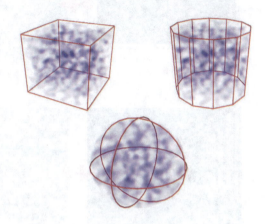

图10-13　Gizmo类型

10.4 范例——城市干道规划

一般城市主干道每条车道的宽度应为3.5m左右，根据不同的交通状况可设计为3.5m的双倍数，再加上5~10米的人行道和中间隔离带，所以要先了解设计需求，再进行三维建筑动画的制作。本范例的制作效果如图10-14所示。

图10-14　城市干道规划范例效果

【制作流程】

城市干道规划范例的制作流程分为6步，包括平面参考图绘制、搭建城市主体模型、添加城市辅助模型、添加辅助楼体模型、城市场景渲染设置和城市场景动画设置，如图10-15所示。

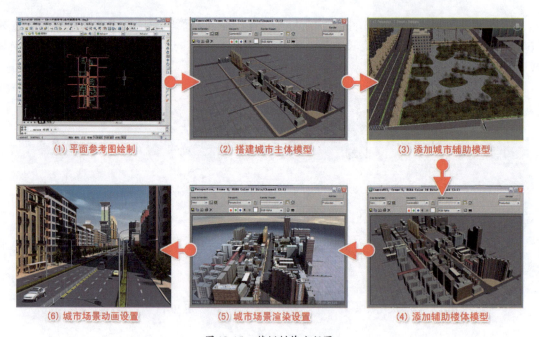

图 10-15 范例制作流程图

10.4.1 平面参考图绘制

01 打开 AutoCAD 软件，在菜单栏中选择"插入"→"光栅图像"命令，导入城市的地图资料，以更好地控制场景比例，如图 10-16 所示。

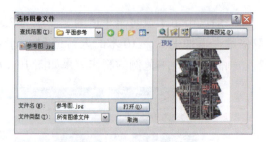

图 10-17 选择参考图

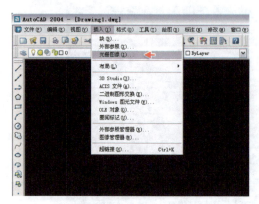

图 10-16 选择光栅图像

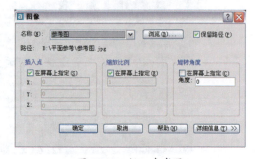

图 10-18 插入参考图

02 在弹出的"选择图像文件"对话框中选择参考图文件，然后单击"打开"按钮，如图 10-17 所示。

03 在弹出的"图像"对话框中可以设置参考图插入点和缩放比例，单击"确定"按钮完成光栅图像操作，如图 10-18 所示。

04 将插入的参考图作为绘制图形的参考，便于控制街道与建筑物之间的比例关系，然后再绘制街道的图形，如图 10-19 所示。

10.4.2 搭建城市主体模型

[01] 单击菜单栏中的 文件图标按钮，在弹出的菜单中选择 Import（输入）命令，然后再选择 AutoCAD 绘制好的 DWG 格式图形文件，如图 10-22 所示。

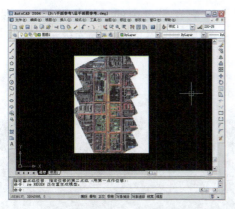

图 10-19　绘制街道图形

[05] 将街道图形布局绘制完成后，将插入的参考图删除，如图 10-20 所示。

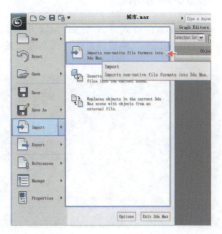

图 10-22　输入图形文件

[02] 在弹出的 AutoCAD DWG/DXF Import Options（导入选项）对话框中单击 OK 按钮确定导入，如图 10-23 所示。

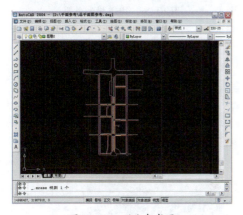

图 10-20　删除参考图

[06] 继续在绘制完成的街道图形中绘制出建筑物的图形，如图 10-21 所示。

 提示：在绘制街道与建筑物的图形时，可使用不同的颜色和图层，边缘再次进行选择操作。

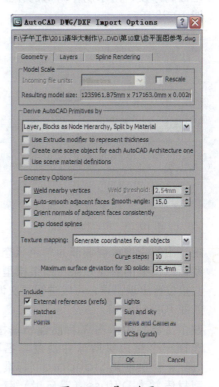

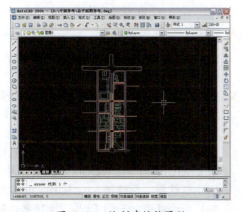

图 10-21　绘制建筑物图形

图 10-23　导入选项

03 导入图形后可以在"Perspective 透视图"中预览街道的样条线，然后切换至点模式状态，选择所有的点并使用 Weld（焊接）工具进行焊接，避免由未焊接的点引起的无法挤出操作，如图 10-24 所示。

 提示　DWG 格式导入至 3ds Max 中默认以 Edit Splines（编辑样条线）状态进行显示。

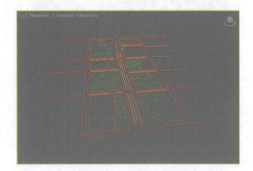

图 10-24　焊接样条线

04 选择街道的样条线，在 修改面板中添加 Extrude（挤出）命令，使图形产生地面的厚度，用来制作街道的模型，如图 10-25 所示。

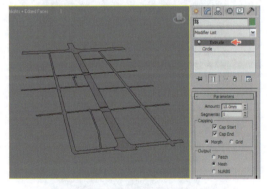

图 10-25　挤出街道模型

05 把挤出的街道模型调节为单色状态，观察街道模型的整体效果，如果模型间的交接位置出现错误，可以进行再次调节，如图 10-26 所示。

06 在主工具栏中单击 材质编辑器按钮，选择一个空白材质球并设置其名称为"路"，然后使用 Standard（标准）类型材质并为 Diffuse（漫反射）赋本书配套光盘中的"路"贴图，再设置 Specular Level（高光级别）值为 10，如图 10-27 所示。

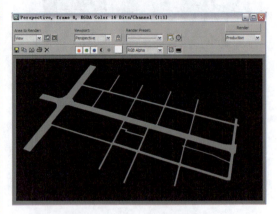

图 10-26　街道模型效果

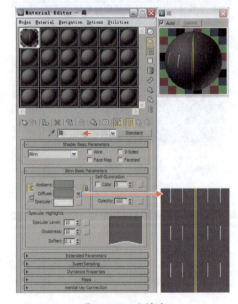

图 10-27　路材质

07 调节视图的观看角度，单击主工具栏中的 快速渲染按钮，渲染路面模型的材质效果，如图 10-28 所示。

08 在场景中立交桥的位置使用 Arc（弧）命令绘制出立交桥的形状，然后在 Rendering（渲染）卷展栏中选中 Enable In Renderer（在渲染中启用）与 Enable In Viewport（在视图中启用）复选框，再选择 Rectangular（矩形）命令并添加 Edit Poly（编辑多边形）

命令，制作出场景中立交桥的模型，如图 10-29 所示。

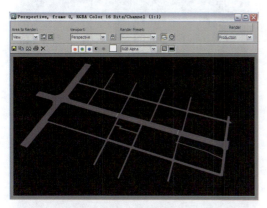

图 10-28 路材质效果

[10] 选择创建面板图形中的 Line（线）命令，绘制出人行道形状，然后在修改面板中添加 Extrude（挤出）命令，使图形产生地面的厚度，如图 10-31 所示。

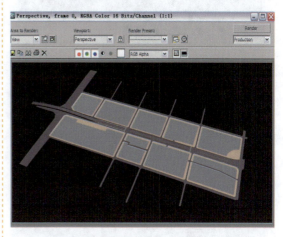

图 10-31 制作人行道模型

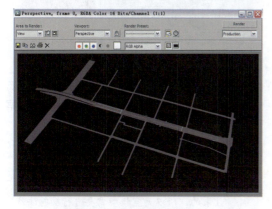

图 10-29 制作立交桥模型

[09] 选择创建面板图形中的 Line（线）命令，绘制出建筑物的地面形状，然后在修改面板中添加 Extrude（挤出）命令，使图形产生地面的厚度，用来制作建筑的地面模型，如图 10-30 所示。

[11] 在场景中建立 Plane（平面）物体，作为三维场景的整体地面模型，如图 10-32 所示。

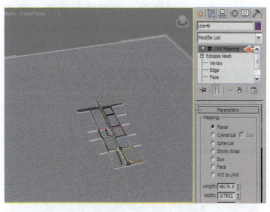

图 10-32 地面模型制作

[12] 在主工具栏中单击材质编辑器按钮，选择一个空白材质球并设置其名称为"地面"，使用 Standard（标准）类型材质并为 Diffuse（漫反射）赋予本书配套光盘中的"地面"贴图，如图 10-33 所示。

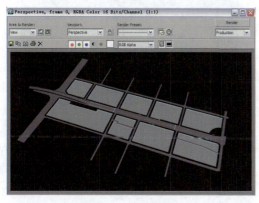

图 10-30 制作地面模型

提示　控制贴图的比例可以使用 UVW Mapping（坐标贴图）修改命令。

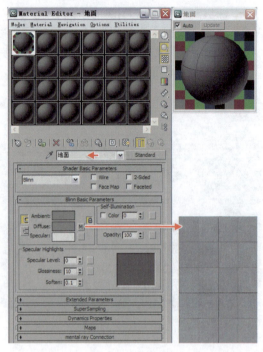

图10-33 地面材质

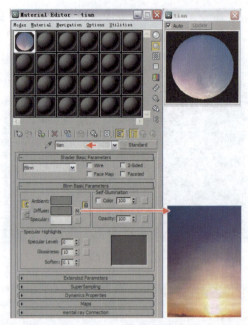

图10-35 天空材质

13 在场景中建立球体,然后在 修改面板中添加 Edit Poly(编辑多边形)命令,再将下半部的面与顶部的面删除,用来建立包裹天空模型并与地面对齐,如图10-34所示。

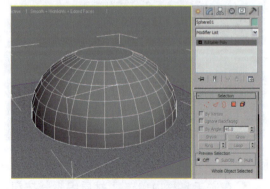

图10-34 制作包裹天空模型

14 选择一个空白材质球并设置其名称为tian,使用Standard(标准)类型材质并为Diffuse(漫反射)赋予本书配套光盘中的"天空"贴图,再设置Self-Illumination(自发光)值为100,使天空贴图不会受到场景灯光的控制,如图10-35所示。

15 选择天空模型,然后在 修改面板中添加 Normal(法线)命令,反转模型观察模型的内部,如图10-36所示。

提示　法线是定义面或顶点指向方向的向量,法线方向指示了面或顶点的前方或外曲面,软件默认模型的法线均是显示外部效果的,所以天空模型需要进行反转法线操作。

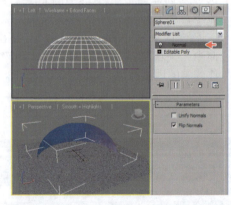

图10-36 反转天空模型法线

16 在 修改面板中为模型添加 UVW Mapping(坐标贴图)命令,然后调节贴图与天空模型相吻合,如图10-37所示。

Chapter 10　城市规划与演示制作案例

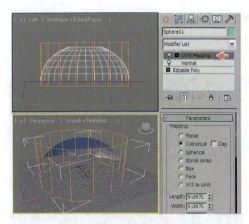

图 10-37　坐标贴图控制

17 将视图切换为"Perspective 透视图",调整视角并观察模型是否出错,便于及时修改,如图 10-38 所示。

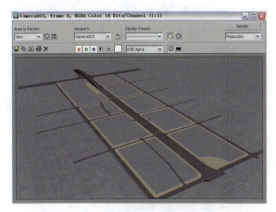

图 10-38　观察模型效果

18 在场景中添加建筑物模型并调整,使之与地面对齐,注意与街道的位置关系是否合适,如图 10-39 所示。

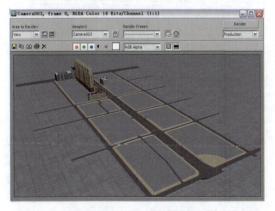

图 10-39　添加建筑物模型

19 继续在街道的两侧添加建筑物模型,严格按照 AutoCAD 绘制的图形进行放置,完成街道建筑物的制作,如图 10-40 所示。

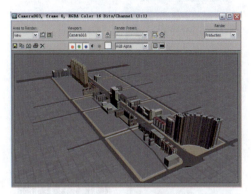

图 10-40　城市主体模型

10.4.3　添加城市辅助模型

01 使用几何体命令搭建出护栏的立柱模型,然后添加平面几何体作为护栏模型,使道路场景更加完整,如图 10-41 所示。

图 10-41　制作护栏模型

02 在主工具栏中单击 材质编辑器按钮,选择一个空白材质球并设置其名称为"护栏"。使用 Standard(标准)类型材质并设置 Diffuse(漫反射)颜色为白色,然后打开 Maps(贴图)卷展栏为 Opacity(不透明度)赋予 Mix(混合)贴图,再为混合贴图的 Mix Amount(混合量)赋予本书配套光盘中的"护栏"贴图,如图 10-42 所示。

提示　护栏的制作主要使用黑白贴图控制镂空与透明效果,可大大节省模型的网格数量。

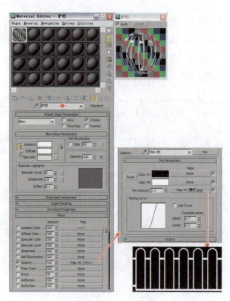

图 10-42 护栏材质

03 调整护栏模型的位置,然后在"Perspective 透视图"中观察护栏材质效果,如图 10-43 所示。

图 10-43 护栏材质效果

04 选择护栏模型配合"Shift+ 移动"组合键复制出街道所有的护栏模型,如图 10-44 所示。

图 10-44 复制护栏模型

05 在场景中使用几何体命令搭建出路灯模型,再添加路灯杆上的广告牌模型,使场景更加完整,如图 10-45 所示。

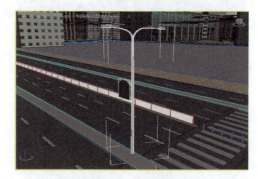

图 10-45 制作路灯模型

06 在主工具栏中单击 材质编辑器按钮,选择一个空白材质球并设置其名称为"路灯牌"。使用 Standard(标准)类型材质并为 Diffuse(漫反射)赋予本书配套光盘中的"路灯牌"贴图,然后再设置 Specular Level(高光级别)值为 21,如图 10-46 所示。

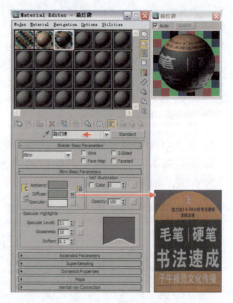

图 10-46 路灯牌材质

07 选择一个空白材质球并设置其名称为"路灯杆",使用 Standard(标准)类型材质并设置 Specular Level(高光级别)值为 30、Glossiness(光泽度)值为 50,如图 10-47 所示。

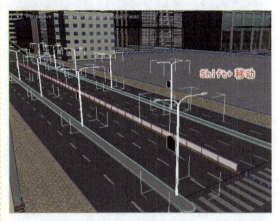

09 选择路灯模型配合"Shift+移动"组合键复制出整个街道上所有的路灯模型，如图10-49所示。

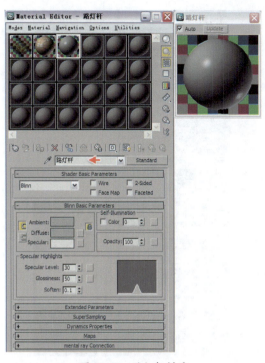

图10-47 路灯杆材质

08 首先选择路灯牌与路灯杆模型，然后在菜单栏中选择 Group（组）→ Group（成组）命令，再设置 Group name（组名称）为"路灯"，便于场景模型的管理，如图10-48所示。

 提示　"成组"命令可将对象或组的选择集组成为一个模型集合。将对象分组后，可以将其视为场景中的单个对象，也可以单击组中任一对象来选择组对象。

图10-49 复制路灯模型

10 在场景中使用 Plane（平面）命令搭建出绿篱模型，并将模型位置摆放准确，如图10-50所示。

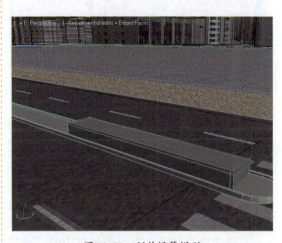

图10-50 制作绿篱模型

11 选择一个空白材质球并设置其名称为"绿篱顶"，使用 Standard（标准）类型材质并设置 Self-Illumination（自发光）值为30，然后设置 Diffuse（漫反射）颜色为深绿色并赋予本书配套光盘中的"绿篱ding2"贴图，再为 Opacity（不透明度）赋予本书配套光盘中的"绿篱ding2_mask"贴图，如图10-51所示。

图10-48 路灯模型成组

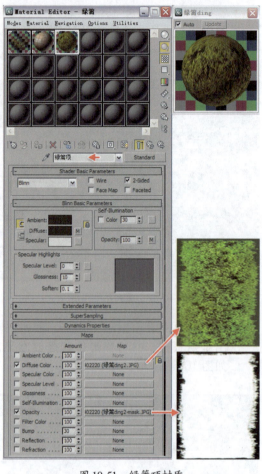

图 10-51　绿篱顶材质

图 10-52　绿篱侧材质

图 10-53　模型成组

12 选择一个空白材质球并设置其名称为"绿篱侧",使用 Standard(标准)类型材质并设置 Self-Illumination(自发光)值为 30,然后设置 Diffuse(漫反射)颜色为深绿色并赋予本书配套光盘中的"绿篱 ce2"贴图,再为 Opacity(不透明度)赋予本书配套光盘中的"绿篱 ce2-mask"贴图,为 Bump(凹凸)赋予本书配套光盘中的"绿篱 ce2"贴图,如图 10-52 所示。

提示　凹凸选项会根据图像的黑白层次控制模型凹凸效果,黑色的区域将控制凹陷效果,白色的区域将控制凸起效果。

13 选择绿篱的所有模型,然后在菜单栏中选择 Group(组)→ Group(成组)命令,将模型成组操作,如图 10-53 所示。

14 选择绿篱模型,配合"Shift+移动"组合键复制出整个场景中的绿篱模型,如图 10-54 所示。

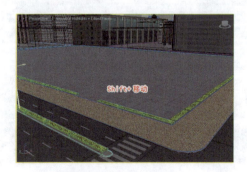

图 10-54　复制绿篱模型

15 选择 创建面板 图形中的 Line（线）命令，在"Top 顶视图"中绘制出草地的形状，然后在 修改面板中将线切换至 Vertex（顶点）模式来调整图形的形状，使其更加美观与真实，如图 10-55 所示。

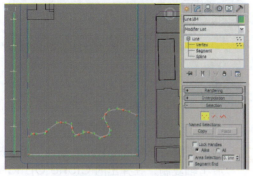

图 10-55　调整草地图形形状

16 在 修改面板中添加 Extrude（挤出）命令，使图形产生草地的厚度，用来制作草地的模型，如图 10-56 所示。

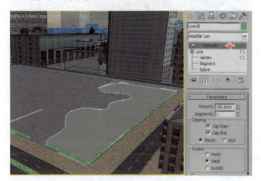

图 10-56　挤出草地模型

17 继续在场景中制作出其他不同形状的草地模型，使场景绿化更加丰富，如图 10-57 所示。

图 10-57　添加草地模型

18 选择一个空白材质球并设置其名称为"草地"，使用 Standard（标准）类型材质并设置 Self-Illumination（自发光）值为 20，然后为 Diffuse（漫反射）和 Bump（凹凸）赋予本书配套光盘中的 ground__016 贴图，如图 10-58 所示。

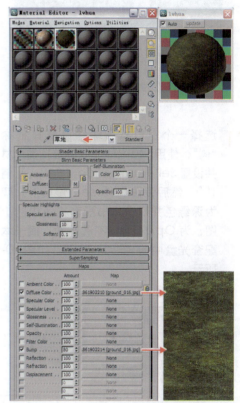

图 10-58　草地材质

19 在"Perspective 透视图"中调节视图角度，观察模型间交接处是否出现错误，如图 10-59 所示。

图 10-59　观察模型效果

20 在场景中使用 Plane（平面）命令搭建出"十字"型的交叉树模型，如图 10-60 所示。

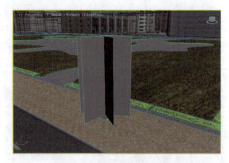

图 10-60　制作树模型

21 选择一个空白材质球并设置其名称为"树"，使用 Standard（标准）类型材质并设置 Self-Illumination（自发光）值为 100，然后设置 Diffuse（漫反射）颜色为深绿色并赋予本书配套光盘中的 1 贴图，为 Opacity（不透明度）赋予本书配套光盘中的"1-a"贴图，如图 10-61 所示。

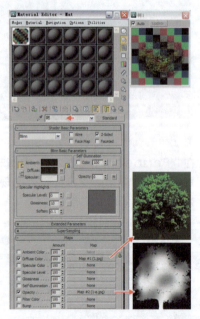

图 10-61　树材质

22 首先选择树模型，然后在菜单栏中选择 Group（组）→ Group（成组）命令，再设置 Group name（组名称）为"树"，如图 10-62 所示。

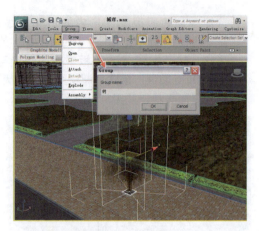

图 10-62　模型成组

23 选择树模型并配合"Shift+ 移动"组合键沿 Y 轴复制，在弹出的 Clone Options（克隆选项）对话框中选择 Instance（实例）模式，再将模型命名为"树1"，如图 10-63 所示。

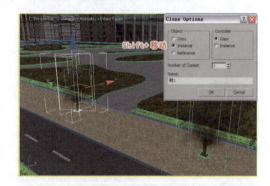

图 10-63　复制树模型

24 选择树模型并通过"Shift+ 移动"组合键在场景中所需位置进行复制与摆放，然后在"Perspective 透视图"中观察树的位置关系，如图 10-64 所示。

图 10-64　复制树模型

10.4.4 添加辅助楼体模型

01 使用 Box（长方体）命令在场景中制作辅助楼模型，然后再将其位置进行准确对齐，如图 10-65 所示。

图 10-65　制作辅助楼模型

02 选择一个空白材质球并设置其名称为"辅助楼"，使用 Standard（标准）类型材质并设置 Specular Level（高光级别）值为 19、Glossiness（光泽度）值为 66，然后打开 Maps（贴图）卷展栏为 Diffuse（漫反射）赋予本书配套光盘中的 Peilou1 贴图，为 Self-Illumination（自发光）赋予本书配套光盘中的 Peilou1 贴图，再为 Bump（凹凸）赋予本书配套光盘中的 Peilou1 贴图，如图 10-66 所示。

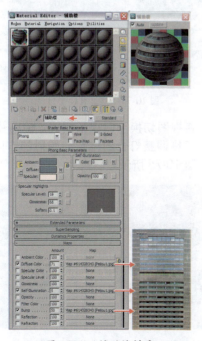

图 10-66　辅助楼材质

03 在"Perspective 透视图"中观察贴图大小与模型位置是否吻合，还可以选择辅助楼模型并在修改面板中添加 UVW Mapping（坐标贴图）修改命令，使贴图坐标与模型坐标相匹配，如图 10-67 所示。

图 10-67　调节贴图

04 为了使计算机的运算速度更快，在场景中添加更多简体楼的模型，如图 10-68 所示。

图 10-68　添加简体楼模型

05 为了使场景更加丰富，继续在不同位置添加不同样式的简体楼模型，如图 10-69 所示。

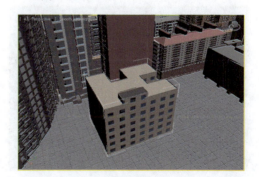

图 10-69　丰富场景模型

06 在主街道上添加不同样式的简体楼模型，然后观察主街道的楼体模型效果，如图10-70所示。

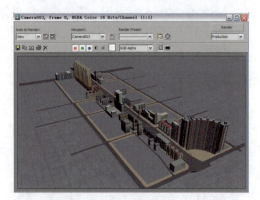

图10-70 主街道楼体模型效果

07 在辅助街道上继续添加不同样式的简体楼模型，如果模型间的比例与位置发生错误，可以进行再次调整，如图10-71所示。

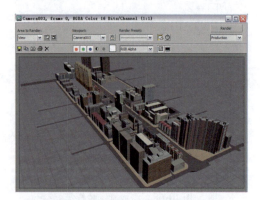

图10-71 辅助街道楼体模型效果

08 为了使场景更加丰富，在街道的外围继续添加简体楼模型，如图10-72所示。

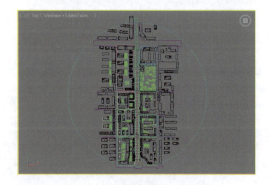

图10-72 添加外围简体楼模型

09 调节视图角度，单击主工具栏中的 快速渲染按钮，渲染当前场景中模型的效果，如图10-73所示。

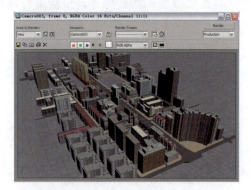

图10-73 渲染场景模型效果

10 在 创建面板 灯光面板的下拉列表中选择Standard（标准）灯光类型，单击Target Direct（目标平行光）按钮，然后在"Front前视图"中建立平行光并设置Shadows（阴影）为"VRay阴影"类型，如图10-74所示。

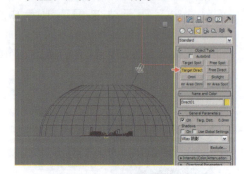

图10-74 建立目标平行光

11 将视图切换至四视图模式，使用 移动工具调整灯光的位置与照射的方向，如图10-75所示。

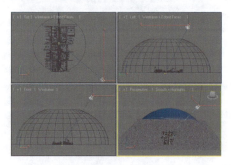

图10-75 调整灯光位置与照射方向

12 展开 Dirctional Parameters（聚光灯参数）卷展栏并设置 Hotspot/Beam（聚光区 / 光束）值为 200000、Falloff/Field（衰减区 / 区域）值为 600000，如图 10-76 所示。

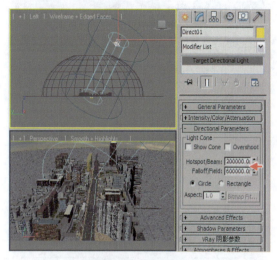

图 10-76 灯光参数设置

13 单击主工具栏中的 快速渲染按钮，渲染当前场景中灯光的效果，如图 10-77 所示。

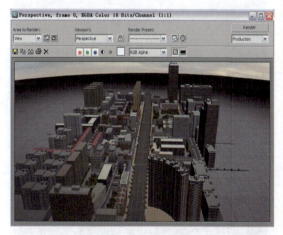

图 10-77 渲染灯光效果

14 选择创建完成的目标平行光，在 修改面板中选中 On（启用）复选框开启阴影效果，然后设置目标平行光的照射颜色，如图 10-78 所示。

15 目标平行光的所有参数设置如图 10-79 所示。

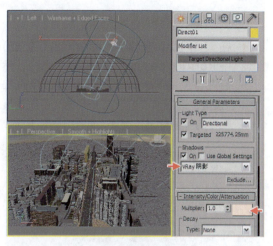

图 10-78 启用 VRay 阴影

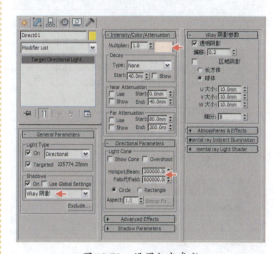

图 10-79 设置灯光参数

16 单击主工具栏中的 快速渲染按钮，渲染当前场景中灯光的阴影效果，如图 10-80 所示。

图 10-80 渲染灯光效果

10.4.5 城市场景渲染设置

01 在菜单栏中选择 Rendering（渲染）→ Render Setup（渲染设置）命令，然后在弹出的 Render Setup 窗口中选择"设置"选项卡，再开启 V-Ray:: 系统卷展栏中的"帧标记"选项，如图 10-81 所示。

提示 帧标记即常说的水印，可以按照一定规则以简短文字显示关于渲染的相关信息，一般显示在图像底部。

提示 "全局照明环境（天光）覆盖"功能允许用户在计算间接照明的时候替代 3ds Max 的环境设置，这种改变 GI 环境的效果类似于天空光。

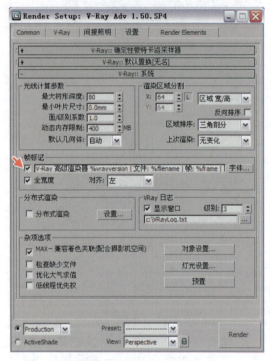

图 10-81 帧标记选项

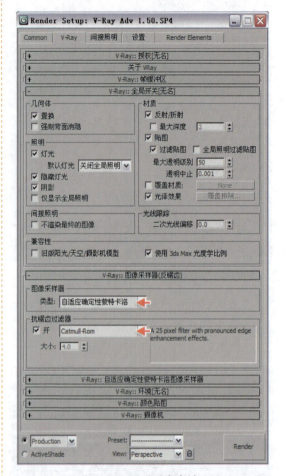

图 10-82 设置图像采样器

02 选择 V-Ray 选项卡，展开 V-Ray:: 全局开关【无名】卷展栏，然后设置图像采样器类型为"自适应确定性蒙特卡洛"，再开启抗锯齿并设置抗锯齿类型，如图 10-82 所示。

03 单击主工具栏中的 快速渲染按钮，渲染当前场景效果，如图 10-83 所示。

04 展开 V-Ray:: 环境【无名】卷展栏，开启"全局照明环境（天光）覆盖"功能，然后展开 V-Ray:: 颜色贴图卷展栏，设置"黑暗倍增器"值为 0.8、"变亮倍增器"值为 1.1，如图 10-84 所示。

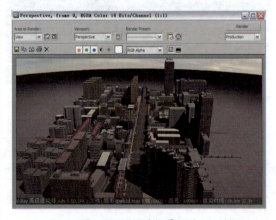

图 10-83 渲染场景效果

Chapter 10　城市规划与演示制作案例

图 10-84　设置渲染器参数

05　单击主工具栏中的 快速渲染按钮，渲染当前场景效果，如图 10-85 所示。

图 10-85　渲染场景效果

06　渲染测试完成后，切换至"间接照明"选项卡，展开 V-Ray::间接照明（GI）卷展栏并开启间接照明，然后展开 V-Ray::发光图【无名】卷展栏并设置"当前预置"为"低"，再选中"显示计算机相位"与"显示直接光"复选框，以低质量测试间接照明，如图 10-86 所示。

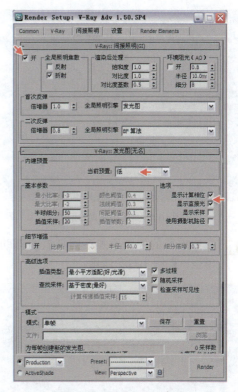

图 10-86　设置渲染器参数

07　单击主工具栏中的 快速渲染按钮，渲染设置后的效果，如图 10-87 所示。

图 10-87　渲染场景效果

10.4.6　城市场景动画设置

01　将视图切换至"Top 顶视图"观察主城区的建筑分布，然后按照建筑的分布为主城区的外围添加辅助楼的模型，如图 10-88 所示。

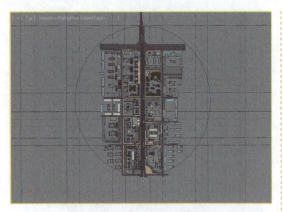

图 10-88　添加辅助楼模型

`02` 在主城区的外围添加不同样式的辅助楼模型，如图 10-89 所示。

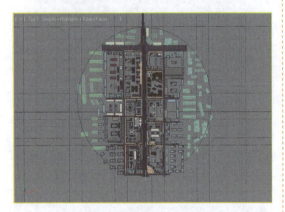

图 10-89　添加辅助楼模型

`03` 在主城区外围继续添加辅助楼模型，如图 10-90 所示。

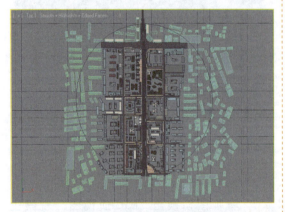

图 10-90　继续添加辅助楼模型

`04` 继续在城区外围添加辅助楼模型，将城区范围扩大，如图 10-91 所示。

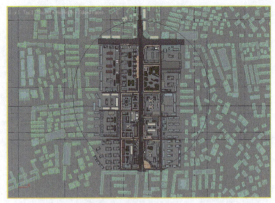

图 10-91　扩大城区范围

`05` 为了提高计算机的运算速度，在场景中建立 Plane（平面）作为人物的模型，如图 10-92 所示。

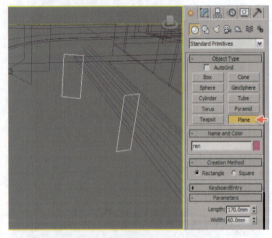

图 10-92　制作人物模型

`06` 在主工具栏中单击 材质编辑器按钮，选择一个空白材质球并设置其名称为"壁纸"，使用 Standard（标准）类型材质并为 Diffuse（漫反射）赋予本书配套光盘中的 m-01 贴图，为 Opacity（不透明度）赋予本书配套光盘中的 m-01B 贴图，如图 10-93 所示。

`07` 继续建立人物平面，并为人物材质赋予不同的人物贴图，再将人物模型放置在街道上，如图 10-94 所示。

`08` 调节视图的角度，单击主工具栏中的 快速渲染按钮，渲染当前场景中人物的材质效果，如图 10-95 所示。

图 10-93 人物材质

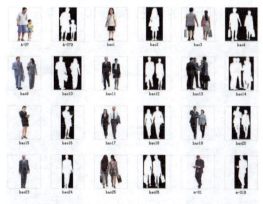

图 10-94 其他人物材质

图 10-95 人物材质效果

09 将视图切换至"Top 顶视图"放置辅助人物模型，并调整位置，如图 10-96 所示。

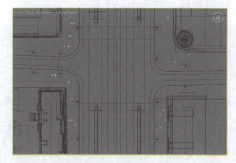

图 10-96 辅助人物模型

10 单击菜单栏中的 文件图标按钮，在弹出的菜单中选择 Import（输入）→ Merge（合并）命令，添加准备好的汽车模型，如图 10-97 所示。

图 10-97 输入汽车模型

11 单击"动画记录"按钮，拖曳时间滑块至第 300 帧的位置，通过 移动工具沿 Y 轴拖曳汽车模型移动，完成汽车位移的动画制作，如图 10-98 所示。

图 10-98 记录汽车动画

12 将视图切换至"Perspective 透视图",单击拖曳时间滑块预览场景中产生的动画效果,如图 10-99 所示。

图 10-99　场景动画效果

13 调节视图角度,单击主工具栏中的 快速渲染按钮,渲染场景的效果,如图 10-100 所示。

图 10-100　渲染场景效果

14 单击视图控制中的选定环绕按钮,然后再调节"Perspective 透视图"的角度,如图 10-101 所示。

图 10-101　调节视图角度

15 在 创建面板 摄影机中选择 Standard（标准）选项,单击 Target（目标摄影机）按钮,然后在"Left 左视图"中拖曳建立摄影机,如图 10-102 所示。

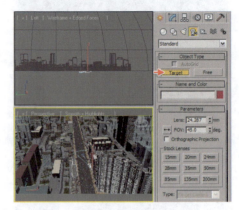

图 10-102　创建摄影机

16 将视图切换至"Perspective 透视图",然后在菜单栏中选择 Views（视图）→ Create Camera From View（从视图创建摄影机）命令,将摄影机匹配到当前视图的位置,如图 10-103 所示。

图 10-103　匹配摄影机

17 在"Perspective 透视图"左上角提示文字处右击,在弹出的菜单中选择 Views（视图）→ Camera01（摄影机 01）命令,将视图切换至摄影机视图,如图 10-104 所示。

18 在摄影机的位置上单击鼠标右键,在弹出的下拉列表中选择 Obgect Properties（对象属性）命令,然后选中 Trajectory（轨迹）复选框,即可预览到摄影的摇移范围,如图 10-105 所示。

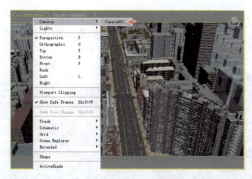

图10-104 切换至摄影机视图

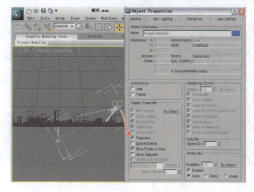

图10-105 显示摄影机轨迹

[19] 将视图切换至摄影机视图，观察摄影机的位置，然后将时间滑块放置在第0帧位置并单击Auto Key（自动关键点）按钮，准备记录摄影机摇移的动画，如图10-106所示。

图10-106 记录第0帧动画

[20] 将时间滑块拖曳到第300帧的位置上，然后使用移动工具将摄影机的位置进行调整，用来制作场景中视角移动的动画，如图10-107所示。

图10-107 记录第300帧动画

[21] 单击拖曳时间滑块，预览场景中产生的动画效果，如图10-108所示。

图10-108 预览动画效果

[22] 将视图切换至"Left（左视图）"，可以观察到目标点从地下移动到了地面位置，摄影机点从空中移动到了平行地面位置，制作摄影机由俯视至平视街道的动画效果，如图10-109所示。

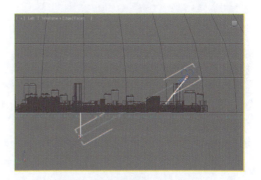

图10-109 观察摄影机视角

[23] 最终渲染完成后，可以通过后期合成软件修饰最终的动画渲染效果，如图10-110所示。

[24] 可以按照自己的想法继续调整摄影机，得到其他的建筑动画效果，如图10-111所示。

图10-110　最终渲染效果

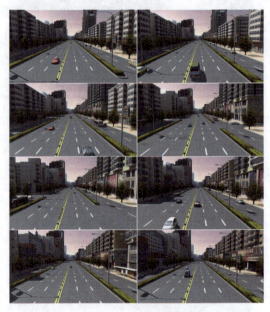

图10-111　其他动画效果

10.5 本章小结

本章主要针对建筑动画场景中的城市部分，该部分是建筑动画行业中较重要的部分。通过"城市干道规划"范例可以对街道、楼体、天空、绿化、交通和配饰等模型及动画的制作方法进行应用和掌握。